简明岩石学

JIANMING YANSHIXUE

李昌年　编著

中国地质大学出版社
ZHONGGUO DIZHI DAXUE CHUBANSHE

内 容 简 介

这是一本真正意义的不用显微镜岩石学教科书。该教材是为从未学过《结晶学及矿物学》、《晶体光学》和《光性矿物学》等课程的非地质学专业类本科学生学习岩石学而编写的，旨在指导学生使用最常规和简便的三小件(小刀、放大镜和榔头)进行岩石标本和露头的观察、描述和鉴定。

全书除绪言外共分5章。内容包括：在简述造岩矿物预备知识的基础上着重介绍火成岩、沉积岩和变质岩的基本知识、分类命名、观察描述思路和肉眼鉴定方法；书中初涉一些岩石学基本理论，但可在宏观观察中逐渐认知而不必通过显微镜研究验证；书中最后一章的野外岩石学工作方法可以说是笔者多年从事岩石学教学和科学研究的积累和经验体会的总结，这有助于把自然界孤立的岩石手标本置于地质体系统的时空坐标内进行思考。

本教科书体系结构合理、概念知识新颖、涉及内容丰富、观察思路严谨、鉴定方法适用，不仅能作为地质工程、资源勘察工程、岩土、地球物理和勘查技术工程等专业本科生的岩石学教材，而且可供地质生产单位和科学研究机构技术和研究人员及研究生在从事野外地质工作时参考。

图书在版编目(CIP)数据

简明岩石学/李昌年编著. —武汉：中国地质大学出版社，2010.09（2020.1重印）

ISBN 978-7-5625-2509-7

Ⅰ.简…

Ⅱ.李…

Ⅲ.岩石学

Ⅳ.P58

中国版本图书馆CIP数据核字(2010)第079724号

简明岩石学 李昌年 编著

责任编辑：张晓红 王凤林 选题策划：郭金楠 责任校对：张咏梅

出版发行：中国地质大学出版社（武汉市洪山区鲁磨路388号） 邮政编码：430074

电话：(027)67883511 传真：67883580 E-mail：cbo@cug.edu.cn

经 销：全国新华书店 http://www.cugp.cn

开本：787毫米×1 092毫米 1/16 字数：308千字 印张：12

版次：2010年09月第1版 印次：2020年1月第6次印刷

印刷：武汉珞南印务有限公司 印数：17001-19000册

ISBN 978-7-5625-2509-7 定价：25.00元

目　录

绪　言

一、岩石和岩石学

(一)岩石

岩石是天然产出的矿物或矿物与其他物质(火山玻璃、生物骨骼、胶体和岩屑等)组成的固态集合体。如花岗岩,它由钾长石、石英和黑云母集合而成;玄武岩由橄榄石、斜长石和火山玻璃集合而成;礁灰岩则是由方解石矿物构成的生物骨骼堆积而成的。显然,岩石的基本组成单位是矿物,尤其是硅酸盐的造岩矿物,因此造岩矿物学是我们学习岩石学的基础。岩石构成地球的岩石圈圈层,除此以外,地外物质陨石、月球和火星等也都是由岩石组成的。

岩石根据成因分为三大类,即火成(岩浆)岩、沉积岩和变质岩。

1. 火成(岩浆)岩

一般来说,火成(岩浆)岩通指岩浆经冷凝固结形成的岩石,它经历了从熔融的液态岩浆因温度降低而发生向固态转化的全过程。在地球上,有些作为岩浆母体的固态岩石可能自始至终未经历过岩浆阶段,但它又常与岩浆伴生或与之有密切的联系,因而将这类岩石称之为岩浆岩是不恰当的,故此使用"火成岩"的术语较为准确。显然,火成岩不仅包括全部岩浆成因的岩石,还包括一部分非岩浆成因,且一直处于固体状态的岩石,如玄武岩中的二辉橄榄岩包体和变质岩区内的某些花岗岩。

2. 沉积岩

地球上先期形成的岩石在表生的低温、低压条件下,历经风化、剥蚀、搬运、沉积和固结成岩而形成的岩石称之为沉积岩。它包括盆内自生颗粒(未经风化和剥蚀过程的)经搬运、沉积和固结成岩所形成的岩石。

3. 变质岩

地球上已形成的岩石因构造运动和热事件影响使之所处的物理-化学条件发生改变,从而导致原来岩石的成分(化学和矿物)、结构和构造变化所形成的新岩石称之为变质岩。形成变质岩的变质作用除少数情况以外基本上是在固态条件下进行的。

三大类岩石中,火成(岩浆)岩和变质岩多为明显经历结晶过程的晶质矿物组成,故两者又称为结晶岩。

地球上的三大类岩石是可以互相转化的,究其原因是形成上述三大类岩石的造岩作用具有密切的联系(图 0-1)。

沉积作用与变质作用之间是连续过渡的系列,两者之间并无截然的界线(温克勒,1976)。研究认为,沉积作用的成岩阶段的标志矿物片沸石在 175℃可以转变形成浊沸石,许多变质岩石学家认为，浊沸石仅是埋藏变质作用形成的典型矿物。为此，人们把175℃这个温度作为沉积作用成岩阶段的结束温度和变质作用的埋藏变质作用的开始温度。

岩浆作用与变质作用之间是通过混合岩化作用有机地联系起来的。众所周知，混合岩化作用是区域变质作用的较高级阶段。在此阶段，深度变质的岩石会发生部分熔融，使原变质岩中的长石石英熔化形成长英质熔体，然后再贯入残余的变质岩之中。由此说明，持续增温的变质作用可以转化为岩浆(熔融)作用，故混合岩化作用把岩浆作用和变质作用联系起来了。

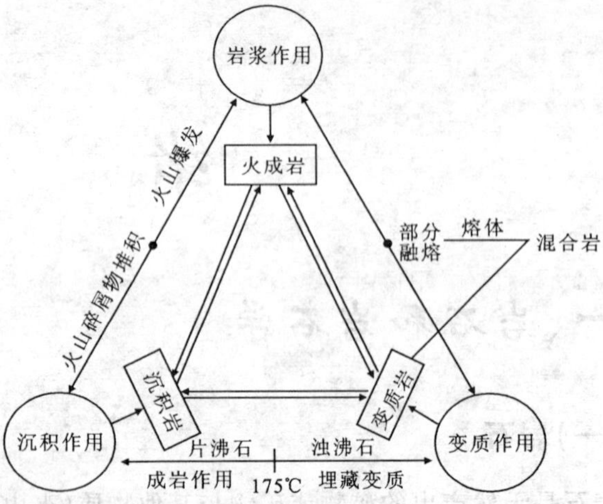

图0-1　三大类岩石的相互转化和三种造岩作用的关系示意图

岩浆作用和沉积作用看似毫无关联，但火山爆发之后的成岩过程则把岩浆作用和沉积作用联系起来了。火山爆发是岩浆体积骤然膨胀所致，其产物多为固态火山碎屑，但它的物质来源却是岩浆，最为特征的是，这些固态火山碎屑物质堆积成岩的方式则具有沉积作用的特点。

(二)岩石学

岩石学是地质科学中的重要分支学科，也是野外地质工作的三大支柱学科之一。从研究范畴来看，岩石学分为岩相学和岩理学。从岩石的成因特点研究来划分，岩石学又分为火成(岩浆)岩岩石学、沉积岩岩石学和变质岩岩石学。岩石学中的岩相学主要研究岩石的成分、结构和构造特征，研究岩石的分类和命名，研究岩石的产状和相特点；岩理学主要涉及岩石成因和形成条件的研究。

岩石学的研究方法随研究手段精细程度的提高在不断地深化，如肉眼观察岩石、显微镜下的岩石薄片分析、矿物微区的成分分析、实验岩石学、岩石的同位素年代和示踪研究等。需要说明的是，无论岩石学的研究方法如何高精尖，岩石学的理论如何现代，岩石学最基础的工作还是岩石的肉眼观察和薄片分析。

岩石学学习的预备知识为化学、普通地质学和矿物学，与岩石学密切相关的学科有地球化学、矿床学、构造地质学、地层古生物学和与之相关的地学应用性科学。

二、岩石的分布

(一)地球

1. 地球圈层构造中的岩石

地球从外向内分为地壳、地幔和地核。三者间均是根据地震波传播速度突变构成的不连续界面(带)划分的，它们分别为莫霍面(带)和古登堡面(带)。其中地壳分为上、下地壳；地幔分为上、下地幔(图 0－2)。

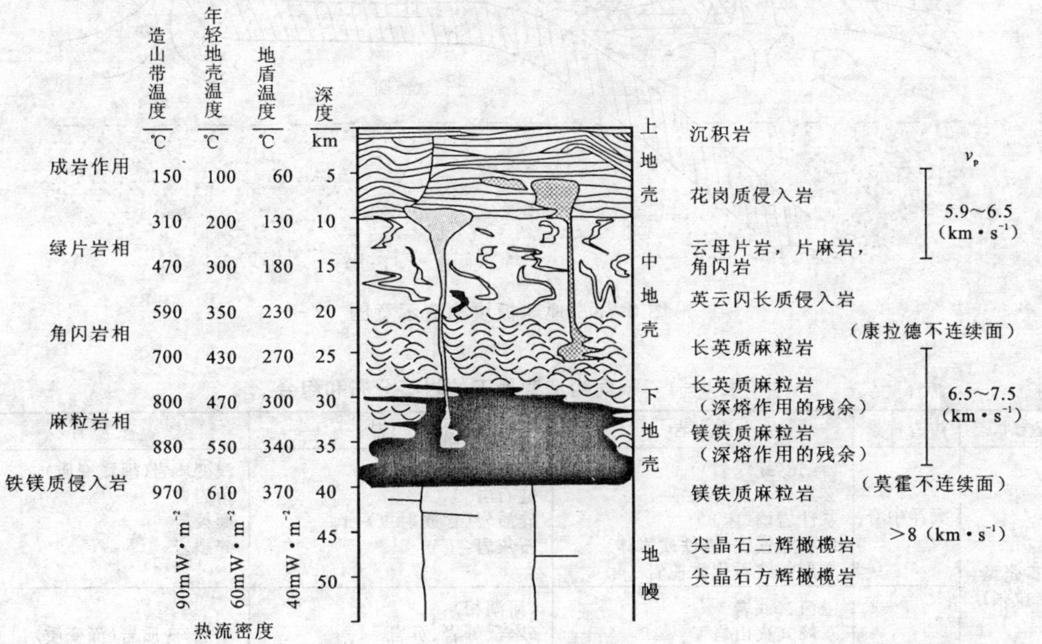

图 0－2　岩石圈的纵向结构和岩石分布

（据 Wedepohl,1995）

板块学说认为，地球表面存在平均厚约 100km 的刚性岩石圈板块，其下为炽热塑性的软流圈，岩石圈板块尤如“浮冰漂浮”在软流圈之上，而该岩石圈的纵向范围包括地壳和上地幔的坚硬部分。需指出的是，大陆和大洋岩石圈的厚度是完全不同的。前者达 300km 左右；后者仅数千米，这是因为岩石圈上部的大陆地壳和大洋地壳的结构、厚度和岩石组成不同的缘故。大陆地壳厚，可分为上部的硅铝壳和下部的硅镁壳，硅铝壳又称为花岗岩壳，主要为由长石和石英等矿物组成的花岗质结晶岩和沉积岩，硅镁壳主要为由暗色矿物和钙质斜长石构成的暗色结晶岩系；大洋地壳仅有硅镁壳而无硅铝壳，其岩石多为玄武岩和镁铁质结晶岩。岩石圈下部的上地幔坚硬部分则为超镁铁质岩系，其主要岩石为二辉橄榄岩-方辉橄榄岩-纯橄岩。

岩石圈之下的软流圈是一高温塑性圈层，厚约 200km。该圈层内不仅有固态的岩石，而且还有固态地幔经部分熔融形成的熔体。地球表面观察到的火山及其喷发物质有可能源于此圈层。所以说岩石圈全部由岩石组成，而岩石圈之下的软流圈是部分岩石圈岩石的母体。显然，它们都属于岩石学的研究范畴。

2. 板块构造与岩石

地球表面岩石的分布十分复杂且不均一，各类岩石呈不规则镶嵌状展布。值得重视的是，各种岩石的组合与所处的板块构造背景有着密切的联系(图 0－3，表 0－1)。

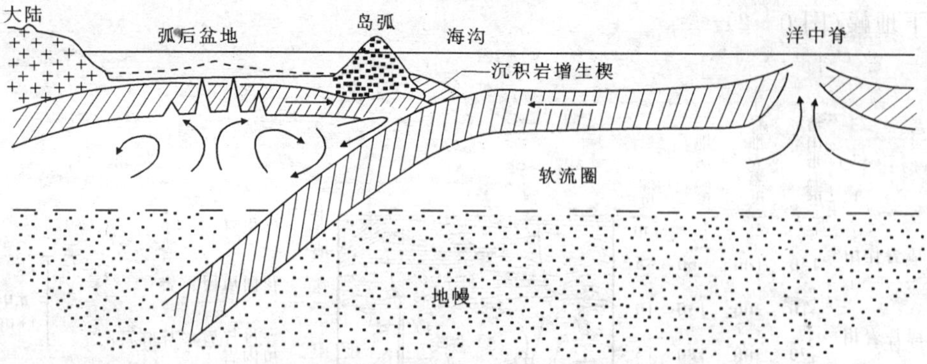

图 0-3　地球板块构造示意图

表 0-1　不同构造背景下的岩石分布和组合

应力状态	构造背景	火成岩	沉积岩	变质岩
扩张型（拉张）	大洋中脊	(洋壳(蛇绿岩)) 玄武岩 基性岩墙(床) 层状超镁铁-镁铁质岩体 变形蛇纹石化橄榄岩	页岩 燧石岩 硅质岩(含放射虫) 石灰岩	浅变质岩(埋藏变质) 角闪岩 糜棱岩 碎裂岩
	大陆裂谷	溢流玄武岩 双峰式火山岩 层状超镁铁-镁铁质岩体 碱性岩 A 型花岗岩	(河湖相) 砂岩、砾岩、页岩	基底，变质岩(深变质) 片麻岩、麻粒岩； 交代变质岩 蛇纹岩、云英岩
汇聚型（挤压）	岛弧	玄武岩-安山岩-英安岩-流纹岩 玻镁安山岩 蛇绿岩(残片) 辉长岩-闪长岩-花岗岩 幔源斜长花岗岩	含长石杂砂岩 砾岩 滑塌角砾岩 混杂堆积岩 沉积混合岩 礁灰岩、浊积岩	(高 p/T 和低 p/T 的双变质带岩石) 蓝片岩 榴辉岩 红柱石片岩 角闪岩 麻粒岩相变质岩
	造山带	(大规模的)中—酸性火山岩 长英质火山碎屑岩 巨量花岗岩 过铝淡色花岗岩 碱性杂岩 碱性花岗岩 钾玄岩系岩石	含长石砂砾岩 页岩 沉积混合岩 (成分复杂 分选和磨圆差)	(同上)
板内（稳定）	洋岛	玄武岩 斜长花岗岩	硅质岩 沉积软泥	片麻岩 斜长角闪(片)岩 榴闪岩
	陆内	岩墙群 金伯利岩 钾镁煌斑岩 镁铁质岩体 碱性玄武岩 碱性岩	碎屑物 (未成岩)	灰色片麻岩(陆核)(TTG) 混合岩 麻粒岩 斜长角闪(片)岩(表壳岩系) 孔兹岩 大理岩

(二)地外物质

许多陨石和地外星球都是由岩石构成的(表 0-2)。

表 0-2　陨石、月球和火星的岩石组成

地外物质	类型		岩石所占比例	岩石类型	矿物成分
陨石	石陨石	球粒陨石 普通球粒陨石	99%	岩石质球粒和球粒间的隐晶质岩石	球粒:橄榄石和斜长石 球粒间:斜长石、橄榄石、辉石
		碳质球粒陨石			同上,另加碳和有机物
		无球粒陨石	99%	较粗粒岩石 (类似于地球上的火成岩)	同普通球粒陨石
		玻璃陨石	100%	全玻璃质岩石	斯石英、天然玻璃 焦石英
	石-铁陨石		50%	岩石部分同无球粒陨石	岩石部分同无球粒陨石
	铁陨石		<10%	同上	同上
月球	月壤		100%	冲击角砾和隐晶质颗粒 冲击熔融角砾	未固结
	月海		100%	玄武岩 显微辉长岩 克里普岩(KREEP)	橄榄石 辉石 斜长石
	月球高地		100%	玄武岩 斜长岩(辉石斜长岩) 苏长岩 橄长岩(尖晶石橄长岩) 纯橄岩 上述岩石的角砾岩	橄榄石 斜方辉石 单斜辉石 斜长石
火星			40%	安山玄武岩	斜长石 辉石

三、岩石学的研究意义

(一)勘查矿物和能源资源

寻找矿产资源是岩石学学习的传统功能。许多资源并非独立大量出现,它们多存在(生长)于岩石之中,而且含量很少。因此常言的"找矿必须先找相关的岩石"并不为过。当然,这种岩石或为某资源型矿物母岩,或在成生上与其有着密切的联系,所以人们有必要根据岩石特征来追索找寻相应的资源型矿物。例如金刚石(宝石级的又称为钻石)仅在金伯利岩和钾镁煌斑岩中存在,后者是金刚石少有的母岩,所以人们在找寻金刚石时首先得找到金伯利岩和钾镁煌斑岩。又如近来人们在玄武岩中发现有石油,这应该是一个很大的突破。因为在传统认识上,玄武岩是火成(岩浆)岩,而石油仅产于沉积岩之中,两者可谓水火不相容,但事实是在玄武岩层中竟然打出了石油。玄武岩层绝非生油层，但它可以储藏有石油。显然，玄武岩中的气孔和显微裂隙成为石油储存的重要空间，所以，在石油钻孔中采到玄武岩岩心一定要加以仔细研究。

（二）寻找水资源

岩石是水系的载体。水体可以切割岩石，也可以赋存于岩石的显微裂隙和孔洞之中，它们的存在和运动与岩石的性质密切相关。不同类型和不同种属的岩石具有不同的化学成分、矿物成分、结构和构造特征，这将影响岩石的溶解度、储水性和透水性。

在某些深成侵入岩和变质岩地区，其内岩石的原始状态为矿物颗粒大小均匀，彼此镶嵌紧密且无孔隙存在，具块状构造。若这种岩石分布区无后期裂隙发育，那么其岩石本身既不具储水性又不具透水性。故在这类岩石的分布区找寻地下水是十分困难的，这些岩石的分布区也是贫水区；若该岩石后期经历了某种构造运动或处在拉张伸展构造背景条件下，这种岩石也会发育裂隙、断层和破碎带，因而它们具有一定的储水和透水性能，这些散布的水汇聚在一起时便会在破碎带和断层中形成流动的水体。因而在这些岩石的局部地段会找到地下水，如在这样的花岗岩分布区有时会找到含多种微量元素的矿泉水源。

在火山喷出岩地区，其岩石常具气孔构造和柱状节理，所以岩石的透水性较好，岩石的储水量也增大。这种地区的地下水资源会出现两种极端的情况：若火山岩之下存在有隔水层岩石，那么该地区的水资源情况尚好；若火山岩之下无隔水层岩石，则该地区的水资源会极度贫乏，因为岩石的透水性使水大量流失，如我国海南岛的琼北地区就属严重的贫水地区，当地群众需在数百米深的水井里才取到含盐度较高的饮用水。显然，该地区分布的气孔状玄武岩使得天然降水流失而不能保存，相反，海水却通过这些孔隙渗透进入水井中。

在沉积岩的碎屑岩分布区，碎屑岩的碎屑颗粒的大小、形状、分选性、支撑类型、胶结类型和胶结物成分会影响岩石的孔隙度，进而影响岩石的透水性（渗透性）和储水性。一般来说，砾岩多漏水且储水性差，水体不易在其内保存和流动，该岩区属于典型的缺水地区。但在我国云南丽江的巨砾岩具硅质胶结物，这种胶结物的致密性也改变了原巨砾岩易透水的性质。现丽江县城内我们常看到“家家有流水，户户有柳荫”的人与自然的和谐美景，这是因为巨砾岩的硅质胶结物降低了砾岩原有的透水性质，而使其河床不致于漏水的缘故；在砂岩地区，砂岩具均一的孔隙，因而砂岩具有良好的渗水性，并能对水体进行过滤，所以砂岩地区的地下水一般水质较好。泥质岩不具透水性，常成为良好的隔水层。在我国一些具向斜构造的沉积岩高山区常有定居乡村，其人民群众赖以生存的基本条件是有饮用水源，这是因为向斜构造能使水聚集，而泥质岩的不透水性会使聚集的水能够保存下来。

在碳酸盐岩分布区，由于这类岩石的溶解度较大，它们极易被流水溶蚀。因此，在水平方向上可形成地下河流和溶洞，在垂直方向可见天坑景观，当上覆碳酸盐岩层被溶解掏空后又易垮塌堆积，这些都说明碳酸盐岩层是最大的漏水层。如我国南方的碳酸盐岩分布区发育的喀斯特地貌能成为美丽的旅游风景区，但是，这里有些地方却是不宜人类居住的经济不发达地区，其中最重要的原因就是缺水。所以在我国碳酸盐岩地区找水是一个很难的命题。

我国地广人多，北方地区常年干旱，就是南方也因特别极端天气而偶发长时间的没有降雨，从而导致人民群众基本饮水的困难，为此找寻地下水已成为我们地质工作者的光荣任务，这其中岩石学的学习是十分重要的。

(三)工程地质工作基础

工程地质研究的对象就是岩石和土壤,除了部分涉及岩石的化学性质外,主要的研究范围为岩石的物性,它包括岩石的密度、岩石的强度、岩石的弹性和韧性等力学性质。岩石的物性取决于岩石的矿物成分和结构构造,综合地考虑则是取决于岩石的类型。除此以外还涉及岩石的产状、岩石间的相互关系以及岩石受后期构造作用的变形,尤其要重视岩石的构造样式、规模、尺度、变形的几何学和力学性质。

在重大的工程建设中几乎都离不开对岩石的研究,其目的是要评估该工程所在地的稳定性和抗震性。例如在花岗岩区建立储油库就是一个很好的选择。这是因为花岗岩结构均一且致密坚硬,抗压强度高,岩体巨大且中间无相对软质岩石夹层,岩石不易坍塌对施工也有利。另一个重要的例子是长江三峡大坝的坝址选定。最早有人将坝址选定在宜昌南津关,认为南津关是长江三峡的峡口,长江江面宽度在此由窄变宽,水流速度由快变慢,在此建坝对于截流施工是有利的。持这种认识的人显然没有考虑该区的岩石因素,这个地区分布的是沉积岩,包括砂页岩和碳酸盐岩,其岩性复杂且岩层较薄,岩性的差异致使层间联系薄弱而具渗水性,再加之碳酸盐岩自身具较好的溶解度易形成溶洞的不利因素,应该说在南津关建三峡大坝存在潜在的危险。此外,南津关地处黄陵背斜的东翼,沉积岩岩层向东倾斜,前述岩石的不均一性和岩层间的薄弱连接会使重负荷下的岩层出现层间滑移,这种层间的那怕是微小的移动都会对负载其上的大坝带来灾难性的后果。最终,大坝坝址定在了南津关上游的三斗坪。这里虽位于三峡峡区内,且水深流急,但该区地质上地处黄陵背斜核部的花岗岩岩基之上,花岗质岩石均匀致密和坚固的特征成为大坝的最优选择,难怪外国人感叹称"黄陵花岗岩是上帝赐给中国人的最好礼物"。

大的建筑工程如此,大的桥梁、道路、机场、厂房和居民区的修建都需考虑岩石特性的影响。在沉积岩和变质岩分布的山区,其岩层的面理产状和岩性的差异程度有时能决定公路走向的选线。在面理产状平缓时,选线主要考虑地形和工程量;在面理产状较大时,切忌公路延伸方向与岩层产状一致。在均一块状的火成岩区,其岩体往往发育构造裂隙,这种裂隙的组数和面理方向也会与沉积岩面理一样对公路和铁路选线起着重要的制约作用。此外,岩性的差异也是建筑施工要考虑的因素,岩性相似地区的地基较稳定,岩性差异较大时就会影响地基的稳定性,尤其是硬质岩石间夹有软性岩石时不易施工建筑,如变粒岩中夹有薄层绿泥石片岩、绢云母片岩的变质岩区的建筑物有可能会垮塌。

(四)研究地球的组成和演化

研究地球的组成离不开岩石。众所周知,地球岩石圈包括地壳和上地幔的上部,它们由固态岩石组成。一般来说地球上暴露出来的岩石多为地壳的中、上地壳部分,而下地壳和上地幔的上部样品还需通过特殊的途径获得:①地球的岩石探针。据研究,火山喷出的岩浆源于下地壳或上地幔,所以火山岩可以作为探测地球物质组成的探针,其内常携带有下地壳和上地幔的岩石包体,这为我们研究地球深部组成提供了直接样品。②构造抬升的地体和深部残片,如蛇绿岩的橄榄岩单元和片麻岩中的榴辉岩岩块。

岩石是地质历史的记录,最古老的太古宙地壳为灰色片麻岩(TTG)和紫苏花岗岩,其表壳岩多经历麻粒岩相-角闪岩相的变质,而此时发育的火山岩为科马提岩;元古宙地壳多出现块状斜长岩、更长环斑花岗岩，其表壳岩石经历了角闪岩相-绿片岩相的变质，此时喷发的火山岩为碱性玄武岩；显生宙多为沉积岩，其中的古生代为海相沉积岩，中生代为由海向陆转化的沉积岩，并伴随大量的花岗质岩浆活动。

岩石也是地质事件发生的证据。太古代灰色片麻岩(TTG)说明有古老的大陆陆核产生；蛇绿岩记录了大洋洋壳形成和洋-洋碰撞作用发生；新生代碱性玄武岩形成于大陆板块的伸展和拉张。玻璃陨石(Tektite，一种全玻璃质岩石)被认为是地外小行星撞击地球形成的。

第一章 造岩矿物学基础

一、矿物和晶体

(一)矿物

1. 概念

形成于一定的温度(T)、压力(p)条件下且具特定化学成分和内部结构的天然固态物质称之为矿物。矿物是构成行星和地球岩石的基本组成单位,它们在物理和化学上具有一定的界面而彼此可以分离。地球上的矿物有3 000余种,它们绝大多数为晶质体(结晶的晶体),少数则是非晶质体。

2. 矿物的形成方式

(1)岩浆熔体冷凝结晶

$$\text{玄武质岩浆}\xrightarrow{T\text{下降结晶}}\text{橄榄石(辉石)}+\text{斜长石}$$

(2)固-固反应

$$\underset{\text{白云石}}{CaMg(CO_3)_2}+\underset{\text{石英}}{SiO_2}\xrightarrow{T\text{上升}}\underset{\text{透辉石}}{CaMgSi_2O_6}+CO_2\uparrow$$

$$\underset{\text{钠长石}}{NaAlSi_3O_8}\xrightarrow{p\text{升高}}\underset{\text{硬玉}}{NaAlSi_2O_6}+\underset{\text{石英}}{SiO_2}$$

(3)相转变

一个相(矿物)转变为另一个相(矿物),如β-石英(高温石英)$\xrightarrow{T\text{下降}}$$\alpha$-石英(低温石英);均一的一个相(矿物)转变为分离的两个相(矿物),如钾-钠长石(高温)⟶条纹长石(低温)。

(4)胶体凝聚

蛋白石(SiO_2)的形成,这是一种非晶质矿物。

(5)溶液沉淀

方解石($CaCO_3$)、石膏($CaSO_4\cdot 2H_2O$)的形成。

(6)气体凝固

自然硫(S)、雄黄(AsS)的形成。

(二)晶体

物质内部质点在三维空间按一定规则呈周期性重复排列而在宏观上又具一定的几何外形的固体物质称之为晶体(图1-1)。在微观上这些内部质点三维重复排列的最小单位是一些

不同形状的平行六面体，我们把这种平行六面体称之为空间格子或晶胞。显然晶体的宏观外形、晶体的物理和化学性质都是这些微观上不同形状的空间格子（晶胞）按一定规则排列和堆砌的反映。

例如盐（NaCl）的晶体为立方体。在微观上其内部质点 Na 和 Cl 离子在三维空间各自以 3.978Å（10^{-10} m）的等间距连续排列，故其空间格子（晶胞）为立方体（图 1－2）。

图 1－1　具规则外形的石英晶体又称之为水晶

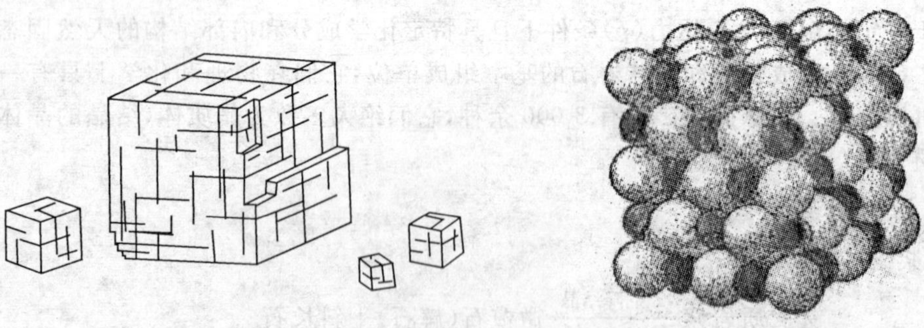

(a)　　(b)

图 1－2　NaCl 晶体（a）及其内部结构（b）

图（b）中 Cl 离子（大球）和 Na 离子（小球）最紧密堆积，其最小堆积单位为立方体

1．晶体的对称

对称是宏观研究晶体晶面排列规律和晶体形态特征的重要手段，它是指物体相同部分（如晶体的晶面）出现的有规律重复。对称的操作方法包括反映对称和旋转对称两种，反映对称是指两晶面呈镜面反映关系；而旋转对称是旋转某一轴而使相同的晶面重复出现的一种操作。

晶体的宏观对称要素为对称中心（C）、对称面（P）和对称轴（L^n）三种，晶体对称轴（L^n）的 n 表示旋转对称操作时相同晶面重复出现的次数，如 L^2、L^3、L^4 和 L^6 分别表示旋转轴旋转 360°时相同晶面重复出现 2、3、4 和 6 次；晶体的对称面（P）数目不定，它取决于晶体的对称性，晶体的对称性愈高，其对称面的数目愈多，但最多为 9，记为 $9P$；晶体的对称性最低时则无对称面，也即对称面数为零；晶体的对称中心若存在则只有 1 个。

晶体的对称要素组合称之为对称型。晶体的对称型共有 32 种之多。事实证明，不同矿物的晶体具有不同的对称型，也可具有相同的对称型，如石榴石和萤石的对称型均为 $3L^4$、$4L^3$、$6L^2$、$9PC$；相同矿物的晶体既可具有相同的对称型，也可具有不同的对称型，如同为石墨矿物却具有 $L^3 3L^2 3PC$ 和 $L^6 6L^2 7PC$ 两种不同的对称型。

2．晶系及其划分

晶系是宏观上具有相似对称型的晶体的总称。矿物的晶系划分为等轴、六方、四方、三方、斜方、单斜和三斜七类。各晶系的矿物晶体在微观晶体结构上也存在与之对应的对称型和空间格子(晶胞)。描述空间格子大小和形态可用它的三根棱长(a、b、c)和三根棱的交角(α、β、γ)来表示(图 1-3)。显然,不同晶系的空间格子具有不同的棱长和棱间交角,从而导致具不同的对称型和对称性(表 1-1)。

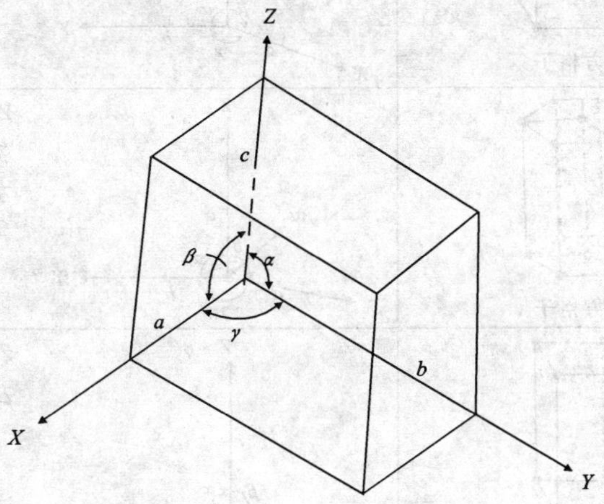

图 1-3　空间格子平行六面体的几何形态及其描述

a、b、c 分别为空间格子在 X、Y、Z 三维方向的截距;α、β、γ 分别为空间格子与三维方向 $Z\wedge Y$、$Z\wedge X$、$X\wedge Y$ 的夹角

3. 晶体的连生和交生

同种晶体按一定规则共生称之为连生,不同矿物晶体按规则连生称之为交生。

(1)连生的类型

晶体规则连生的结果形成双晶。双晶是指两个或两个以上的同种晶体彼此间按一定的对称关系相互接合而成的规则连生体。其主要类型见表 1-2,两晶体连生的规则为:①两晶体相互穿插称为穿插双晶,如十字石的双晶;②两晶体按一个面接触称为接触双晶,如石膏的双晶;③两晶体相互咬合称为卡氏双晶,如钾长石的双晶;④两个以上的晶体按接触面连续排列称为聚片双晶,如斜长石双晶。

(2)交生的类型

可分为:①文象交生:石英和钾长石交生,石英嵌入钾长石晶体之中,如古代希伯来象形文字(图 1-4),该交生肉眼可见;②环带交生:不同成分的斜长石围绕呈环状,肉眼难以辨认,有时可根据其颜色、光泽或风化程度来确定;③条纹交生:钾长石中出现斜长石的条纹,肉眼不易识别。

4. 晶体的生长习性

(1)一向延长

短柱状、长柱状、针状、纤维状、条状,如辉石、角闪石、矽线石、蛇纹石、钾长石等。

(2)二向延长

板状、片状、鳞片状,如斜长石、绿泥石、黑云母等。

表 1-1　七大晶系及空间格子

晶　　系	空间格子形状	空间格子的坐标及参数
等轴晶系	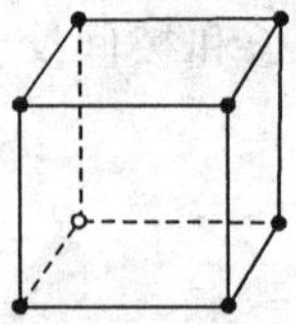 立方格子	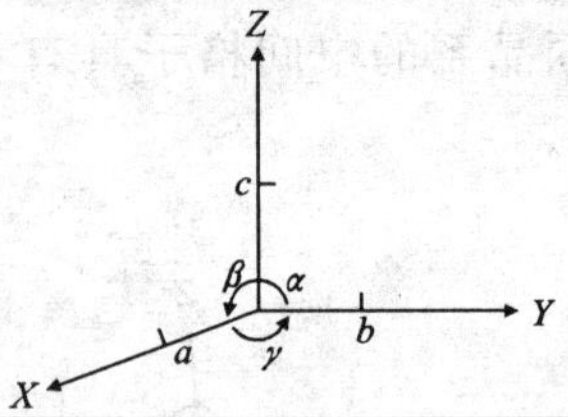 X 轴前后水平；Y 轴左右水平；Z 轴直立 $a=b=c$ $\alpha=\beta=\gamma=90^\circ$
六方晶系	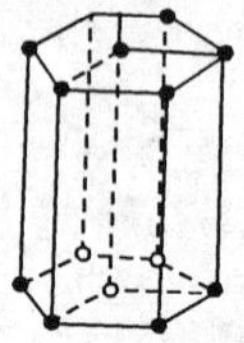 六方格子	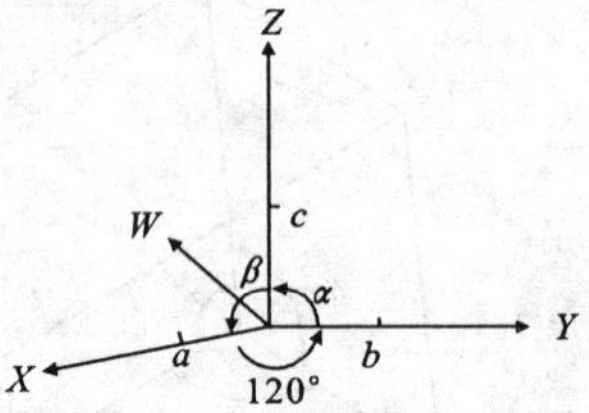 Z 轴直立；Y 轴左右水平；X 轴朝前偏左 30°；W 轴水平朝后偏左 30° $a=b\neq c$ $\alpha=\beta=90^\circ$ $\gamma=120^\circ$
四方晶系	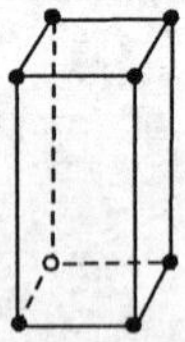 四方格子	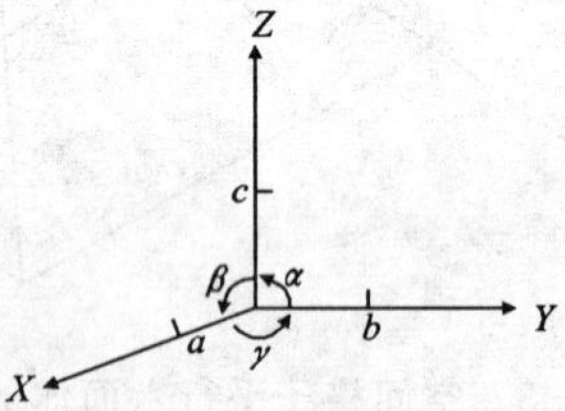 Z 轴直立；X 轴前后水平；Y 轴左右水平 $a=b\neq c$ $\alpha=\beta=\gamma=90^\circ$
三方晶系	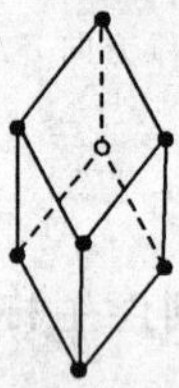 菱面体格子	同六方晶系 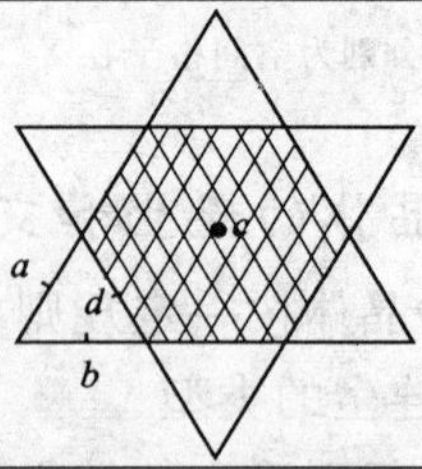
斜方晶系	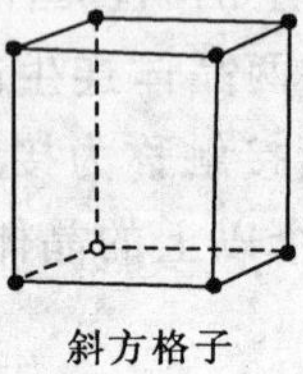 斜方格子	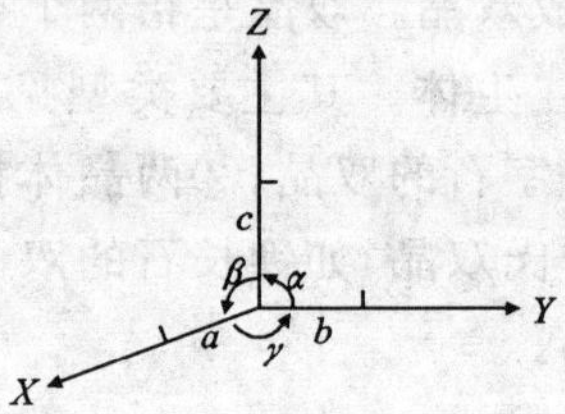 Z 轴直立；X 轴前后水平；Y 轴左右水平 $a\neq b\neq c$ $\alpha=\beta=\gamma=90^\circ$
单斜晶系	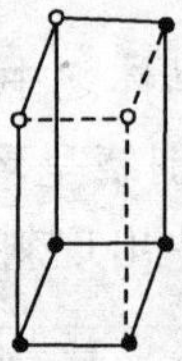 单斜格子	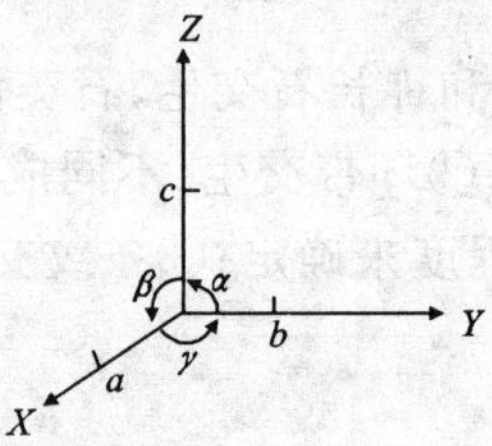 Z 轴直立；Y 轴左右水平；X 轴前后朝前下方倾斜 $a\neq b\neq c$ $\alpha=\gamma=90^\circ,\beta>90^\circ$
三斜晶系	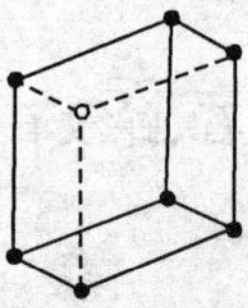 三斜格子	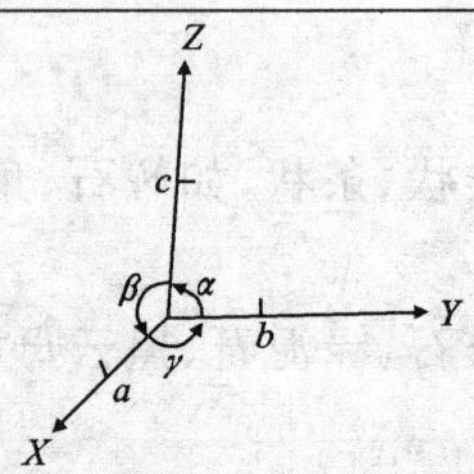 Z 轴直立；Y 轴左右朝右下方倾；X 轴前后朝下方倾 $a\neq b\neq c$ $\alpha\neq\beta\neq\gamma$，皆不等于 90°

表 1-2　矿物晶体的双晶

晶系	矿物名称	单晶形态	双晶形态	双晶名称
斜方晶系	十字石		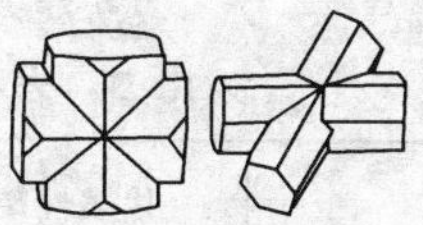	十字双晶
单斜晶系	石膏			燕尾双晶
	正长石	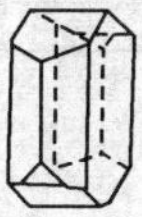		卡氏双晶
三斜晶系	钠长石	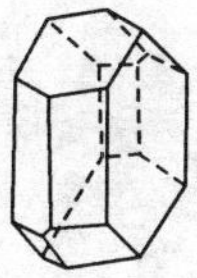	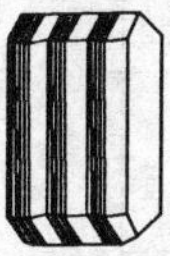	聚片双晶

(3)三向延长

粒状(等轴状),如石榴石、金刚石、橄榄石。

这里所说的晶体生长习性是指单个独立晶体生长的取向。然而,岩石是矿物的集合体或矿物和其他物质的集合体,所以在岩石中不可能观察到完整的矿物单晶形态,而仅看到岩石断面所显现的矿物晶体的任意方向截面。因此在岩石标本上判断矿物晶体的生长习性要十分慎重,关键是要从几种截面形态恢复该矿物的晶体生长习性。

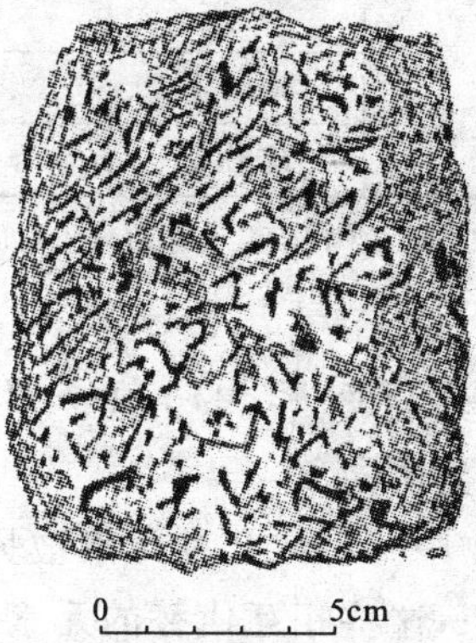

图 1-4　钾长石和石英的文象交生

二、矿物的性质

(一)矿物的化学性质及其分类

1. 化学性质

矿物的化学性质取决于化学成分。大多数矿物是由金属阳离子和非金属阴离子(离子团)共同构成且其电价达到平衡的稳定化合物;部分矿物是由单质元素构成的(表 1-3)。

2. 分类

矿物的分类统一而又经典。矿物的类型有很多，这里仅列出在岩石学学习中常见的几大类矿物和代表性矿物名称(表1-3)。

表1-3　岩石中的主要矿物类型和代表性矿物*

类　型		代表性矿物(部分)	代学式
自然元素		自然金	Au
		自然银	Ag
硫化物		黄铁矿	FeS_2
卤化物		萤石	CaF_2
氧化物		石英	SiO_2
		磁铁矿	$FeO \cdot Fe_2O_3$
		尖晶石	$Al_2O_3 \cdot MgO$
含氧盐	硅酸盐	钾长石	$KAlSi_3O_8$
		斜长石	$NaAlSi_3O_8 \cdot CaAl_2Si_2O_8$
		橄榄石	$(Mg \cdot Fe)_2SiO_4$
		透辉石	$CaMgSi_2O_6$
		普通角闪石	$(Ca,Na)_{2-3}(Mg,Fe^{2+},Fe^{3+},Al)_5[(Al,Si)_4O_{11}]_2(OH)_2$
		黑云母	$K(Mg,Fe^{2+})_3[(Al,Fe)Si_3O_{10}](OH,F)_2$
		榍石	$CaTiSiO_5$
	碳酸盐	白云石	$CaMg(CO_3)_2$
		方解石	$CaCO_3$
	磷酸盐	磷灰石	$Ca_5(PO_4)_3(F,OH)$
	硫酸盐	石膏	$CaSO_4 \cdot H_2O$

* 表中普通角闪石、黑云母和磷灰石的(OH)组分为结构水；石膏的 H_2O 组分为结晶水。

3. 类质同象和同质多象

(1)类质同象

矿物中一种或几种元素被另一种或另几种元素取代而不改变矿物内部结构的现象称之为类质同象，这些相互代替的元素在晶体化学性质上(离子电价和离子半径)是十分相似的。如在橄榄石[$(Mg,Fe)_2SiO_4$]中，其内的Mg、Fe位置可被Ni代替，Ni^{2+}的离子半径和电价均与Mg和Fe相似。又如斜长石($CaAl_2Si_2O_8-NaAlSi_3O_8$)中，其内的Ca易被Sr和Eu取代，Sr和Eu与Ca的晶体化学性质极为相似。

(2)同质多象

相同化学成分的物质具有不同的矿物形式，而这种不同是因形成的物理-化学条件不同造成的。最常见的例子是石墨和金刚石，它们的化学成分均为碳(C)，但其金刚石形成于高压的条件，而石墨则不然。如 $Al_2O_3 \cdot SiO_2$ 物质，它可以有蓝晶石(Ky)、红柱石(And)和矽线石

(Sill)三种矿物形式，它们则形成于不同的温、压条件(图 1－5)。从该图可以看出，蓝晶石(Ky)形成于相对高压低温；矽线石(Sill)形成于相对高温低压；红柱石(And)则形成于相对低温低压。又如 SiO_2 物质，它的类质同象达 7～8 种之多，我们常见到的仅是高温石英(β－石英)和低温石英(α－石英)这两种。

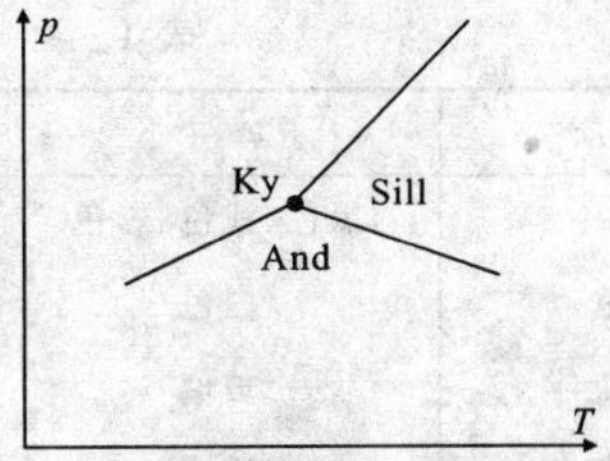

图 1－5　富铝硅酸盐矿物的同质多象

(二)矿物的物理性质

1. 光学性质

(1)颜色

矿物吸收日光(七色光)中的某些单色光以后所剩单色光合成的反射光的颜色即矿物的颜色。颜色是鉴定矿物的重要依据。但也要注意，一些不同的矿物也具有相似的颜色，如金与黄铁矿的颜色；而有些相同的矿物却具有不同的颜色，石英就有多种颜色，方解石也是如此。

(2)条痕色

指在较粗糙的白瓷板上划出的粉末条痕的颜色。条痕色可分为白色、浅彩色、深彩色、黑色四种。一般来说，矿物的颜色与条痕色是一致的，但对于硅酸盐矿物来说，具黑颜色的辉石、角闪石和黑云母的条痕色却是白色。

(3)透明度

指矿物在一定厚度条件下对日光的透射能力。透明度可分为透明、半透明、微透明和不透明四种类型。这种划分在单个独立矿物上观察尚可，但对于矿物集合体的岩石来说，判断矿物的透明度则是困难的。

(4)光泽

指矿物反射日光的能力。可分为玻璃光泽、金刚光泽、半金属光泽和金属光泽四种类型。

矿物玻璃光泽常因矿物断面形状和其集合体的排列方式不同而表现出一些特殊感觉的光泽，这类光泽对鉴定矿物很有帮助。

油脂光泽　无解理矿物断口呈贝壳状所显示的类似油脂状的光泽，如石英和石榴石，有些玻璃质岩石也表现出油脂光泽。

丝绢光泽　岩石上细小绢云母(白云母)定向排列所显示的呈丝绸般的光泽。虽然我们未见白云母矿物的形态，但这种光泽的表现证明岩石中已有白云母结晶出来了。

土状光泽　土状集合体显示的淡而反光性弱的光泽，在岩石风化或蚀变时常显示这种光泽。由此证明，该岩石中已有高岭石等粘土矿物产生。

珍珠光泽　具有极完全解理的矿物解理面上所发出的类似珍珠样的光泽，如云母类矿物。

(5)矿物各光学性质间的关系

矿物各光学性质间的相互对应关系列于表 1－4。

在实际应用时，条痕色与光泽的对应关系是紧密的；透明度因矿物赋存于岩石中而难以确定；颜色与条痕色和光泽的关系也是不确定的，如硅酸盐矿物辉石、角闪石和黑云母的颜色均为黑色，但它们的条痕色均呈白色，其光泽也均为玻璃光泽。

表 1-4 矿物光学性质的划分及对应关系

光学性质	划分等级及其对应关系			
颜色	黑色、浅色、彩色	灰、灰黑、彩色	灰黑、彩色	黑色、灰黑
条痕色	白色	浅彩	深彩	黑色
光泽	玻璃	金刚	半金属	金属
透明度	透明	半透明	微透明	不透明

2. 力学性质

(1)硬度

矿物的硬度为矿物抵抗外力作用的能力，硬度划分为 10 级(表 1-5)。

表 1-5 矿物硬度等级划分及代表性矿物

硬度级别	1	2	3	4	5	6	7	8	9	10
代表性矿物	滑石	石膏	方解石	萤石	磷灰石	长石	石英	黄玉	刚玉	金刚石

在鉴定矿物硬度时，我们常使用手指甲(硬度为 2.5)和小刀(硬度为 5.5)两种工具来刻划矿物，以判断矿物的相对硬度(表 1-6)。

表 1-6 矿物硬度的确定

相对硬度	硬度小	硬度中等	硬度大
绝对硬度	<2.5	2.5～5.5	>5.5
鉴定方法	手指和小刀均能刻动	手指不能刻动，小刀能刻动	手指不能刻动，小刀不能刻动
代表性矿物	滑石、石膏	方解石、萤石	石英、长石、角闪石、辉石、橄榄石

要注意，在使用小刀和指甲等工具刻划矿物时，需将工具作用于矿物晶面或解理面上，若矿物晶体细小而不能确定其晶面时可反过来操作，用矿物标本来刻划小刀和指甲。若在小刀和指甲上留下刻痕，表明矿物硬度大于使用的工具；若在小刀或指甲上留下粉末，则说明矿物的硬度小于使用的工具。

有些矿物的硬度因内部结构的特征而显示方向性，如蓝晶石。用小刀平行于该矿物的 Z 轴(晶体延长方向)刻划，能够在该矿物上留下刻痕(硬度小于小刀)；用小刀垂直其 Z 轴(垂直于晶体延长方向)刻划，却不能在该矿物上留下刻痕(硬度大于小刀)，故蓝晶石又称为二硬石。

(2)解理和断口

矿物晶粒在外力打击下沿一定方向裂开或出现平行的裂纹称之为解理。打击后形成的平面称为解理面。若打击后其断面凸凹不平且无方向性则称之为断口。

解理和断口是互为消长的，发育解理的矿物是不会出现断口的，具有断口的矿物也一定无解理。矿物解理的发育程度是不同的，判断解理发育程度的标志是解理面的光滑程度和密集程度，据此将解理划分为几个等级(表1-7)。肉眼观察解理常见一级一级的阶梯，这种阶梯可以很明显，也可以不明显而呈近一个平面，后者实际上是解理完全的标志。

表1-7 解理发育程度的划分

划分等级	极完全	完全	中等	不完全	极不完全(断口)
特征	解理面平滑、光亮，极易剥离	解理面平滑，显现阶梯状	解理面不平滑，解理面断面呈锯齿状，但有一定的延伸	解理面极不平滑，延伸差，发育不稳定	断面不平整，无方向性
代表性矿物	云母	辉石、角闪石、长石、方解石	橄榄石	绿柱石	石英、石榴石

有些矿物不仅仅具有一个方向的解理面，而且发育两个或多个方向的解理面，我们把这种一个方向发育的解理面称之为一组解理，矿物具两组和多组解理时必定存在解理交角的问题。黑云母具一组解理；角闪石和辉石具两组解理，角闪石两组解理的交角分别是56°和124°，而辉石的解理交角近90°(图1-6)。

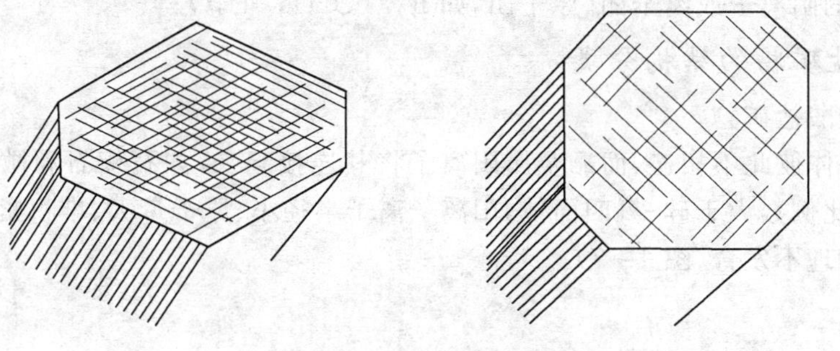

图1-6 角闪石(左)和辉石(右)解理

矿物断口根据形象划分为几种类型，有些微粒隐晶质的岩石断面也具有特征的断口，现列于表1-8。

表1-8 矿物断口的形象划分

断口类型	贝壳状	瓷状	锯齿状
断口特征	断面具不同层次的弧形纹	断面具微弱的颗粒感	具参差不齐的断面
光泽	油脂光辉(石英和某些玻璃质岩石)	略显凸凹不平的玻璃光泽(由细小的长石和石英组成的长英质岩石)	无光泽(由绿泥石等鳞片状矿物组成的片岩)

(3)磁性

磁性对于鉴定磁铁矿等磁性矿物是十分有益的。在操作时可用小刀刻划矿物，若小刀上粘上的矿物粉末不脱落，说明该矿物具磁性。

三、造岩矿物

(一)硅酸盐矿物

1. 硅酸盐矿物的组成和结构

(1)硅-氧四面体:$[SO_4]^{4-}$()

硅酸盐矿物中硅-氧四面体的顶角为氧,Si 充填于该四面体的空隙中,此时 Si 周围有 4 个氧,称之为 Si 具 4 次配位,记为 $Si^{Ⅳ}$。有时,Al 取代硅氧四面体内的 Si 位置,这种 Al 亦为 4 次配位,记为 $Al^{Ⅳ}$。显然,一个硅-氧四面体为一个负 4 价的阴离子团。

(2)阳离子

连接硅-氧四面体呈规则排列,并保持总电价平衡的离子。各阳离子的配位数是不同的,这主要取决于阳离子的离子半径,离子半径愈大,配位数越高,如 Na 离子的配位数远大于 Ni 离子的配位数。有些元素,尤其是 Al,它有两种配位数,当它进入硅-氧四面体取代 Si 时为 4 次配位($Al^{Ⅳ}$);当它作为阳离子起着连接硅-氧四面体作用时则具 6 次配位($Al^{Ⅵ}$)。

(3)其他组成

除氧以外的阴离子或离子团、原子团,如 F^-、$(OH)^-$、H_2O 等。

2. 硅酸盐矿物的结构分类

(1)岛状硅酸盐矿物

硅-氧四面体彼此不相连,而靠金属阳离子将其连接起来,如石榴石和橄榄石。这种硅酸盐矿物阳离子比例数大于硅-氧四面体,阳离子离子半径小、原子量大、堆积紧密。故矿物密度大,无解理或解理不发育(图 1-7)。

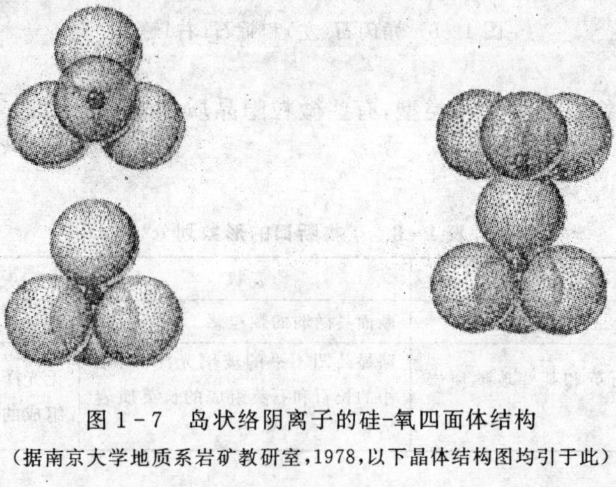

图 1-7 岛状络阴离子的硅-氧四面体结构

(据南京大学地质系岩矿教研室,1978,以下晶体结构图均引于此)

(2)链状硅酸盐矿物(包括单链和双链)

每一个硅-氧四面体以两个顶角分别与相邻的另两个硅-氧四面体连接成一维无限延伸的

连接链称为单链(图 1－8)，如辉石；若由两个单链组合而成的链称为双链(图 1－9)，如角闪石。

图 1－8　几种不同形式的硅氧四面体单链

图 1－9　两种不同形式的硅氧四面体双链

无论单链还是双链，它们彼此的连接则需通过阳离子完成。这种矿物具一向延长的结晶习性，又由于双链的一维延伸性较单链更好，故双链矿物的一向延长性较单链矿物要好，所以辉石矿物为短柱状，而角闪石为长柱状。

(3)层状硅酸盐矿物

每一硅-氧四面体均以 3 个顶角分别与相邻的 3 个硅-氧四面体相连接，构成二维空间无限延伸的层，硅-氧四面体另一个顶角上的氧离子的电荷为－1 价，未达到电价平衡而处于活性状态，所以能与金属阳离子结合。在层与层之间则为体积较大的阴离子团$(OH)^{-1}$或中性原子团(H_2O)充填(图 1－10)。该结构特征显示，层与层之间空隙较大，故该硅酸盐矿物具平行于内部结构层的一组极完全解理，如黑云母。

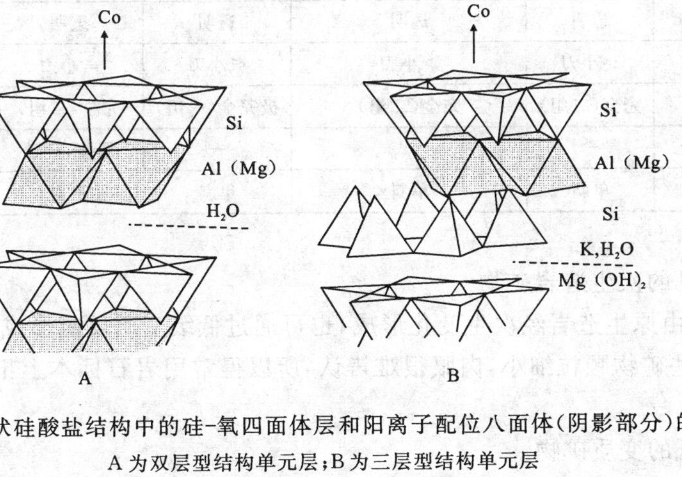

图 1－10　层状硅酸盐结构中的硅-氧四面体层和阳离子配位八面体(阴影部分)的连接方式

A 为双层型结构单元层；B 为三层型结构单元层

(4)架状硅酸盐矿物

每一个硅-氧四面体的四个顶角与相邻的4个硅-氧四面体相连接组成三维空间无限扩展的骨架，其中的每个氧离子都为另一个相邻的硅-氧四面体所共有，总电荷也达到平衡，如石英。在许多情况下架状硅酸盐矿物中的硅-氧四面体的Si位被Al取代，这样会出现过剩的负电荷，这时需要有K、Na、Ca等阳离子进入晶格以平衡其电荷，这样就形成架状硅酸盐矿物长石等(图1-11)。

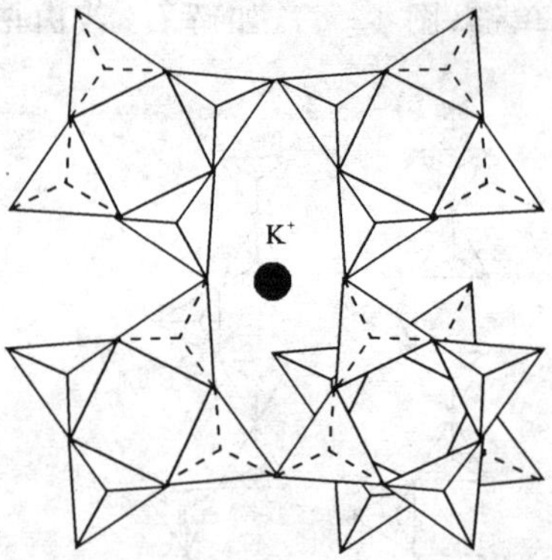

图1-11　理想化的钾长石架状晶体结构(⊥α轴)

3. 岩石手标本需掌握的硅酸盐矿物

(1)七种常见造岩矿物

在岩石手标本观察中需掌握七种硅酸盐造岩矿物，它们的成分和肉眼鉴定特征列于表1-9。

表1-9　常见硅酸盐造岩矿物及其鉴定特征

特征	橄榄石(Ol)	辉石(Py)	普通角闪石(Hb)	黑云母(Bi)	斜长石(Pl)	钾长石(Or)	石英(Q)
	$(Mg,Fe)_2SiO_4$	$(Mg,Fe)SiO_3$ $-CaMgSi_2O_6$	$(Ca,Na)_{2-3}(Mg,Fe^{2+},Fe^{3+}Al)_5[(Al,Si)_4O_{11}]_2(OH)_2$	$K(Mg,Fe^{2+})_3[(Al,Fe)Si_3O_{10}](OH,F)_2$	$NaAlSi_3O_8$ $-CaAl_2Si_2O_8$	$KAlSi_3O_8$	SiO_2
晶形	粒状	短柱状	长柱状	片状	板状	条状	粒状
颜色	淡黄绿、淡黄、绿	黑	黑	黑(金黄)	灰白、淡绿	肉红	烟灰
条痕色	白	白	白	白	白	白	白
光泽	玻璃	玻璃	玻璃(丝绢)	玻璃(珍珠)	玻璃	玻璃	玻璃(油脂)
透明度	透明	透明	透明	透明	透明	透明	透明
硬度	>小刀	>小刀	>小刀	<小刀	≐小刀	≐小刀	>小刀
解理	不完全	完全(二组)	完全(二组)	极完全(一组)	完全(二组)	完全(二组)	断口
连生	—	—	—	—	聚片、环带	卡氏、文象	—
晶系	斜方	单斜	单斜	单斜	三斜	单斜	三方

(2)六种常见的次生造岩矿物

这类矿物可由原生造岩经次生变化形成，也可通过低级变质反应形成，其主要鉴定特征列于表1-10。这些矿物颗粒细小，肉眼很难辨认，所以得常用岩石标本上出现的该矿物的集合体特征来确定。

(3)六种特征的变质矿物

在岩石学学习中，尤其是在变质岩岩石学的学习中，常见一些仅在变质岩中出现的矿物，这类矿物又称为特征的变质矿物，现将它们的有关特征列于表 1－11。

表 1－10　次生的硅酸盐造岩矿物鉴定特征

次生矿物名	原生矿物名	集合体颜色	主要鉴定特征
蛇纹石	橄榄石、辉石	绿、黑(含磁铁矿)	冻胶状、隐晶，有时呈纤维状
绿泥石	橄榄石、辉石、角闪石、黑云母	绿、浅绿	极细的鳞片状，有时呈丝绢光泽
绿帘石	辉石、角闪石、黑云母、斜长石	黄、黄绿	细粒，小刀刻划呈粉末状
透闪石	角闪石、辉石	灰、灰白	纤维状、针状，排列不规则
绢云母(白云母)	斜长石、黑云母	灰、灰白	细小鳞片状，呈丝绢光泽
高岭石	钾长石	灰浅黄、灰白	无光泽、泥化，标本不新鲜

表 1－11　常见的特征变质矿物及鉴定特征

特征	石榴石 $A_3B_2[SiO_4]_3$ A 为二价阳离子 B 为三价阳离子	蓝晶石 $Al_2[SiO_4]O$ Al 为 Al^{VI}	矽线石 $Al[AlSiO_4]O$ Al 分为 Al^{VI} 和 Al^{IV}	红柱石 $Al_2[SiO_4]O$ Al 分为 Al^{VI} 和 Al^{V}	堇青石 $(Mg,Fe)_2$ $Al_3[Si_5AlO_{18}]$	十字石 $(Fe,Mg)_2$ $(Al,Fe)_9$ $[SiO_4]_4O_6$ $(O,OH)_2$
晶系	等轴	三斜	斜方	斜方	斜方	斜方
结晶习性	粒状	长板条状	针状	粒	柱、粒	长柱状
颜色	黄褐，浅红	浅蓝，灰白	灰白，淡黄	灰白，浅红	灰白，黑	黄褐
光泽	玻璃(油脂)	玻璃	玻璃	玻璃	玻璃(油脂)	玻璃
硬度	＞小刀	二硬石 { ＜小刀，∥C 轴；＞小刀，⊥C 轴	—	＞小刀	＞小刀	＞小刀
解理	极不完全	解理完全，多组	完全解理	二组完全 交角近 90°	极不完全	中等

(二)其他化合物的造岩矿物

在岩石中除主要的硅酸盐造岩矿物外，还发育其他化合物的造岩矿物。它们的鉴定特征列于表 1－12，需要说明的是，方解石和白云石可见于三大类岩石中，但在沉积岩中常呈主要的造岩矿物；而榍石、磁铁矿和黄铁矿在火成岩的岩石中常呈含量极少的副矿物出现。

表 1－12　岩石中常见的其他化合物的造岩矿物及鉴定特征

矿物	化学式	主要鉴定特征
方解石	$CaCO_3$	白、灰和其他颜色，硬度小于小刀，具多组解理，滴稀盐酸强烈起泡
白云石	$CaMg(CO_3)_2$	白、灰色，硬度小于小刀，易溶解，具多组解理，滴盐酸不起气泡
榍石	$CaTi[SiO_4]O$	黄色，信封状、楔状，玻璃光泽，硬度大于小刀
磁铁矿	Fe_3O_4	铁灰色，风化呈褐色，粒状，有时具完好的晶形，半金属光泽，具磁性
黄铁矿	FeS_2	金黄色，立方体晶形，表面常具晶纹，无延展性，注意与自然金区分开

(三)七种硅酸盐造岩矿物的鉴定

表 1－8 中七种硅酸盐造岩矿物是地球上最主要的岩石组成单位，尤其是在火成岩中，所以区别和鉴定岩石中的这些矿物是十分重要的。在鉴定过程中首先要区分暗色矿物和浅色矿物，然后再分别想办法鉴定。

1. 暗色矿物的鉴定

暗色矿物又称镁铁矿物。这里指橄榄石、辉石、角闪石和黑云母等，它们的共同特征是颜色较深，甚至为黑色，其透明度、硬度和光泽度都十分相似。上述 4 种造岩矿物的标准晶体形态见图 1－12。用肉眼观察和使用小刀刻划等方法可以较易区分岩石中的这类造岩矿物(表 1－13)。

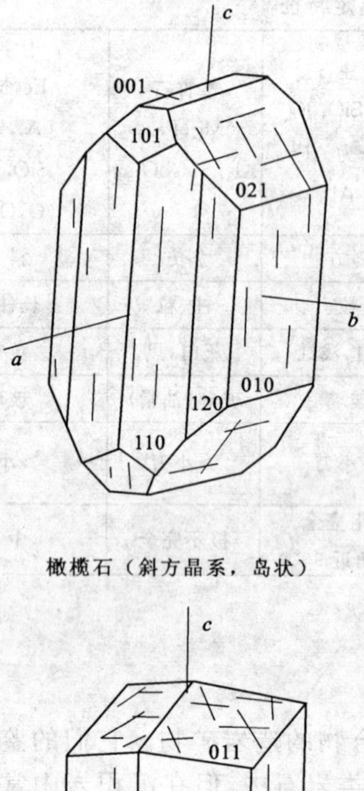

橄榄石（斜方晶系，岛状）

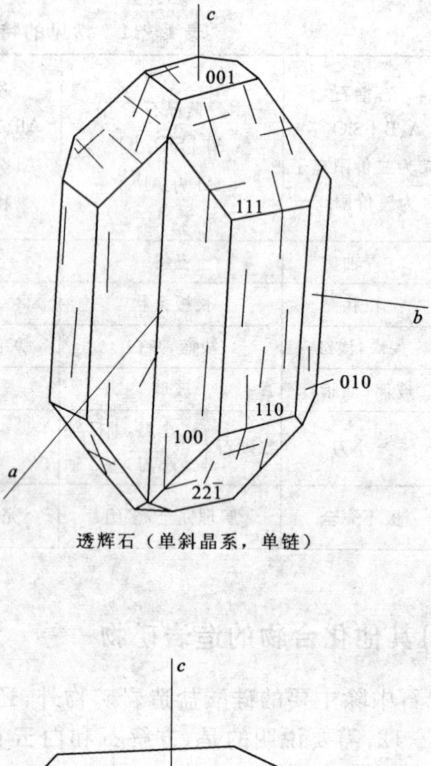

透辉石（单斜晶系，单链）

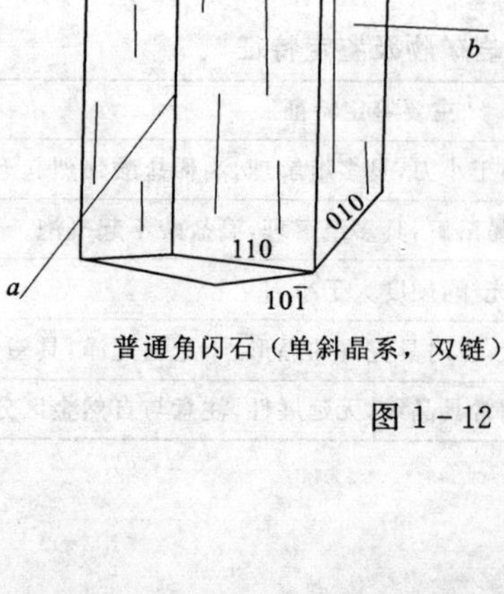

普通角闪石（单斜晶系，双链）

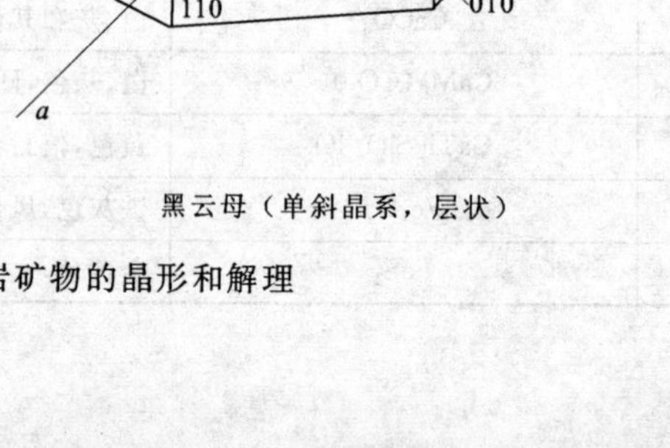

黑云母（单斜晶系，层状）

图 1－12　各暗色造岩矿物的晶形和解理

表 1-13　暗色矿物的鉴定

	橄榄石(Ol)	辉石(Py)	普通角闪石(Hb)	黑云母(Bi)
颜色	黄绿、黄	黑	黑	黑，风化呈金黄
结晶习性	粒状	短柱状	长柱状	片状
断面形态	矩形	正方形、六方形	菱形	假六边形
解理	不完全	完全(二组直交) 呈阶梯状	完全(二组斜交)平滑	极完全(一组)
用小刀刻划	粉末为颗粒状	粉末为颗粒状	粉末为颗粒状	粉末为鳞片状

从上表可以看出，橄榄石根据黄绿的颜色、粒状结晶习性和无解理等特征便可区分于另外三种矿物；黑云母根据其用小刀刻划获得鳞片状粉末的特点很容易与角闪石和辉石相区分，因为后者用小刀刻划会落下颗粒状的粉末。剩下的角闪石和辉石则需综合结晶习性、断面形态和解理特征加以区别(表 1-9)。故暗色矿物的鉴定次序应是橄榄石—黑云母—辉石和角闪石。

2. 浅色矿物的鉴定

浅色矿物又称硅铝矿物，如钾长石、斜长石和石英等。这类矿物的共同特征是色浅，其透明度、光泽和硬度大体相近。浅色造岩矿物的鉴定特征列于表 1-14，其标准晶体形态见图 1-13。

表 1-14　浅色矿物的鉴定特征

	斜长石(Pl)	钾长石(Or)	石英(Q)	方解石或白云石(Cc 或 Dol)
颜色	白、灰白 有时因蚀变为呈淡绿	肉红、黄褐 风化呈灰白	烟灰、白	白、青灰和其他各种色
硬度	≥小刀	≥小刀	>小刀	<小刀
光泽	玻璃光泽	玻璃光泽	油脂光泽	玻璃光泽
加盐酸	不起泡	不起泡	不起泡	方解石起泡，白云石不起泡
结晶习性	板状(c 轴延伸)	条状(a 轴延伸)	粒状	粒状
解理	完全(二组) 解理面平滑	完全(二组)解理呈阶梯状	无解理 断口贝壳状	完全(多组)
双晶	聚片	卡氏	肉眼不见	聚片
连生	环带	文象	—	—
次生变化	绢云母化	高岭石化	—	钙华

表 1-14 中将碳酸盐矿物列于其中，是因为初学者很容易将其与浅色硅酸盐矿物中的长石和石英相互混淆，实际上，用小刀刻划硬度便可区分这两者，因碳酸盐矿物的硬度小于小刀。长石和石英的区分除了硬度有微小差别外，主要使用解理、光泽和颜色来区分。石英不具解

理，呈油脂光泽和特征的烟灰色。两种长石一般使用颜色来区分，有时还需辅以双晶、次生变化和解理，其中钾长石的卡氏双晶是确定该矿物的最准确的特征。两种长石的颜色标志一般是在两种长石共生时才有效，此时钾长石为肉红色、斜长石为灰白色，若岩石中只有一种长石存在时则这一鉴定方法需谨慎使用，如斜长石可具黑色，钾长石可具灰白色。浅色矿物的鉴定次序应是方解石—石英—钾长石和斜长石。

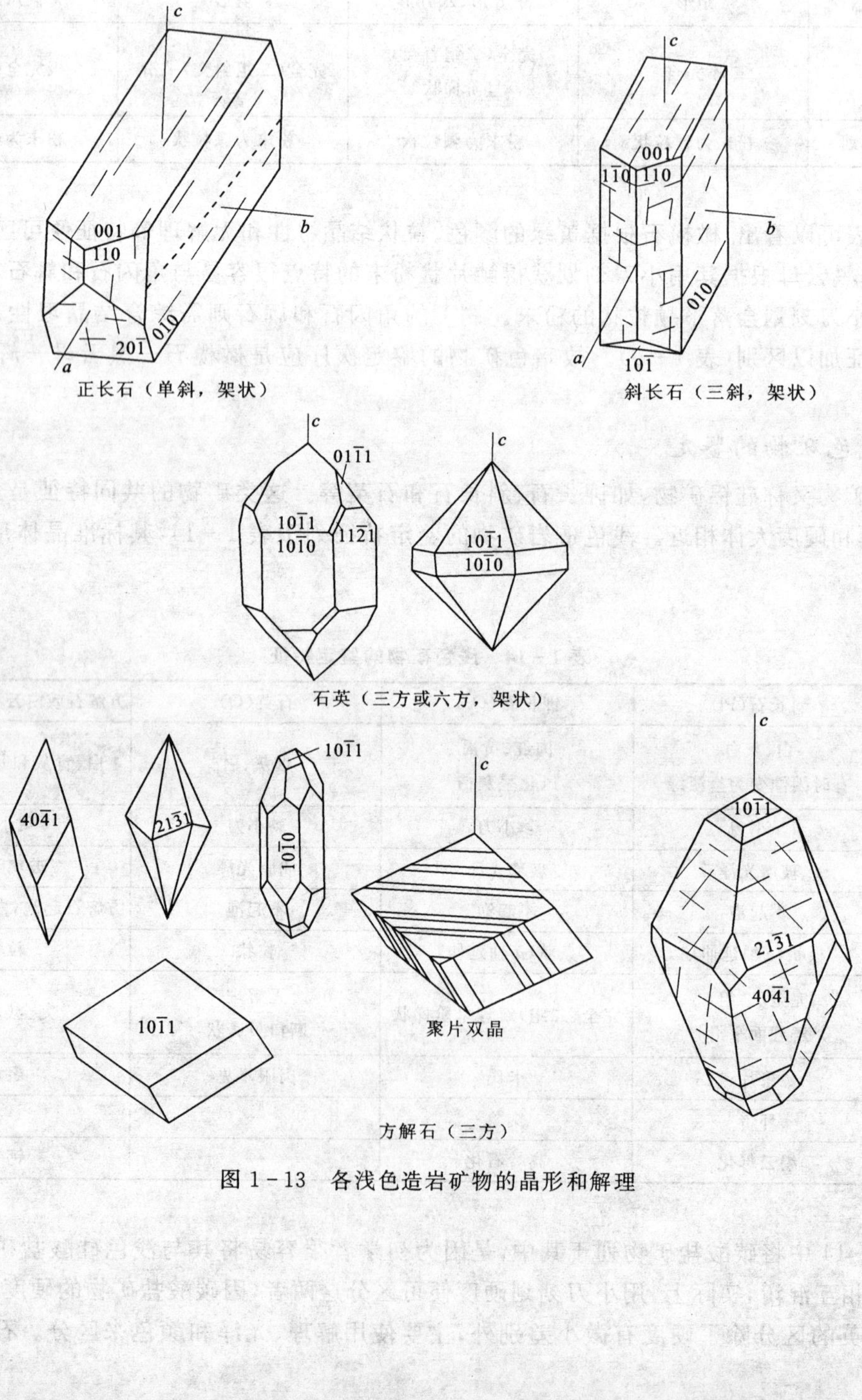

图 1－13　各浅色造岩矿物的晶形和解理

第二章　火成岩

一、概述

(一)岩浆

在近代活火山(如夏威夷的基拉韦耶火山)常见有炽热熔融的物质犹如铁水般从火山口溢流出来,这种高温熔融流动的物质称之为熔岩流,它就是我们直观理解的岩浆。

岩浆(Magma)是指形成于地球深部,以硅酸盐成分为主的含有挥发分气体和悬浮状晶体的高温粘稠的熔融体。岩浆产生于固态岩石的熔化,熔化的主要方式为部分熔融和全部熔融,而达到这种条件则需处在较高温度状态的上地幔和下地壳,尤其是软流圈位置。有时在中地壳的岩石能达到一定的变质程度,在水饱和时也会使其变质岩中的长英物质熔化(部分熔融)形成长英质的熔体。绝大多数岩浆为硅酸盐成分,但也有极稀少的岩浆为碳酸盐、硫化物或铁的氧化物成分。

1. 岩浆的结构

岩浆的结构是先将岩浆快速淬火冷却成天然火山玻璃的样品,然后再利用X-光衍射等技术进行研究获得的(图2-1)。显然,岩浆主要为长程无序和短程有序排列的硅-氧四面体构成,其间由阳离子以不同方式将其连接,且其内还充填有大半径的阴离子、络阴离子和中性原子。

图2-1　岩浆的结构

2. 岩浆的物态

岩浆是液、气、固三相混合体。岩浆的主体是液态的熔体,其内含有挥发性气体和少量晶体,所以说岩浆并不等于熔体。岩浆中的气体在岩浆流出地表后逸散至大气之中;侵位于地下深部的岩浆中的气体虽难逸散,但会在一定的岩浆结晶阶段或脱离岩浆体,或在其附近聚集。所以我们现在看到的岩浆结晶的岩石并不严格地等同于原来的岩浆。岩浆中的悬浮状晶体形成于岩浆从深部上升路径中的滞留阶段,如在基拉韦耶火山口熔岩湖中常见有橄榄石的晶体。

3. 岩浆的温度

岩浆的温度是极高的。确定岩浆温度的方法主要有三种。

(1)直接测量

用遥控装置和高温温度计直接测量的岩浆温度范围为900～1 200℃，其中高 SiO_2 含量的岩浆温度较低；SiO_2 含量较低的岩浆温度较高。岩浆温度的分布是不均一的，对基拉韦耶火山口熔岩湖的温度测量发现，其表面的岩浆温度高达 1 300℃，这是岩浆表面与大气接触发生氧化并放热引起的；直至熔岩湖面以下 1m 左右，其岩浆温度降至 850℃这一最低点；此后，随熔岩湖深度加大岩浆温度升高(图 2-2)。这里需特别指出的是，我们在地表测得的熔岩湖(流)的温度并不能代表地球深部岩浆的真正温度，因为压力的增大还会增高岩浆的温度。

(2)熔融实验

人们可以在实验室中通过熔化已知岩石的熔融实验来确定岩浆的温度。需说明的是，这种熔融实验将获得固相线温度和液相浅温度两个温度值，即已知岩石开始熔化(固相线)的温度和全部熔化(液相线)的温度值(图 2-3)，确切地说，该岩石的岩浆温度应该是该岩石全部熔化的液相线温度。虽然在实验室易掌握和控制熔融实验的条件，但是它仍很难与天然岩浆形成的边界条件完全吻合。另一方面，酸性岩浆的粘度很大，在实验室的熔融实验中也很难准确测定它的固相线和液相线温度。

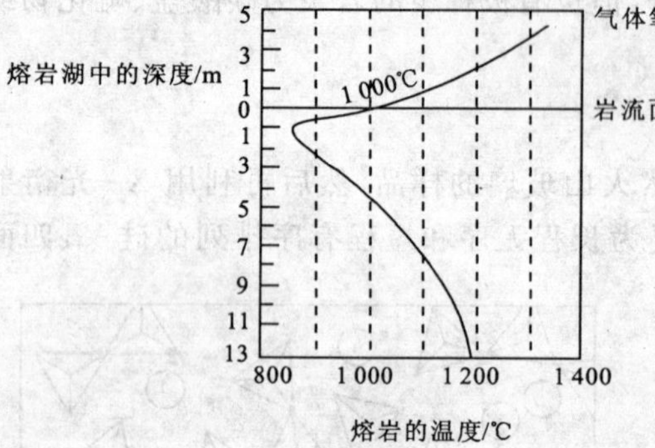

图 2-2 基拉韦耶火山熔岩湖不同深度的温度变化
(转引自邱家骧，1985)

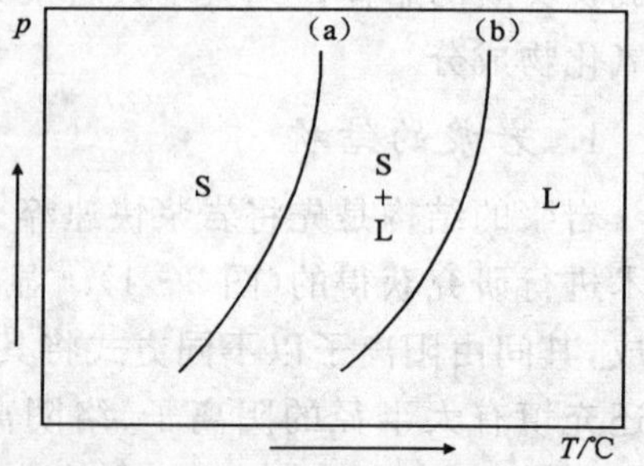

图 2-3 干系统下固相岩石熔融的 $p-T$ 示意图
(a)固相线；(b)液相线；S 为固相；L 为熔体

(3)地质温度计估算

许多岩石学家以物理-化学理论为基础，利用熔岩中两平衡(矿物或/和熔体)相间共有组分的分配关系是温度的函数这一规则来估算熔岩形成的温度。这里特别需要指出的是，并非所有的熔岩利用这种方法都可估算其岩浆的温度，它应当满足两个条件：①这种熔岩含有的两斑晶矿物相是唯一的；②此两相在岩浆中含量极少。否则，用这种方法估算的温度就不是岩浆的固相线温度，而有可能是固相线下的岩石结晶的温度。以此类推，侵入岩利用这种方法估算的温度并不代表此岩浆的温度，而仅是此两矿物相平衡结晶的温度。

4. 岩浆的粘度

火山口流出的岩浆可以位移一定的距离，这说明岩浆具有流动性。从物态看岩浆是一种液体，但根据其粘稠性更类似于沥青。

岩浆的粘度是岩浆流动性的倒数，它在数值上等于流动物体单位面积(A)接受的剪切应力(F)与其应变速率的比值$\left(\eta=\dfrac{F/A}{\mathrm{d}\theta/\mathrm{d}t}\right)$(图 2-4)，粘度的单位为帕·秒(Pa·s)，1Pa·s 相当于 20℃水粘度的 1 000倍。影响岩浆粘度的因素是多方面的。

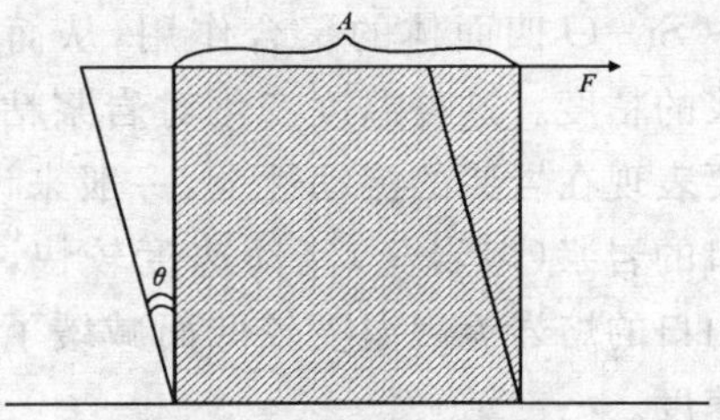

图 2-4　物体粘度的表示

(1)岩浆的成分

岩浆的粘度受岩浆中 SiO_2 和 H_2O 含量制约。前述岩浆结构特征说明 SiO_2 含量愈高，金属阳离子含量愈低，那么 Si-O 四面体之间的连接更加紧密而不易解聚；若 SiO_2 含量较低，金属阳离子的含量会较高，那么熔体中的 Si-O 四面体之间的连接相对松散，彼此也较易被解聚。由此说明，岩浆的粘度与其 SiO_2 含量呈正相关性(图 2-5)。火山岩区 SiO_2 含量高的岩浆常聚集于火山口附近就是因其粘度大流动性小的缘故。

H_2O 对岩浆粘度的影响表现为水对岩浆中 Si-O 四面体的解聚作用。H_2O 使 Si-O 四面体中的 O 变为$(OH)^-$，从而使原来带负电荷的 Si-O 四面体成为中性的 $Si(OH)_4$，由此降低了 Si-O 四面体的聚合能力而增加了 Si-O 四面体的解聚作用，最终降低了岩浆的粘度，所以说，岩浆中 H_2O 含量会降低该岩浆的粘度(图 2-6)。

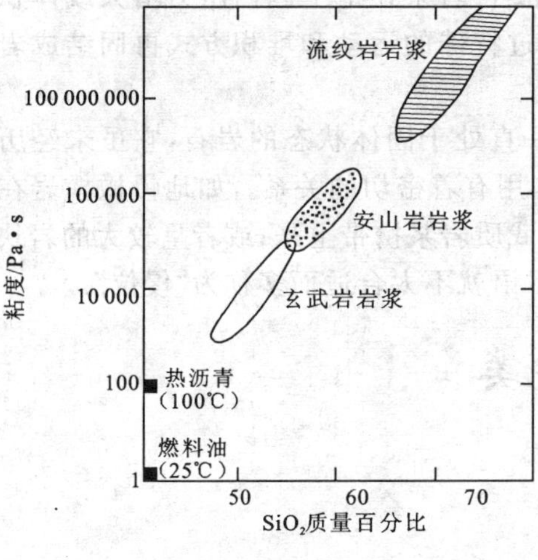

图 2-5　岩浆粘度与 SiO_2 含量的关系

粘度单位为 Pa·s

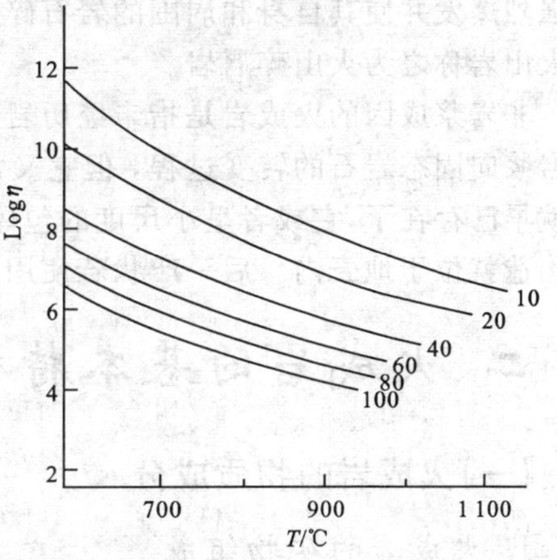

图 2-6　流纹质熔体中含水量对其粘度的影响

图中数字为水含量的百分数，纵坐标 η 为 1 000Pa·s

(2)温度

岩浆的温度增高，其粘度是降低的；相反，岩浆粘度升高(图 2-7)。这也是由于岩浆中的 Si-O 四面体的聚合与解聚作用所致。显然，温度增加将增加岩浆中 Si-O 四面体的解聚作用，而使其粘度降低；相反的情况则会加剧岩浆中 Si－O 四面体的聚合作用，从而增加了岩浆的粘度。这种温度变化对岩浆粘度影响主要表现在岩浆的流动性上，一般来说，近火山口的岩浆（熔岩流）流动速度较快，而远离火山口的熔岩流因温度较低而减缓了其流动的速度。

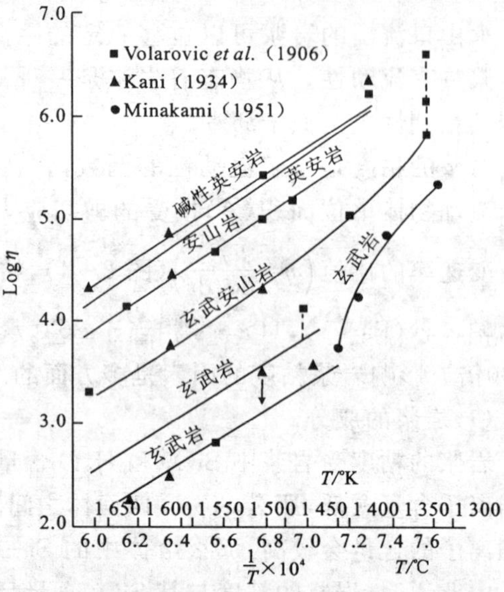

图 2－7　各种岩浆的粘度随温度的变化图解

（转引自丛柏林，1978）

纵坐标 η 为 1 000Pa·s

(二)火成岩

火成岩包括岩浆成因的火成岩和非岩浆成因、但与岩浆作用有关联的高温状态的岩石。

岩浆成因的火成岩常是岩浆因构造运动而沿岩石圈的薄弱地段上升冷凝固结形成的，它经历了熔融的液态岩浆向固态岩浆岩的转变过程。若岩浆上升未到达地表而是在地壳内固结成岩的称之为侵入岩，侵入的术语有液态岩浆穿插进入固态围岩之意。侵入岩根据形成深度分为深成岩和浅成岩，深成岩的侵入深度超过地表以下 3km，其岩体体积较大；浅成岩形成的深度在地表以下的 3km 范围内，其侵入体的规模通常较小。岩浆沿裂隙上升并通过火山通道到达地表而凝固形成的岩石称之为火山岩。火山岩的类型较复杂，岩浆宁静地连续喷出溢流形成的火山岩称之为喷出岩或熔岩；岩浆在地下因内压力增大或体积膨胀而强烈爆发并使其自身和周围的岩石碎屑化，后经过特殊的运动和堆积方式再固结成岩的这种火山岩称之为火山碎屑岩。

非岩浆成因的火成岩是指未经历岩浆阶段而一直处于固体状态的岩石，它虽未经历从液态岩浆向固态岩石的转变过程，但它又常与岩浆作用有着密切的关系。如地幔橄榄岩在地幔内就早已存在了，它或者呈小尺度的包体形式被玄武质岩浆携带上来；或者呈较大的岩块或断片构造就位于地壳内。后一产状若使用“侵入”的术语就不太合适而多称为“侵位”。

二、火成岩的基本特征和分类

(一)火成岩的物质成分

1. 火成岩的矿物组成

与其他岩石一样，火成岩也是矿物的集合体，其特殊之处在于，火成岩除具矿物组分外，还可能含有火山玻璃和岩屑等物质。

认识和鉴定火成岩是先从岩石的矿物组成入手的。而且，我们可以通过火成岩中的矿物组合和含量来确定火成岩的化学成分特征。火成岩中的矿物种类在沉积岩和变质岩中也常出现，为此我们把这些矿物统称为造岩矿物。火成岩中造岩矿物的平均含量列于表 2－1。

表 2-1　火成岩中造岩矿物的种类及含量(体积百分比)

矿物	含量/%	矿物	含量/%
石英	12.4	白云母	1.4
碱性长石	31.0	橄榄石	2.6
斜长石	29.2	霞石	0.3
辉石	12.0	不透明矿物	4.1
普通角闪石	1.70	磷灰石、榍石及其他	1.5
黑云母	3.80	总计	100.00

从表 2-1 可知，火成岩中造岩矿物的种类并不多，常见的也就十来种，其中两种长石的总量最高，达 50%，其次为石英和辉石，各为 12%左右，其他的造岩矿物均只占少数。

(1)造岩矿物的属性划分

1)岩石中各造岩矿物按含量多少可划分为以下几种。

主要矿物　在岩石中含量比较多(>10%)，它们的存在是确定岩石大类的依据，如花岗岩中的钾长石和石英。

次要矿物　在岩石中含量较少(<10%)，它们是确定岩石种属的依据，如黑云母花岗岩中的黑云母。

副矿物　岩石中含量极少(1%±)，但在各类岩石中又普遍存在，它们通常是某种稀有元素的赋存矿物相，如锆石(Zr)、磷灰石(P)、榍石(Ti)和钛-铁氧化物(Ti)等。

2)若按矿物成因可划分为以下几种。

原生矿物　由岩浆直接结晶形成的矿物或未经岩浆结晶而一直呈固体状态存在的矿物，前者如辉长岩中的辉石和斜长石；后者如地幔橄榄岩中的辉石。

次生矿物　已经结晶的矿物在表生和热液作用下发生变化而形成的新矿物，如钾长石的高岭土化，角闪石的绿泥石化，这其中的高岭石和绿泥石均为次生矿物。

它生矿物　又称混染矿物，这是一类被混染的岩浆结晶出来的矿物，且它在正常岩浆岩中一般不会出现，如花岗岩体边缘常发现有堇青石、红柱石等。

3)按岩浆结晶阶段又可划分为以下几种。

岩浆矿物　类同于前述原生矿物，略有不同之处是，岩浆矿物还包括岩浆与先期结晶的原生矿物相互反应形成的新矿物。如橄榄石外围被斜方辉石包围，这种斜方辉石就是橄榄石与岩浆反应形成的。

岩浆期后矿物　岩浆已基本固结之后，残余的热液可能相对富集，它们会影响一些特殊的矿物结晶出来。如伟晶岩中的白云母片、电气石、黄玉和绿柱石等。

成岩矿物　已结晶的矿物形成后因物化条件改变(温、压降低)而发生固相转变所形成的新矿物。这其中有一个物相转变为另一个矿物相的形式，如高温 β 石英转变为低温 α 石英、透长石转变为正长石等；也有一个矿物相转变为另两个矿物相的形式，如均一相的钾-钠长石变为两相交生的条纹长石。

4)按矿物颜色又可划分为如下几种。

淡(浅)色矿物　又称铝硅矿物，其矿物颜色较浅，为灰、灰白和浅肉红色，其主要成分为硅铝，如斜长石和石英等。

暗色矿物　又称铁镁矿物，其矿物颜色较深暗，黑色者居多，主要成分为镁铁，如辉石、角闪石和黑云母，此外还包括颜色较浅的橄榄石和白云母等。这里需特殊强调的是，铁镁矿物中同样可含有硅和铝，因为上述矿物均为以 Si－O 四面体为基本组成单位的硅酸盐矿物；不同的是，铝硅矿物中倒是不含镁铁成分。在全晶质的火成岩中我们把暗色矿物占全岩的体积百分比称之为色率，如色率 50 表明岩石中暗色矿含量为 50%。

(2)造岩矿物的共生组合

火成岩中各造岩矿物并非任意共生在一起的，某些矿物能否共生取决于岩浆的成分、造岩矿物的结晶温度和岩浆结晶的速率。美国著名的岩石学家鲍文(1928)曾将玄武岩熔化，然后将其缓慢冷却结晶，由此获得的鲍文反应原理也说明，处在同一结晶温度范围的硅酸盐矿物可以共生(图 2－8)。

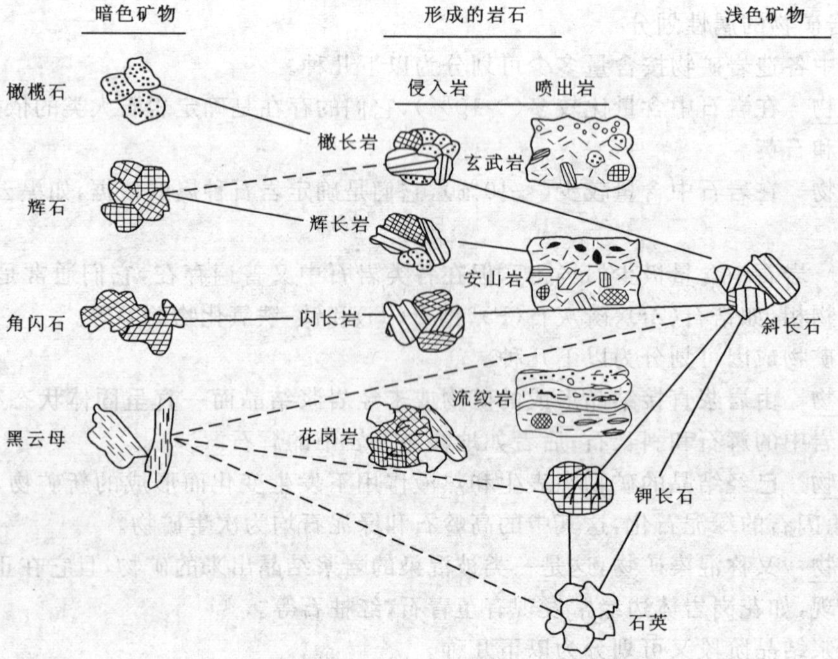

图 2－8　不同火成岩中主要造岩矿物的共生

2. 火成岩的化学成分

火成岩含量较多的元素有 O、Si、Al、Fe、Mg、Ca、K、Na 等，其中 O 的含量最高，占成岩总量的 46%以上，其次为 P、Ti、Mn、H、C 等。

火成岩和其他类型的岩石一样，在研究其化学成分特征时都是用氧化物的质量百分数(w_B%)表示，而较少使用单元素的百分比的形式。统计大量火成岩化学成分后获得的平均数据列于表 2－2。根据该表可知，火成岩主要由 SiO_2、Al_2O_3、Fe_2O_3、FeO、MgO、CaO、Na_2O 和 K_2O 八种氧化物组成，其总量占岩石质量分数的 98%以上。火成岩中最主要的氧化物 SiO_2 的含量范围一般为 34%～75%，也有极少数火成岩超过这一范围，SiO_2 低含量的火成岩仅有

25%左右，SiO_2 高含量可达 80%。其他氧化物含量 Al_2O_3 为 10%～20%；MgO 为 1%～25%，在火成岩中它的变化范围最大；CaO 为 0～15%，氧化铁的变化范围为 0.5%～15%，其中 FeO 的含量大于 Fe_2O_3；Na_2O 为 0～15%，K_2O 也为 0～15%。在许多地壳岩石中 K_2O 含量大于 Na_2O，但火成岩平均的 Na_2O 含量却大于 K_2O，说明岩石圈内多数岩石的 Na_2O 含量还是要比 K_2O 高。火成岩的 H_2O 一般不高于 2%，样品分析时常出现 H_2O 大于 2%的情况，这是岩石次生变化所引起的。

表 2-2 火成岩的平均化学成分

氧化物	质量分数/%			元素	质量分数/%	
	世界火成岩总平均值①	诺科尔兹(1954)	黎彤等(1963)		尼格里(1938)	费尔斯曼(1939)
SiO_2	57.03	61.67	63.03	O	46.60	49.13
TiO_2	1.05	0.67	0.90	Si	27.70	26.00
Al_2O_3	15.02	14.87	14.62	Al	8.13	7.45
Fe_2O_3	2.90	2.13	2.30	Fe	5.00	4.20
FeO	4.63	4.07	3.72	Ca	3.63	3.25
MnO	0.14	0.10	0.12	Na	2.83	2.40
MgO	5.06	3.47	2.93	K	2.59	2.35
CaO	6.13	5.17	4.04	Mg	2.09	2.35
Na_2O	3.50	3.47	3.61	H	0.13	1.00
K_2O	2.45	2.83	3.10	Ti	0.44	0.61
H_2O	1.25	0.67	0.92	C	0.03	0.35
P_2O_5	0.26	0.26	0.31	N		0.04
CO_2	0.15			P	0.08	0.12
总计	99.74	99.68	99.60	总计	99.25	99.25

由于 SiO_2 是火成岩 13 项氧化物中最重要的一种，因此人们常以此来划分火成岩类型(表 2-3)。

表 2-3 火成岩的 SiO_2 含量分类

岩石类型	超基性岩	基性岩	中性岩	酸性岩
SiO_2 含量	<45%	45%～53%	53%～66%	>66%

火成岩中各氧化物含量具有十分密切的关系且显示它们之间有规律的变化。从图 2-9 可知，随 SiO_2 含量增加，其他氧化物的变化趋势大致分为三类：①FeO 和 MgO 含量显著减少；②K_2O 和 Na_2O 含量缓慢增加；③Al_2O_3 和 CaO 含量开始增加，到一定的峰值逐渐降低。

根据上述三组氧化物含量的比值及其变化可知：①从超基性岩到基性岩 MgO/FeO 比值均大于1；随 SiO_2 含量逐渐增加，在中基性岩处（$SiO_2=53\%\pm$）MgO 和 FeO 的变异曲线相交，此时 MgO/FeO 的比值等于1；到了中性和酸性岩，MgO/FeO 比值小于1，且随 SiO_2 含量增加，该比值逐渐降低。②在超基性岩处 CaO 和 Al_2O_3 极低；随 SiO_2 含量增大两氧化物含量急剧增加，且表现为 CaO/Al_2O_3 比值大于1；两者在基性岩成分处相交，此时 CaO/Al_2O_3 比值等于1；到了中性岩和酸性岩处 CaO/Al_2O_3 比值要小于1且比值近于恒定。③K_2O 和 Na_2O 含量在基性—超基性岩处极低；随 SiO_2 含量增加，两者均缓慢增加，且 Na_2O/K_2O 比值均大于1；直到达到中—酸性岩的 SiO_2 含量时，两条曲线相交，表明其 Na_2O/K_2O 比值等于1；至酸性岩以后，Na_2O/K_2O 比值变为小于1。

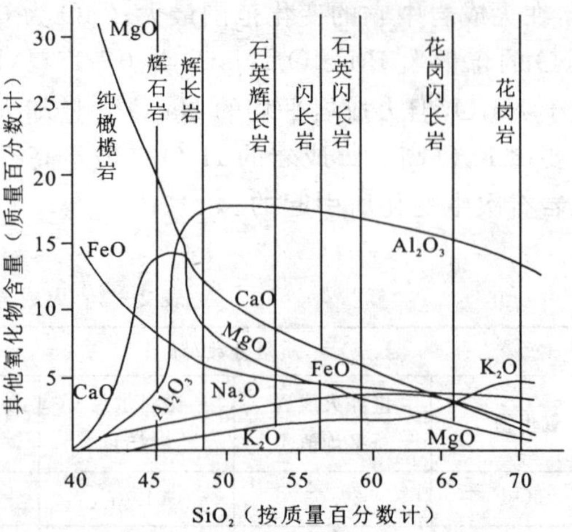

图2-9　火成岩中 SiO_2 含量与其他氧化物之间的变化

（据邱家骧，1985）

3. *火成岩矿物组成与化学成分的关系*

火成岩的矿物组成是火成岩化学成分的反映，火成岩的化学成分也决定火成岩的矿物组成。从认知的角度看，火成岩的化学成分用肉眼是无法确定的，而我们能直接观察到的便是火成岩的矿物组成。因此，我们常利用火成岩的矿物成分来推断岩石的化学成分范围。

(1)岩石的硅酸饱和程度与矿物组合的关系

为了区分矿物和岩石的 SiO_2 饱和性，我们将岩石的 SiO_2 饱和程度称之为岩石的硅酸饱和度，火成岩中的某些造岩矿物也具有 SiO_2 饱和性，它表现为能否与 SiO_2 反应形成新的矿物，为此我们可以用这类矿物在岩石中的存在与否指示岩石的硅酸饱和程度。现以下列反应式来说明：

$$\underset{\text{镁橄榄石}}{MgSiO_4}+\underset{\text{石英}}{SiO_2}\Longrightarrow \underset{\text{顽火辉石}}{2MgSiO_3}$$

根据该反应式可将上述矿物划分为三种类型。

SiO_2 不饱和矿物　能与 SiO_2 起反应形成新矿物且不能与石英共生的矿物，如镁橄榄石。

SiO_2 饱和矿物　不能与 SiO_2 起反应形成新矿物而能与石英共生的矿物。

石英　SiO_2。

岩石中 SiO_2 不饱和的造岩矿物不仅仅只有镁橄榄石，另外还有霞石和白榴石等。

上述三类矿物在火成岩中的出现与否能帮助确定火成岩的硅酸（SiO_2）饱和程度（表2-4）。从表2-4可知，若岩石中含有石英是不可能出现镁橄榄石这类 SiO_2 不饱和矿物的，表明该岩石为硅酸过饱和；若岩石中含有镁橄榄石等 SiO_2 不饱和矿物，那该岩石也不可能出现石英，说明该岩石为硅酸不饱和；若岩石既不含石英也不含镁橄榄石等 SiO_2 不饱和矿物，表明该岩石硅酸饱和。

表 2-4　矿物 SiO_2 饱和性与岩石硅酸饱和程度的关系

SiO_2 不饱和矿物	SiO_2 饱和矿物	石英	硅酸饱和程度划分的岩石类型
镁橄榄石 霞石 白榴石	角闪石　钾长石 辉石　斜长石 黑云母		
有	有	未出现	硅酸不饱和岩石
未出现	有	未出现	硅酸饱和岩石
未出现	有	有	硅酸过饱和岩石

(2)岩石 SiO_2 含量与矿物组成的关系

火成岩 SiO_2 含量制约其矿物组成，而火成岩的矿物组成也是岩石 SiO_2 含量的反映(图 2-10)。从图 2-10 可明显地看到火成岩 SiO_2 含量增加时矿物组成的变化(表 2-5)。

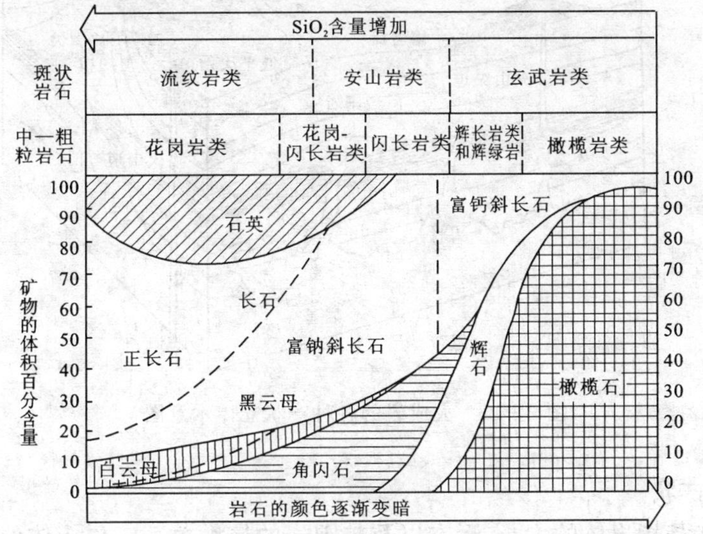

图 2-10　火成岩 SiO_2 含量增加表现的矿物组成关系

斑状结构的岩石以斑晶含量总量为 100% 计算

表 2-5　火成岩 SiO_2 含量与岩石矿物组成的关系*

	$SiO_2<45\%$ 超基性岩	$SiO_2=45\%\sim53\%$ 基性岩	$SiO_2=53\%\sim66\%$ 中性岩	$SiO_2>66\%$ 酸性岩
石英	无	无	少量	较多
长石	无	斜长石	斜长石、钾长石	斜长石>钾长石
暗色矿物	橄榄石 辉石	辉石 (橄榄石、角闪石、黑云母)**	角闪石 (黑云母、辉石)	黑云母、角闪石 (辉石)
色率	>90	90～40	40～15	<15

* 本表适用于全晶质(粗粒、中粒、细粒和似斑状)结构的岩石，这里所说的超基性岩仅限指其中的超镁铁质岩石。

** 括号内的矿物是指岩石中含量相对少一些的矿物。

(二)火成岩的产状与结构构造

1. 火成岩的产状

火成岩的产状是指火成岩的产出状态。火成岩的岩石往往聚合构成一个三维形体,即火成岩体,它或产于地球内部或见于地表。火成岩体的产状取决于其形成的地质构造环境和定位深度,研究火成岩体的产状不仅有助于认识火成岩形成的条件、对火成岩进行有效的分类,而且对地质找矿、矿产勘探、找寻地下水和工程施工具有一定的指导意义。火成岩体产状最直观的分类是产于地下(侵入)和产于地面(火山)(图 2-11)。

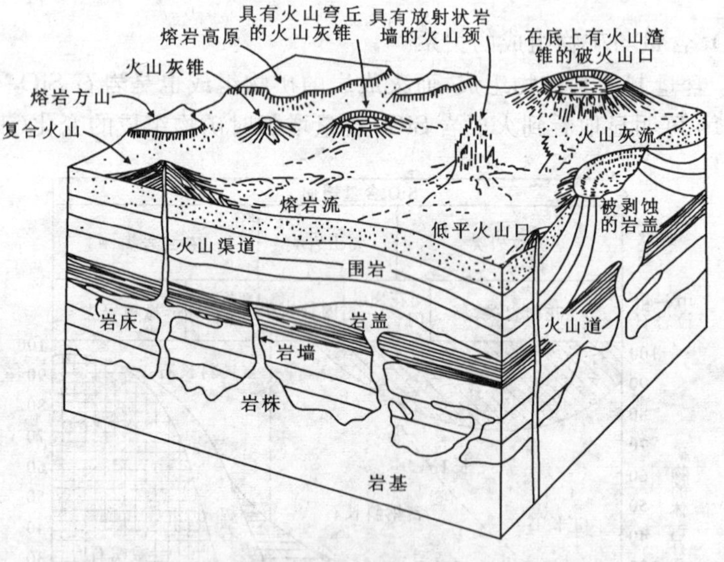

图 2-11 火成岩的各种产状立体示意图

(1)侵入体的产状

侵入体的产状是指岩体的大小、形态以及与围岩的接触关系。侵入体的产状直接影响岩浆结晶的热状态和它的凝结过程,这些又可以通过岩石的外貌特征反映出来。所以,研究岩体的产状并非必须"挖地三尺",而只需从岩石露头和岩石手标本中观察到的外貌特征(结构、构造)就可予以推断。我们将侵入体的产状分为小型、中型和大型侵入体,这些侵入体的几何形状和围岩的接触关系列于表 2-6。

该表中所谓的围岩均是指具有叶理或面状构造的层状岩石,如沉积岩或大部分变质岩。倘若板状侵入体产于块状构造的火成岩之中,那就无表 2-6 的详尽划分了,此时则统称为岩脉。岩脉并非孤立存在,它往往成群出现且具一定的组合形式而构成岩脉群。

(2)非侵入体的产状

非侵入体是指非岩浆成因火成岩的产状,它们主要有构造侵位、包体和渐变接触等类型。

<u>构造侵位</u> 受构造作用而抬升的岩块和断片挤身于狭长的构造带之中且与围岩呈断层接触的产出状态。该岩块或断片大者达数十平方千米,小者仅标本尺度大小,它们自身或破裂或强烈蚀变,如阿尔卑斯型橄榄岩。

表 2-6　侵入体的产状类型和特点

类型			产状	特点
小型侵入体	板状侵入体	岩床	与围岩产状协调一致 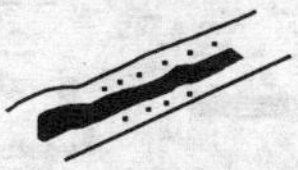	厚度稳定，界面平直
		岩盆	与围岩产状协调一致 	厚度稳定，中心下凹
		岩盖	与围岩产状协调一致 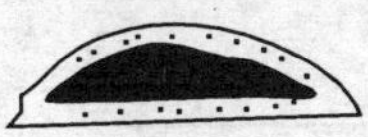	厚度不一，中央厚而边缘薄
		岩鞍	与围岩产状协调一致 	厚度不一，产于褶皱的转折端
		岩脉	与围岩产状不协调 切割围岩产状 	厚度均一，界面平直
		岩墙	产状直立，而且在地形上 有相对的突出和凹下 	厚度均一，界面平直
中型侵入体	岩株		与围岩产状不协调且边界近直立	平面近圆形，面积<$100km^2$
大型侵入体	岩基		由多个岩株组成，或与围岩有明显界线，或与围岩呈过渡关系，分布于褶皱区的隆起带，延伸方向与褶皱轴向一致	不规则状，面积>$100km^2$，底面深度约 20～30km

包体　包体的涵盖范围很广，这里仅限于岩浆成因的火成岩中所包含的非岩浆成因的异类团块，它的分布规模较小，仅露头和标本尺度，且与寄主岩石的界线明显和截然，个体浑圆或不规则状，如玄武岩中二辉橄榄岩包体。

渐变接触的岩体　存在于造山带内一些花岗质岩石与围岩（尤其是具面理构造的围岩）间无明显界线而且呈渐变过渡的一种产出状态。该岩石分布广、规模大，其组构与造山带构造方向基本一致。

(3)火山的产状

火山的产状指火山喷发类型和火山喷发形成的火山类型，它们又多取决于岩浆的性质（尤其是粘度）。

火山喷发类型有裂隙式和中心式两类。

裂隙式喷发表示火山物质从线状延长的裂缝中喷发，其喷发物质多为基性熔岩。该岩浆粘度小，流动性强，故多呈宁静状态溢出形成熔岩被或熔岩流。熔岩被是一种面积分布大但厚度较小的被状形体（图 2-12）。熔岩流则是岩浆沿着一定的通道流动形成的（图 2-13，上），而熔岩瀑布则是存在有落差的熔岩流（图 2-13，下）。许多火山物质是从多条裂隙构成的裂隙带中喷出的，此时的火山喷发无论是喷发方式还是喷发的火山物质都是十分复杂多样的。

中心式喷发是岩浆沿着管状通道喷出且其管状通道与地表交汇成点状。这里需说明，裂隙式喷发难以保存其火山的原始形态，而中心喷发的火山可依据喷发的特点划分为许多火山类型（表 2-7）。

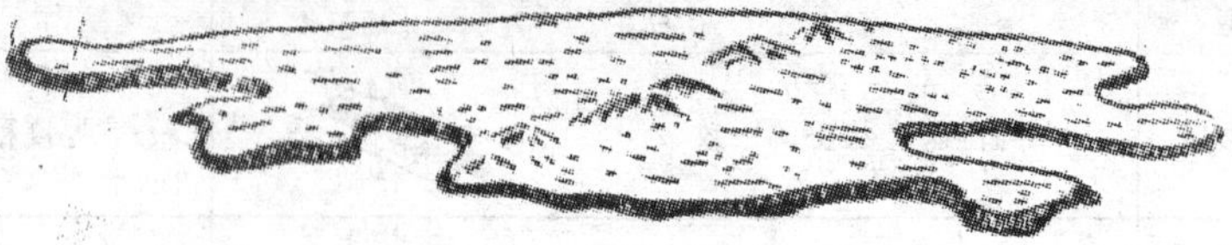

图 2－12　冰岛拉基火山群形成的熔岩被

图 2－13　黑龙江五大连池熔岩流(上)和熔岩瀑布(下)

(转引自乐昌硕,1984)

表 2-7　火山类型及其特征

火山类型	形态示意*	火口形状	火山稳定坡角	分布规模（方圆直径）	火山物质特点
盾火山	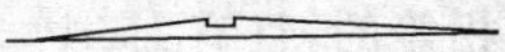	“U”字形	缓，6°～12°	<15km	基性熔岩
火山渣锥		“V”字形	适度，<30°	小 0.25～2.5km	浮岩、熔渣、火山弹、火山砾、火山砂、火山灰
层火山（复式火山）		上凸的弧形	很陡峻 15°～33°	大 0.6～22km	熔岩层与火山碎屑岩层互层
低平火山		下凹的开阔弧形，深切到围岩	较平缓	小 <1km	上部具块状的层状火山碎屑岩组合
破火山	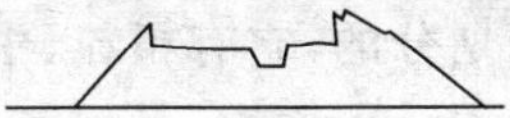	四周陡峻，底部平坦	适度，具稳定坡角	大 几千米～几十千米	非原生火山，因崩塌和沉陷形成
火山穹隆	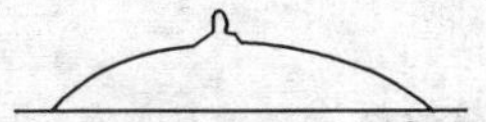	“A”字形，火山口被侵出相堵塞	适度，具稳定坡角	大 几千米～几十千米	酸性熔岩和火山碎屑岩堆积

*形态示意无比例关系。

2. 结构

火成岩的结构包括火成岩的结晶程度、矿物的颗粒大小、矿物的自形程度和矿物之间的相互关系。在手标本肉眼观察条件下，矿物的自形程度和矿物之间的相互关系的结构表现是难以确认的。

(1)结晶程度

结晶程度是指岩石中的结晶矿物和非晶质火山玻璃的共处性，结晶程度的结构形式有三类。

全晶质结构　岩石全部由结晶的矿物组成，即火成岩标本上的各部分都是由结晶的矿物组成。初学者一开始难以确定岩石中的矿物，以下几点提示可供参考：①颗粒感，有凹凸性；②解理面的平面就是一个矿物颗粒；③颜色不同于周围且具有封闭外形。

玻璃质结构　岩石全部由非晶质的火山玻璃组成。火山玻璃可具多种颜色（除无色和白色外），在手标本上常显其颜色不均一但质地很均匀，常具贝壳状断口，玻璃光泽和油脂光泽，性脆。

半晶质结构　岩石由结晶的矿物和非晶质的火山玻璃两部分组成。这里的“半”字易造成误解，在岩石学上只要是由上述两部分构成的火成岩都称为半晶质结构，这里并不计较这两部分的含量是多少。

(2)矿物的颗粒大小

矿物颗粒的大小是通过直接测量获得的。被量度的矿物应选择三维等长的粒状矿物，故在岩石上或测定长石（含长石的岩石）或测定主要的粒状矿物（不含长石的岩石）。测量长石矿物颗粒需在解理面上测定，在无解理的矿物上测量时只能选择矿物的边界轮廓了。矿物颗粒大小的结构划分为矿物相对大小的结构和矿物绝对大小的结构两种。

火成岩中矿物的相对大小是指同种矿物相比较而言，由此划分的结构类型有等粒结构、不等粒结构、斑状结构和似斑状结构等。

等粒结构　指岩石中主要矿物或长石的粒径大小近相等。

不等粒结构　指岩石中主要矿物或长石的粒径大小是不相等的，且有大、中、小的不同粒径。初学者易误将不同矿物来比较其颗粒大小，其结果导致岩石大多为不等粒结构，这是需要纠正的。

斑状结构　岩石大体由晶体矿物和隐晶物质及火山玻璃组成，其矿物晶体称之为斑晶，其隐晶物质及火山玻璃称之为基质。所以斑状结构又称基质为隐晶质和(或)玻璃质的斑状结构。

似斑状结构　同种矿物有大、小之分的岩石结构，大的矿物称之为斑晶；小的同一种矿物称之为基质，显然，似斑状结构中的基质是肉眼能辨别的(显晶质)。简言之，基质为显晶的斑状结构即为似斑状结构。

矿物颗粒的绝对大小是在矿物颗粒为等粒结构的前提下划分的，它有粗粒、中粒、细粒和微粒等结构，其粒径标准列于表2-8。

表2-8　矿物颗粒绝对大小的结构类型和粒径标准

结构	矿物颗粒的粒径大小(d)	肉眼分辨性
粗粒结构	10～5mm	显晶质、可分辨
中粒结构	5～2mm	显晶质、可分辨
细粒结构	2～0.2mm	显晶质、可分辨
微粒结构	＜0.2mm	隐晶质、不能分辨
巨(伟)晶结构	＞10mm	显晶质、易分辨

隐晶质结构　是指岩石中的矿物颗粒很细小，以致用肉眼或放大镜都难以分辨和鉴定。这种结构常与玻璃质结构难以区分(表2-9)，尤其是两者共同作为岩石的基质存在时就更加难以确认了。

表2-9　隐晶质结构和玻璃质结构的区别

	隐晶质结构	玻璃质结构
结晶状态	晶质矿物集合体	未结晶的火山玻璃
结晶程度的结构	全晶质结构	玻璃质结构
物性	韧性	脆性
光泽	玻璃光泽不强	强玻璃光泽，有时具油脂光泽
断口	瓷状断口	贝壳状断口
手触	断口粗糙，有颗粒感	断口较平滑
晃动标本观察	有时能见到闪现的反光面	不能见到

(3)矿物的自形程度

矿物的自形是指矿物晶体发育的完整性,在标本上表现为晶体的各边界平直。在岩浆充分结晶时,矿物的自形性一般取决于矿物结晶的早晚次序,结晶温度高的矿物相对早结晶,其自形程度好。所以,许多火成岩中出现暗色矿物比浅色矿物自形程度高,而浅色矿物中长石自形程度又比石英好;在小型侵入体中,由于岩浆结晶速度较快,这时矿物的自形程度还取决于岩浆中铁镁组分与铝硅组分的相对浓度。由各类矿物自形程度差异而组合形成的结构类型有以下几种,而且在手标本上是能观察到的。

辉绿结构　小型侵入体岩石中浅色矿物比暗色矿物自形,标本上能看见条状斜长石三角架中充填有自形程度差的暗色矿物(如辉石)。这是岩浆中铝硅组分的浓度较之铁镁组分略高或近于相等的情况。

煌斑结构　小型侵入体岩石中暗色矿物较之浅色矿物自形。标本上常见自形的黑云母片(假六方),其浅色矿物含量较少而且易被片状黑云母遮盖。显然,该岩浆的铁镁组分浓度要高于铝硅组分。

它形粒状结构　又称砂糖状结构,为小型侵入体的细粒花岗质岩石所特有的结构,表现为长石和石英矿物颗粒细小且均为等轴它形,岩石中几乎全部为铝硅组分。

(4)矿物之间相互关系的结构

这类结构多限于显微尺度的观察,除文象结构外,其他结构类型在手标本上是观察不到的。

文象结构　这是石英在钾长石晶体内呈规则交生形成的结构,由于石英嵌晶形似古希伯来文字而得名(图1-5)。文象结构多发育于伟晶岩和花岗质侵入体的边缘。

3. 结构的解释

岩浆成因火成岩结构的特点受岩浆的热状态和冷凝条件制约,确切地说,与岩浆体的规模大小而非形成深度直接相关。火成岩结构类型是岩浆结晶能力的表现,而岩浆冷凝条件则用岩浆所处的过冷程度来描述。因此火成岩结构的解释需讨论岩浆过冷度与岩浆结晶能力的关系。

(1)过冷度(ΔT)

实验证明,岩浆开始结晶并非恰好处于其内矿物的结晶温度(液相线温度),而往往低于此温度,这是由两方面的原因造成的:一为岩浆所处的热状态难以保证无限缓慢结晶(即长时间处于液相线温度);二是矿物结晶以后释放的结晶潜热使已经结晶的矿物又重新熔化,其岩浆温度又达到过液相线温度。因此在此引用过冷度的概念,它意指岩浆结晶的理论温度(T_A)与岩浆结晶的实际温度(T_B)的差值,其表达式为:

$$\Delta T = T_A - T_B$$

显然,ΔT 值越大其过冷度也越高,表明岩浆结晶的理论温度(液相线温度)与其实际所处的结晶温度的差值越大,这时岩浆处在喷出的环境或小型侵入体产状,通俗地说岩浆冷却得很快;若过冷度低,ΔT 值小,表明岩浆体具大型规模,也即岩浆冷却得较慢。

(2)岩浆结晶能力

岩浆结晶动力学研究认为,岩浆的结晶能力取决于岩浆内结晶中心(晶芽)的成核速度($v_{核}$)和围绕结晶中心晶体的生长速度($v_{生}$)。若成核速度大而生长速度小,岩浆结晶的矿物颗粒粒径细小;若成核速度小而生长速度大,岩浆结晶的矿物颗粒粒径粗大。

(3)泰曼曲线

用以表达岩浆结晶能力与过冷度关系的曲线称为泰曼曲线(图 2－14)。从该图可知,随过冷度(ΔT)增大,无论是成核速度曲线还是晶体生长速度曲线都表现为从小增大直到峰值,然后逐渐降低的变化趋势,只不过两曲线的变化并不完全同步而在 ΔT_2 位置相交。

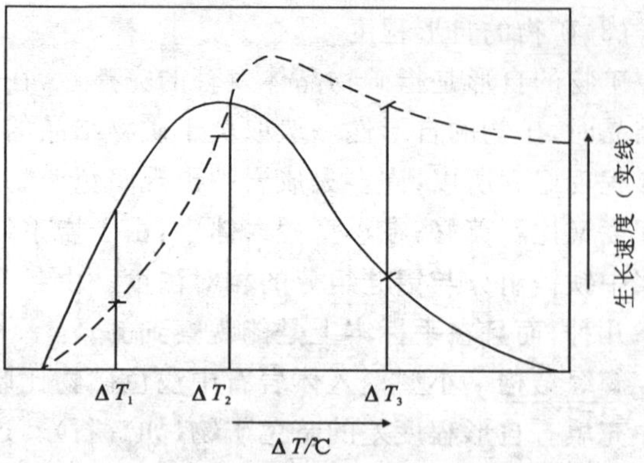

图 2－14　过冷度与成核速度和晶体生长速度曲线的关系
(转引自路凤香等,2002)

(4)结构的解释

中粗粒结构　过冷度在 ΔT_1,过冷度值小,岩浆的液相线温度与岩浆所处的实际温度差异不大,在地质上岩浆体的规模很大,属中、大型侵入体,晶体的生长速度要大于结晶中心的成核速度,岩浆缓慢冷凝而充分结晶,结晶中心相对少而晶体的生长速度快,它不仅提供了缓慢冷却的外部环境,而且还给予晶体充分生长的空间,故岩石形成中粗粒结构。

细粒结构　过冷度在 ΔT_2,具有适度的过冷度值,岩浆的液相线温度与岩浆所处的实际温度有一定的差值。这时岩浆体的规模较小,岩浆体为小型侵入体。此过冷度状态下的结晶中心成核速度曲线与晶体的生长曲线相交,说明结晶中心成核速度等于晶体的生长速度,成核速度适度地限制了晶体持续生长的空间,故岩浆形成细粒结构。

隐晶质结构　过冷度在 ΔT_3,过冷度值很大,岩浆所处的实际温度与岩浆的液相线温度相差很大,即岩浆实际结晶的温度远小于岩浆的理论结晶温度,这时岩浆体规模最小或处在喷出的状态,其结晶中心成核速度远高于晶体的生长速度,显然岩浆形成许多结晶中心,但其生长速度有限,故多形成隐晶质结构。

根据上述结构解释我们可以推断斑状结构和似斑状结构。若岩浆的过冷度由 ΔT_1 变化到 ΔT_3,则可形成斑状结构;若岩浆的过冷度由 ΔT_1 变化到 ΔT_2,则可形成似斑状结构。

4. 构造

火成岩的构造意指矿物(还有火山玻璃)集合、堆积、排列和充填的方式。它是岩浆结晶和凝结过程和状态的反映,因此火成岩的构造描述具有很重要的产状指示意义。

(1)侵入岩的构造

块状构造　岩石的颜色、矿物组成和其粒径大小分布均一且排列无定向性。这是火成岩中最为常见的一种构造类型,火山岩也可具块状构造,且其中的火山玻璃的分布也是均匀的。

斑杂构造　岩石的颜色、矿物组成和其粒径大小分布不均一,常呈无截然界线的斑块状[图 2－15(a)]。这种构造多见于侵入体的边部,有时在侵入体内部也有发育。前者形成于岩浆的同化混染;后者可能是岩浆混合作用所致。

条带状构造　全晶质的岩石中因矿物颜色深浅不同和矿物粒度大小差异而构成的相间排列的条带[图 2－15(b)]。条带构造是岩浆房中固结岩石的典型构造,它常呈以斜长石为主要矿物的浅色条带和以辉石为主要矿物的暗色条带相间排列。

流线和流面构造　流面构造是指侵入体边缘因岩浆缓慢运动而使那些已结晶的片状矿物

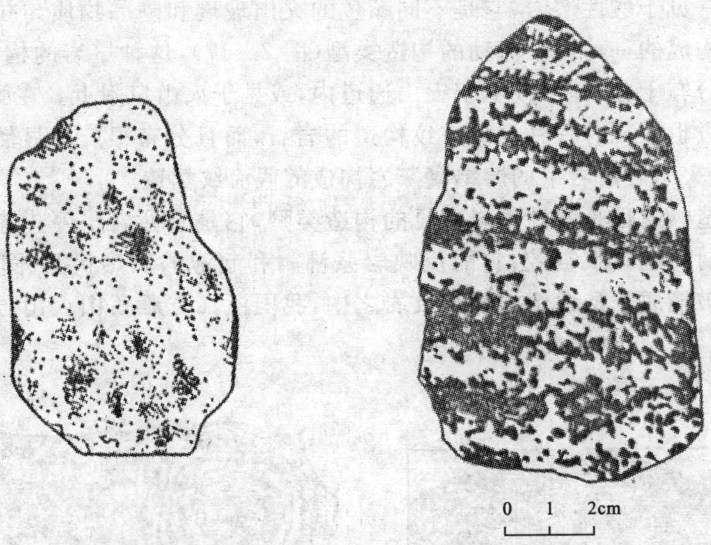

(a)　　　(b)

图 2-15　侵入岩的斑杂构造(a)和条带状构造(b)
(据邱家骧,1978)

和扁平的包体沿着侵入体与围岩接触面内侧平行定向排列(图 2-16)。这种构造的识别有助于判定岩浆体上侵的方向和侵入体的边缘轮廓。流线是岩体边缘柱状矿物和具延长的包体定向排列构成的构造(图 2-16),它同样可以反映岩浆体上侵的方向。

流线和流面构造都是岩浆上侵流动形成的。一般来说流线通常分布于流面内,所以在研究侵入体岩浆流动时需先判定流面,然后再确定流线,并分别测量。

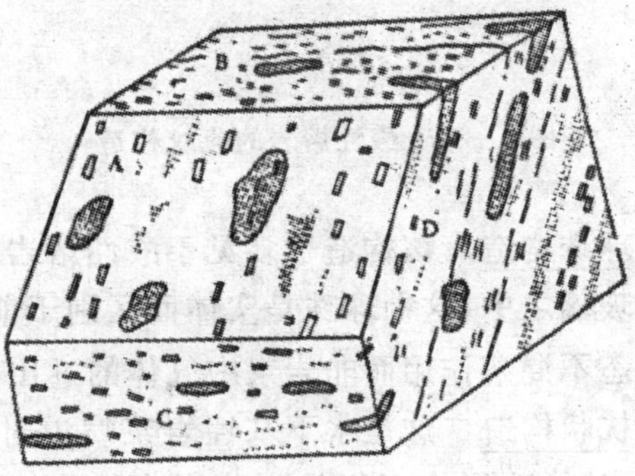

图 2-16　侵入体流面和流线的立体示意图
(转引自乐昌硕,1984)

(2)火山岩的构造

气孔和杏仁构造　这是喷出(熔)岩常见的构造,当岩浆喷溢到地表时,其内所含的气体会从岩浆中分离出来并逸散到大气中,在此过程中若岩浆迅速冷凝固结而会保留下气体逸散形成的空洞。气孔的形状和孔壁的粗糙性与岩浆的粘度有关,粘度小的基性岩浆喷出形成的气孔为圆—椭圆状,气孔壁光滑;粘度大的酸性岩浆喷出形成的气孔被拉长呈一条延长的细缝,气孔壁粗糙。在同一岩流中气孔大小和分布密度与岩流的垂向位置有关。以玄武岩岩流为例,在岩流的顶部气孔细小而密度大;在岩流的中部气孔很少而常呈致密块状;在岩流的底部气孔大而稀疏。杏仁构造是气孔形成后(也即岩石固结后)外来化学物质在其内充填形成的杏仁状物质,它多为硅质和碳酸盐矿物集合体。杏仁常与岩石的斑晶不易分辨,前者为圆—椭圆状,因是矿物集合体而不见解理反光面;后者因是单晶矿物而具平直的边界,且常具解理反光面。

流纹构造　常见于酸性熔岩，它是不同颜色的火山玻璃和隐晶物质与拉长的气孔不规则弯曲且相间排列构成的一种岩浆流动的构造类型（图 2－17），这种熔岩的构造因岩浆粘度大、流动性小而使其分布十分有限，或见于火山通道内，或见于火山口附近。在野外工作中有时在远离火山口的地方也发现有一种类似流纹构造的岩石，而且分布很广。显然它不是酸性熔岩的流纹构造，而是火山碎屑岩中的熔结凝灰岩构成的假流纹构造。

石（球）泡构造　这也是酸性熔岩常见的构造类型，它是酸性岩浆停止流动定位后气体逸出而留下的近于封闭的球状空腔，它能反映岩浆沸腾和起泡的炽热状况（图 2－18）。石（球）泡构造可见于全玻璃质的酸性熔岩和流纹岩之中，我国浙江省雁荡山火山岩区均可见到这种构造。

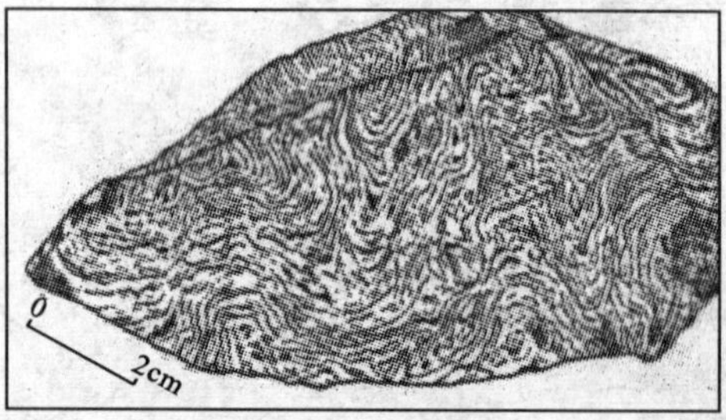

图 2－17　酸性熔岩的流纹构造

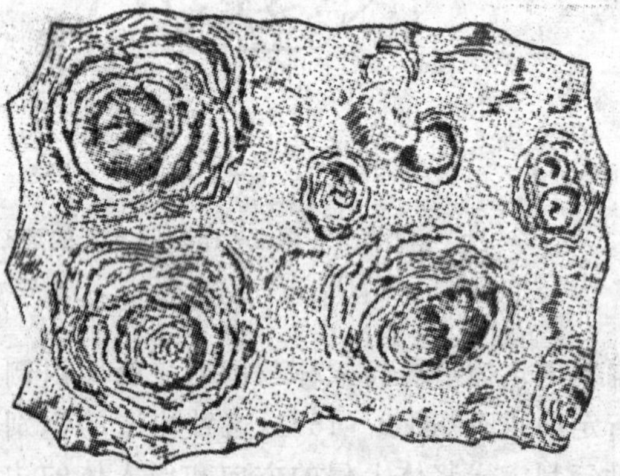

图 2－18　酸性熔岩的石（球）泡构造

球珠构造　该构造也多见于酸性熔岩，它是颜色不同的火山玻璃呈球珠状分布于另一种火山玻璃之中，这种球珠是实体而区别于前述空腔的石（球）泡。据研究，球珠构造形成于岩浆的液态不混溶作用而非岩浆中气体的逸出。

枕状构造　这是水下基性岩浆喷溢时特有的构造类型，该构造形成于炽热岩浆遇水体高度收缩而呈球状形体堆积，固结后状似枕头［图 2－19(a)］。枕状构造单体大小不等，最大者达 2m 以上，小者仅 10～20cm。其底面相对平坦，但在其枕间尚保存向下的突起，岩枕顶面为向上突起的圆滑弧形。岩枕内部具特征的分带性［图 2－19(b)］，边缘为淬火形成的玻璃壳；向内为气孔带且常发育放射状裂隙；其核心多有一个不规则空腔。只有根据这种内部分带才能确认岩枕，千万不要把球形风化形成的实心球体当作岩枕。岩枕构造多见于海底火山喷发形成的玄武岩层之中，但在陆相的玄武岩中也有发现，如我国汉诺坝玄武岩岩层中也见有枕状构造。

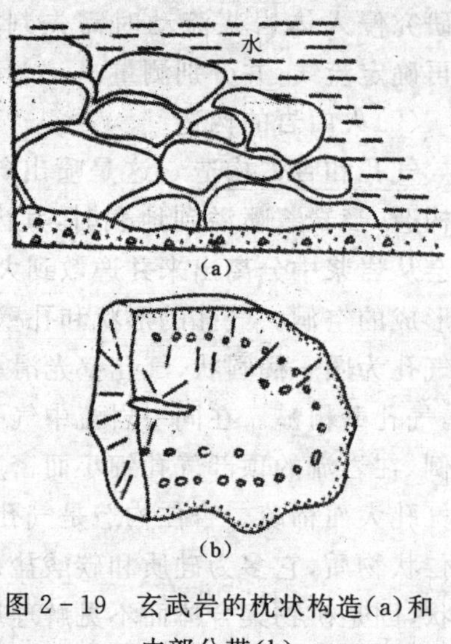

图 2－19　玄武岩的枕状构造(a)和内部分带(b)

柱状节理构造　这是陆相火山岩中常见的一种原

生节理构造，为均匀的具一定厚度的岩浆在地表定位后因缓慢冷凝收缩而规则破裂形成的柱体。完美的柱体截面呈正六边形，但也见有五边形或四边形，柱体长达 3～4m，短者仅数十厘米，这取决于均匀岩浆的原始厚度，其内的气孔构造会阻止节理的纵向延伸而影响柱体长度。柱状节理的产状多垂直于熔岩的层面，但在火山口的柱体往往呈扇状排列，在火山通道内所见的柱体还呈平卧状。柱状节理多见于玄武质岩石内，另外在熔结凝灰岩和流纹岩之中也有发育。

5. 火成岩结构构造与产状的关系

火成岩产状是火成岩研究必须面临的问题，因为它在解决火成岩分类命名、探索火成岩的成因和查找矿产资源中起着重要的作用。火成岩产状涉及火成岩三维空间的展布，所以要想掌握火成岩产状全貌是十分困难的。但是，火成岩的产状能决定火成岩的结构构造，反过来我们可根据岩石标本和露头观察到的结构构造来推断它的产状。现将火成岩结构构造的产状属性总结于表 2－10。

表 2－10　火成岩不同产状的结构构造

	中、大型侵入体	小型侵入体	熔岩流	火山碎屑堆积
结构	全晶质结构 似斑状结构 (基质为显晶质) 中粒等粒结构 粗粒等粒结构	全晶质结构 斑状结构(基质为隐晶) 似斑状结构(基质为显晶) 细粒等粒结构 霏细结构 它形粒状结构 煌斑结构 辉绿结构 伟晶结构(文象结构)	半晶质结构 玻璃质结构 斑状结构(基质为玻璃质) 斑状结构 (基质为隐晶玻璃)	集块结构 火山角砾结构 凝灰结构 熔结结构 胶结结构
构造	块状构造 斑杂构造 条带状构造 流线构造 流面构造	块状构造 对称构造 流线构造	块状构造 气孔构造 杏仁构造 流纹构造 石(球)泡构造 球珠构造 枕状构造 柱状节理构造	块状构造 假流纹构造 层理构造 柱状节理构造
定位	深成、中深成	深成、浅成、超浅成	喷出地表溢流	火山爆发后的地表堆积

(三)分类

火成岩的分类比较复杂，传统上多使用火成岩的化学成分进行划分，然而这又是岩石手标本观察所局限的。传统的分类应是两级分类：一为根据 SiO_2 含量划分；二为依据产状划分。SiO_2 含量可以通过岩石中的矿物组成反映出来，而产状可以利用岩石的结构构造来获取，两者结合即构成火成岩的总体分类方案(表 2－11)。最重要的是，该分类方案具有很好的可操作性，因为岩石中的矿物组成和结构构造的信息是可以通过岩石标本和露头上的观察获取得到的。

表 2-11　火成岩的总分类方案*

系列		钙碱性					碱性
岩类		超基性岩	基性岩	中性岩		酸性岩	碱性岩
SiO_2 含量		<45%	45%～53%	53%～66%		>66%	53%～66%
石英含量		无	无或很少	<5%		>20%	无
长石种类及含量		一般无长石	斜长石为主	斜长石为主	钾长石为主	钾长石>斜长石	钾长石为主含似长石
产状	主要结构特征　岩石名称　暗色矿物种类及含量	橄榄石、辉石 >90%	主要为辉石,可有角闪石、黑云母、橄榄石等 <90%	以角闪石为主,黑云母、辉石次之 15%～40%	以角闪石为主,黑云母、辉石次之 15%～40%	以黑云母为主,角闪石次之 10%～15%	主要为碱性辉石和碱性角闪石 <40%
大、中型侵入体	中粗粒结构或似斑状结构	橄榄岩 辉石岩	辉长岩	闪长岩	正长岩	花岗岩	霞石正长岩
小型侵入体	细粒结构或斑状结构	苦橄玢岩 金伯利岩	辉绿岩	闪长玢岩	正长斑岩	花岗斑岩	霞石正长斑岩
喷出的熔岩	无斑隐晶质结构 斑状结构 玻璃质结构	苦橄岩 科马提岩	玄武岩	安山岩	粗面岩	流纹岩	响岩

* 火成岩的碱性是用其化学成分的 $(K_2O+Na_2O)^2/(SiO_2-43)$ 计算值大于 3.3 确定的,反之,小于 3.3 则为钙碱性。

对于全晶质的火成岩,欧美国家常利用镁铁矿物组成和含量进行分类(表 2-12)。

表 2-12　全晶质火成岩的分类

	超镁铁质岩	镁铁质岩	中性岩	长英质岩
暗色矿物*	橄榄石、辉石 (角闪石)	辉石 (橄榄石、角闪石)	角闪石 (辉石、黑云母)	黑云母 (角闪石、辉石)
色泽(色率)	>90	90～40	40～15	<15
长石	无	斜长石为主	斜长石、钾长石	钾长石为主
石英	无	<5%	5%～20%	>20%
主要岩石	橄榄岩 辉橄岩 橄辉岩 辉石岩	辉长岩 橄长岩 斜长岩	闪长岩 正长岩	正长花岗岩 二长花岗岩 花岗闪长岩 英云闪长岩

* 暗色矿物一栏中括号内的矿物为含量相对较少的矿物。

对比表 2-11 和表 2-12 发现,两表无论是按 SiO_2 含量划分还是按铁镁(暗色)矿物含量划分,其岩石类型多数具有一一对应的关系,仅超基性岩类与超镁铁质岩类不完全一致。因为超基性岩仅包括一部分超镁铁质岩,如橄榄岩,而超镁铁质岩中的辉石岩 SiO_2 含量却属基性岩的

SiO_2 成分范围。此外，还有一部分超基性岩根本就不是超镁铁质岩，如碳酸岩、黄长岩等。

三、超镁铁-镁铁质岩类

(一)超镁铁质岩

1. 一般特征

该类岩石在化学成分上富 MgO 和 FeO，SiO_2 含量低，贫 K_2O、Na_2O、Al_2O_3 和 CaO，其中 MgO>FeO。岩石的暗色矿物含量高，色率大于 90。主要矿物为 SiO_2 不饱和的橄榄石与 SiO_2 饱和的辉石，其次为角闪石，副矿物为尖晶石和铬铁矿，次生矿物为蛇纹石、透闪石等。超镁铁质岩分为以橄榄石为主的橄榄岩类和以辉石为主的辉石岩类，少有以角闪石为主的超镁铁质岩。根据其 SiO_2 含量，橄榄岩类属超基性岩类；辉石岩和角闪岩则为基性岩类。

前述超镁铁质岩有非岩浆成因和岩浆成因两种成因类型。非岩浆成因的超镁铁质火成岩有两种产状：一为玄武质熔岩中的包体；一为构造就位的岩片和断块。

2. 岩石定名

超镁铁-镁铁质岩的定名原则限适用于全晶质的岩石，获得的名称为基本岩石名。超镁铁质-镁铁质岩的定名选用斜长石(Pl)-橄榄石(Ol)-辉石(Py)三角形定量矿物定名(图 2-20)。

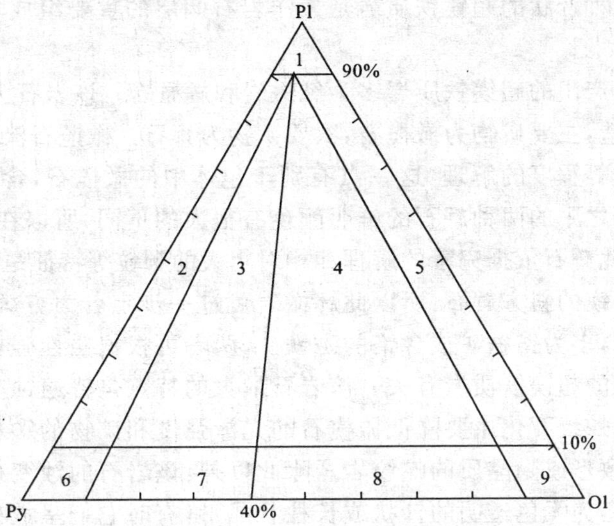

图 2-20　超镁铁-镁铁质岩的 Pl-Ol-Py 定量矿物定名

(据 Le Mitre，1984 修改)

1. 斜长岩；2. 辉长岩；3. 斜长橄辉岩；4. 斜长辉橄岩；5. 橄长岩；6. 辉石岩；7. 橄辉岩；8. 辉橄岩；9. 纯橄岩；
图中边线上的数值均为矿物的体积百分数，后续类似命名图类同

3. 岩石类型划分及其主要特征

(1)非岩浆成因的

1)包体：非岩浆成因的包体超镁铁质岩石出露十分有限，但它因是上地幔的直接样品(被

熔岩从深部携带上来)而格外引人注目。该类岩石主要有纯橄岩和辉橄岩,而以辉石为主要矿物的辉石岩包体少见。该岩石十分新鲜,但在表生条件下极易风化而呈松散状。岩石为黄绿色,中—粗粒结构,块状构造,矿物组成主要为橄榄石,其次为辉石,副矿物为尖晶石。橄榄石为淡黄绿色,粒状,粒径粗大,大者可达 20mm 左右,一般粒径为 5mm 左右,无解理而见有油脂光泽,含量在 60%以上。辉石肉眼见有翠绿色和黑色两种,短柱状,粒径为 3～5mm,解理不发育,多见贝壳状断口,可能是源于地幔压力过大而使原来的解理性质被限制。副矿物为富铝的矿物相尖晶石,此为半透明的黄褐色,粒径 1～2mm,晶粒常呈多面体形态。该岩石多为辉橄岩,但又由于常出现肉眼易辨认的两种辉石(单斜的翠绿色铬透辉石和斜方的黑色顽火辉石),故可进一步定名为二辉橄榄岩,又由于副矿物尖晶石十分有特征,故需将其作为前缀修饰而定名为尖晶石二辉橄榄岩。若副矿物为斜长石、石榴石,则需分别定名为斜长石二辉橄榄岩、石榴石二辉橄榄岩。人们普遍认为,二辉橄榄岩是全球上地幔的标准成分,所以二辉橄榄岩又被称为原始地幔的样品。岩石学家的地质温压计计算确认,上地幔的各种二辉橄榄岩大致产于不同的深度层次,最下部是石榴石二辉橄榄岩;中部是尖晶石二辉橄榄岩;上部为斜长石二辉橄榄岩。斜长石二辉橄榄岩被认为是大洋岩石圈上地幔的主要组成,大陆地区主要为尖晶石二辉橄榄岩。我国福建明溪、浙江龙游和河北张家口等地的玄武岩中均存在有石榴石二辉橄榄岩的包体。

2)构造岩片(块):呈构造岩片(块)产出的超镁铁质岩出露相对较多一些,尤其在板块俯冲带和切割到地幔的深大断裂中常有出现,它们或独立产出,或与其他火成岩一起构成蛇绿混杂岩,所以人们认为,这种产状的超镁铁质岩是大洋岩石圈层的重要组成单位之一,即是标准的大洋上地幔样品。

呈构造岩块(片)产出的超镁铁质岩多为纯橄岩和辉橄岩。该岩石为淡黄绿色,细粒结构,块状、条带或碎裂构造,主要矿物为橄榄石,次要矿物为辉石。橄榄石淡黄绿色,粒状,2mm 左右,玻璃光泽,可见中等程度的解理,这一点有别于包体中的橄榄石,含量大于 80%。辉石浅黄色而与包体橄榄岩之中的两种辉石的鲜明颜色有很大的不同,所以在手标本上根据颜色较难与橄榄石区分,但此辉石依据完善的解理和相对粗大的颗粒等特征是可以识别的。据研究,这种色浅的辉石为富镁的斜方辉石,所以此辉橄岩可进一步定名为方辉橄榄岩。该岩石还含有少量的不透明矿物,多为铬铁矿或含铬的磁铁矿,两者可根据磁性强弱区分,世界上的铬矿矿产大多与这种产状的超镁铁质岩有关。该岩石最大的特点是普遍蚀变遭受蛇纹石化,但蛇纹石化程度不一。弱蛇纹石化主要降低橄榄石的光泽强度和矿物的颗粒感,使其界线变得模糊;强蛇纹石化会导致形成隐晶质的蛇纹岩。除此以外,该岩石的蚀变矿物还有透闪石,在标本上它的分布不均一,为无色透明的针状或长柱状晶形,有时它们呈放射状、斑块状聚集。该岩石的另一个特点是变形构造发育,尤其是常具碎裂和流动构造,显示构造挤压作用对其的影响。除蛇纹石化外,该类岩石还易遭受碳酸盐化,变成以白云石为主的大理岩,这时该超镁铁质岩仅残留于大理岩内,但两者界线较模糊。

研究认为,这种产状的超镁铁质岩又称阿尔卑斯型超镁铁质岩;它是大洋地幔部分熔融后留下的残余,故它是大洋亏损地幔的样品;大洋中的洋底玄武岩则是大洋地幔部分熔融熔出的熔浆。所以,这种超镁铁质岩与大洋玄武岩有着密切的成生联系。

(2)岩浆成因的

岩浆成因的超镁铁质岩也少有包体状产出,其岩性也较简单,多为纯橄岩和辉石岩。岩浆成因的超镁铁质岩往往以侵入体的组成部分产出，其岩性多样，主要为纯橄岩和辉橄岩、橄辉岩和辉石岩。岩浆成因的包体中的纯橄岩和辉石岩是玄武质岩浆从深部向上运移过程中（未到达地表）较早晶出的辉石和橄榄石分别聚合堆积所形成的。此类岩石较新鲜，分别为黑色的辉石岩和黄绿色的橄榄岩，岩石为不等粒结构或中—粗粒等粒结构，包体整体呈不规则状，边缘界线凸凹不平滑，且与寄主玄武岩呈渐变过渡。

侵入体产状的超镁铁质岩较难独立存在，它总是与镁铁质岩和斜长岩共生组成不同类型的侵入体。一为较大型侵入体，其内岩性在垂向上呈有规律的韵律变化，每个韵律自下而上依次为纯橄岩—辉橄岩—橄辉岩—辉长岩—斜长岩，并构成多旋回层状分布。虽然岩体内部垂向分层明显，且岩石多为中粒结构，但其边缘仍发育细粒—隐晶的冷凝边。这种层状侵入体无论在大洋还是在大陆大多与玄武质熔岩伴生，而且认为这些玄武质熔浆是在该岩浆房未固结时从其内溢出的，所以又将这种层状侵入体特称为岩浆房。另一方面，这种岩浆房的平均化学成分与基性的辉长岩相当，故可将这种侵入体又称为层状辉长岩体。大陆层状辉长岩体的底部不仅会出现含橄榄石的岩石，而且还常发育 V－Ti 磁铁矿的有用矿物层，如我国四川攀枝花。有趣的是大洋层状辉长岩体却不见这种矿物层。岩浆超镁铁质岩的第二种产状是构成板状侵入体的一部分。这种岩体的纵向延伸远大于横向厚度，其内的超镁铁质岩也是常与镁铁质岩共生。其岩性或呈简单的层状分布，从下到上依次为橄榄岩—辉橄岩—辉长岩—闪长岩，如甘肃金昌（图 2－21）；或呈环状分布，从内核向外缘依次为橄榄岩—辉橄岩—辉石岩—辉长岩，如云南金平的白马寨（图 2－22）。值得注意的是，这些板状侵入体常伴生有 Cu－Ni 硫化物矿产。显然，岩浆成因的超镁铁质岩具有十分特征的结构构造，如堆晶结构、包含结构、矿物自形程度不一结构和层状构造、环状构造、条带构造等而区别于非岩浆成因的超镁铁质岩。再其次，岩浆超镁铁质岩不能像非岩浆超镁铁质岩那样能独立产出。

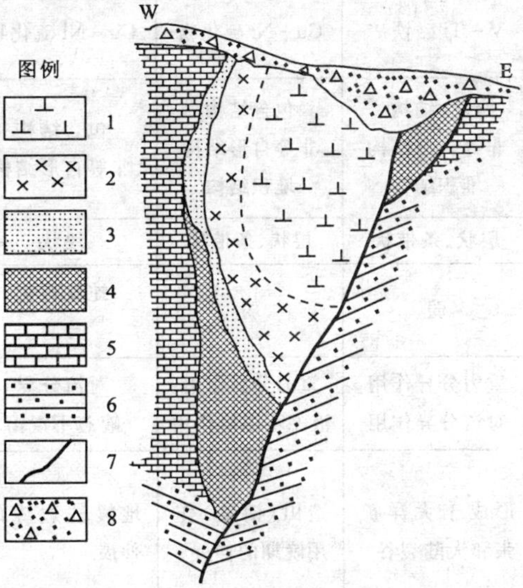

图 2－21　甘肃金昌简单层状超镁铁-镁铁质板状侵入体的岩性分布剖面图

1. 闪长岩；2. 辉长岩；3. 橄辉岩；4. 含 Cu－Ni 硫化物橄榄岩；5. 石灰岩；6. 石英岩；7. 断层；8. 第四系覆盖物

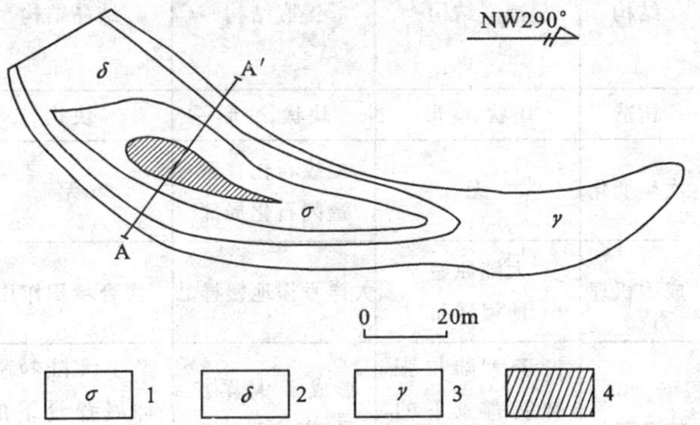

图 2－22　云南金平白马寨超镁铁-镁铁质板状侵入体的岩性分布平面图

1. 橄榄岩；2. 辉石岩；3. 辉长岩；4. 矿体；围岩为黑色板岩

大洋的韵律性层状侵入体位于大洋岩石圈的地壳内，而且是大洋岩石圈的重要组成单位，故在俯冲带中常与蛇绿混杂岩伴生。大陆的韵律性层状侵入体常见于大陆裂谷，在我国攀西裂谷中就出露这种层状侵入体。板状侵入体产于褶皱（造山）的晚期伸展阶段或地幔柱的边缘带。现总结各种产状的非岩浆成因和岩浆成因超镁铁质岩的岩石学特征列于表 2-13。

表 2-13　不同产状的非岩浆和岩浆成因超镁铁质岩特征一览表

成因	非岩浆成因		岩浆成因			
产状	包体	构造岩片(块)	包体	层状侵入体	板状侵入体	环状侵入体
岩石类型	辉橄岩 (二辉橄榄岩)	纯橄岩 辉橄岩 (方辉橄榄岩)	纯橄岩 辉石岩	辉石岩 橄辉岩 辉橄岩 纯橄岩	辉石岩 橄辉岩 辉橄岩 纯橄岩	辉石岩 橄辉岩 辉橄岩 纯橄岩
岩性分布	均一	均一	均一	自下而上的韵律性层状	自下而上的简单性层状	自内向外的环状分布
与辉长岩共生否	不共生	不共生 混杂堆积	可以在一起	共生	共生	共生
矿物组成	黄绿色橄榄石 黑色斜方辉石 翠绿色单斜辉石	黄绿色橄榄石 黄色斜方辉石	黄绿色橄榄石 黑色辉石 (斜方、单斜均有)	黄褐色橄榄石 黑色辉石 (斜方、单斜均有)	黄褐色橄榄石 黑色辉石 (多为单斜)	黄褐色橄榄石 黑色辉石 (多为单斜)
矿物特点	橄榄石无解理 辉石不发育解理	橄榄石中等解理 辉石具完全解理	橄榄石无解理 辉石具完全解理	橄榄石无解理 辉石具完全解理	橄榄石无解理 辉石具完全解理	橄榄石无解理 辉石具完全解理
副矿物	尖晶石	铬铁矿 含铬磁铁矿	—	V-Ti 磁铁矿	Cu-Ni 硫化物	Cu-Ni 硫化物
结构	镶嵌结构	镶嵌结构	结晶结构	包含结构 非等自形结构 堆积结构	包含结构 非等自形结构 堆积结构	包含结构 非等自形结构
构造	块状、变形	块状、变形	块状	层状、条带状	层状、条带状	块状
次生变化	无	蛇纹石化普遍 透闪石化局部	无	弱	弱	蛇纹石化普遍
成因机理	大陆原始地幔样品	大洋亏损地幔样品	聚合堆积作用	重力分异作用 对流分异作用	重力分异作用 液态不混溶作用	对流分异 液态不混溶
构造背景	产于大陆拉张伸展背景下的碱性玄武岩、金伯利岩之中	形成于大洋扩张，定位于碰撞俯冲带	产于大陆拉张伸展背景下的各种玄武岩之中	形成于大洋扩张和大陆裂谷	造山（褶皱）作用晚期的伸展	地幔柱边缘的伸展

（二）镁铁质岩

镁铁质岩是地幔岩部分熔融形成的基性岩浆在深部聚集、上升侵位于地壳后经冷凝固结后形成的，它常与岩浆成因的超镁铁质岩共生构成层状岩体或环状岩体，有时还与非岩浆成因的超镁铁质岩混杂堆积在一起。

镁铁质岩 SiO_2 含量为 45%～53%，属基性岩类，其代表性的岩石为辉长岩，主要矿物组成为辉石和斜长石，一般的辉长岩色率为 90～40；淡色辉长岩的辉石含量较低，仅有 10%；而暗色辉长岩的暗色矿物含量较高，可达 90%。若岩石中暗色矿物含量低于 10%而斜长石含量超过 90%，此岩石定名为斜长岩；若岩石中斜长石含量小于 10%而暗色矿物含量大于 90%，则属超镁铁质岩了。

辉长岩的主要矿物为辉石和斜长石，次要矿物为橄榄石和角闪石，此外也可含有少量的黑云母、石英和钾长石。岩石为灰色—灰黑色，中—粗粒结构，块状构造、条带状构造，有时岩石还具球颗结构，其球颗为细粒斜长石和辉石矿物的聚集体。岩石中辉石为黑色或暗褐色，短柱状，断面多呈等轴状，它与磁铁矿的区别是偏于金刚光泽的玻璃光泽、十分完善的解理和无磁性，尤其是它的解理呈阶梯状而具 90°的交角。斜长石呈较窄的板状晶形，其颜色深浅不一，大多为灰白色，有的呈深灰色，在一些较大的斜长石解理面上有时可见细而密集的聚片双晶纹。斜长石解理面平滑反光，具完全解理，在有些断面上因无解理而显示参差不齐的断口，且具油脂光泽。辉长岩常因浅色矿物和暗色矿物分别相对集中而显示不同的色带而构成条带构造。大多数辉长岩体具成层性，显示清楚的垂直分带，底部为超镁铁质岩；中部为辉长岩；上部为淡色辉长岩或斜长岩直至闪长岩。岩性的垂直分带也表现出矿物组成和结构的分带和变化，从上到下橄榄石和辉石含量逐渐减小，斜长石含量逐渐增多，矿物的粒度也由粗逐渐变细。值得注意的是，这种岩性和矿物组成的纵向变化会多次重复出现而构成多个韵律。人们常把这种成层而又具韵律的侵入体称之为层状辉长岩体。由于该侵入体常与玄武质熔岩密切伴生，而且它又是这种岩浆的储集场所，故又称该侵入体为岩浆房。

辉长岩还见于板状侵入体内，在简单层状侵入体的顶部和环状侵入体的外缘出露。此外，未发生任何分异且独立产出的辉长岩体也有发现，不过该岩体规模非常小而已。

四、中性-长英质岩类

中性-长英质岩类主要是指中—酸性的全晶质岩石。

(一)一般特征

此类岩石又称为花岗岩类(granitoid rocks)，它通常广义地指 SiO_2 含量大于 53%的火成岩。花岗岩类岩石在大陆地壳分布量最多，地表出露也较广泛，且常呈大规模的岩基、岩株产出。该类岩石可以成为大型山链的主体，如我国的南岭花岗岩和秘鲁临太平洋的海岸花岗岩；也可发育于造山运动但未形成造山带的非造山链区，如我国长江中下游的燕山期花岗岩；不仅如此，古老的花岗岩类还可构成古大陆的陆核，如我国黄陵崆岭群内的晚太古宙古村坪岩组的灰色片麻岩被认为是扬子古大陆的陆核。

(二)岩石定名

确定中性-长英质岩石的名称须使用 Q(石英)-A(钾长石)-P(斜长石)三角形定量矿物命名(图 2-23)。该定名方案只是确定岩石的基本名称，给岩石最终定名还需遵循以下原则：

颜色+结构(粒度)+次要矿物名+基本岩石名

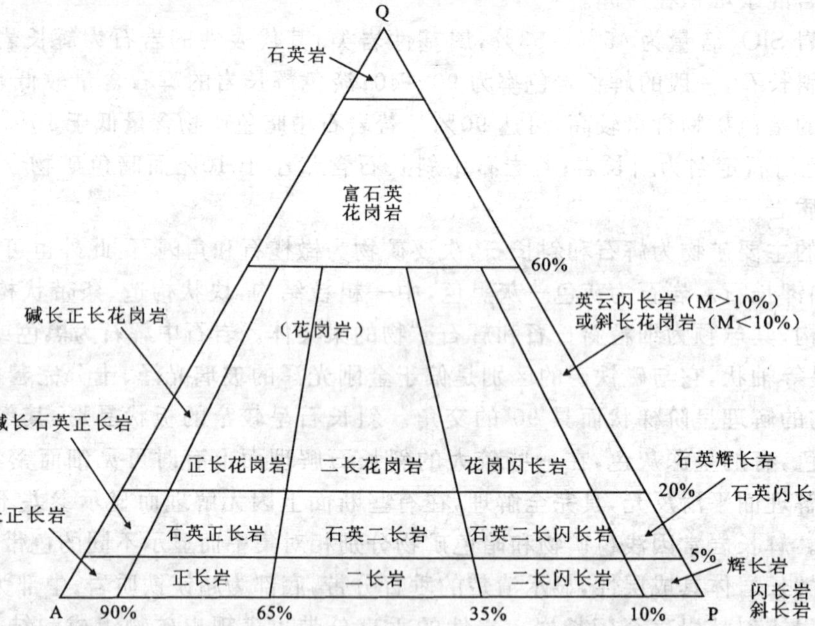

图 2-23 中性-长英质岩石的 Q-A-P 三角形定量矿物定名

(据 Le Matre,1989)

Q=石英;P=斜长石;A=钾长石+条纹长石+钠长石;M=暗色矿物

(三)主要的岩石类型及其特征

1. 花岗岩

这里是指 SiO_2 含量大于 66%的全晶质岩石。该岩石高 SiO_2 和 K_2O+Na_2O(质量分数平均为 6%~8%),MgO、FeO 和 CaO 含量低。在矿物组成上,浅色矿物含量达 85%以上,主要为石英、钾长石和斜长石,其中石英含量在 20%以上,钾长石和斜长石可以具任意比例,所以该岩石实际上是碱长正长花岗岩、正长花岗岩、二长花岗岩、花岗闪长岩和英云闪长岩(斜长花岗岩)5 种岩石的总称。前人曾将花岗闪长岩定义为花岗岩与闪长岩之间的过渡性岩石,这与现在统一遵循的命名方案是矛盾的。根据上述命名图可知,花岗闪长岩实为花岗岩,具体来说,它是斜长石含量大于钾长石且石英含量大于 20%的一种花岗岩。文献资料记载,某些花岗质的岩体过去也曾定花岗闪长岩,如周口店房山岩体,根据现在的命名方案,应定名为石英二长闪长岩才是。

花岗岩的暗色矿物为黑云母、角闪石,色率仅 15 以下。此外在麻粒岩相的变质岩区常出露较古老的紫苏花岗岩,其暗色矿物为辉石。

花岗岩的色浅,以肉红、粉红和灰白等颜色为主,颜色的多样性并非取决于暗色矿物,而主要受两种长石的含量比影响。显然,钾长石含量高的岩石为浅肉红色;斜长石含量高的岩石则为灰白色。这里同样要注意,钾长石具肉红色和斜长石具灰白色的经验认识只有在这两种长石共生在一起时才有效和成立,因为当岩石中只有一种长石时,钾长石可以为灰白色,斜长石可以为黑色、灰绿色。钾长石最可靠的鉴定特征应是:阶梯明显的解理;具卡氏双晶,它表现为在反射光下常见单一的矩形颗粒呈现反光不同的明暗两半，中间似有一平直的直线相隔；具条纹结构，这些条纹在晶体中排列略有定向，但呈不规则的水系状分布，条纹的颜色常比主体长石要浅。斜长石具平整光滑的解理面，且阶梯状不明显；有时可见聚片双晶，即在斜长石平滑的解理面上观察到平行于长轴的细窄亮缝。花岗岩的石英为烟灰色，因具贝壳状断口而呈油脂光泽。花岗岩除具等粒中、粗粒结构外还常发育似斑状结构，此时基质为显晶。似斑状结构的斑晶多为钾长石，其粒径粗大可达数十毫米而构成巨斑；有时钾长石斑晶还具斜长石的环边，称之为更长环斑；仔细观察发现，有些巨斑钾长石并非独立的晶粒，而是由若干稍小粒径的钾长石聚合而成，显然这种巨斑实为聚斑。花岗岩多为块状构造，在岩体边缘有时发育斑杂构造。有些古老的花岗岩或花岗岩的边缘还具有片麻构造，前者为区域变质作用形成；后者为岩浆流动所致。花岗岩因粒粗而极易风化，风化时常呈页状剥落，这是水渗入该岩石后水中的盐晶体生长使之一层层破裂的缘故。花岗岩区若无后期构造叠加，其构成的地形趋于平缓或呈圆丘状。节理发育的花岗岩地区不仅发育球形风化，而且可以形成奇异的风景区，如我国的华山、黄山和九华山。

花岗岩与各种矿产关系紧密。花岗岩自身可富集稀土和铌钽；其岩体中的石英脉常富含黑钨矿；花岗质的斑岩还是铜矿的母岩；若花岗岩侵入碳酸盐，还会形成接触交代变质的矽卡岩，后者则是Cu、Fe矿床的寄主岩。

花岗岩形成于各种地质背景，所以研究花岗岩的岩石特征可以指示岩石的成因机理和所处的构造环境。

花岗岩如同超镁铁质岩一样分为岩浆成因和非岩浆成因。现将两种成因花岗岩的各自证据总结如表2－14所示。

表2－14　岩浆和非岩浆成因花岗岩的特征对比

	岩浆花岗岩	非岩浆花岗岩
形成机理	岩浆冷凝	交代作用(花岗岩化
成岩		固态条件下进行
定位	异地	原地
岩性	复杂，反应多次岩浆体的侵位	较简单，没有多次岩浆活动标志
侵入体的生长(其内各组成单位分布)	具一定的规律性(向外生长或向内生长)	无规律性、杂乱
与围岩界线	截然	渐变
围岩岩性	各类岩石	区域变质岩
围岩热接触变质	存在	无
岩体冷凝边	有	无
岩体边缘面理	流面、流线，切割围岩	定向，与区域构造线一致
包体类型	浆混体、捕虏体、析离体	部分熔融残留体
包体与寄主岩	界线清楚(析离体除外)	渐变
包体形态	椭球、鞋底状、铁饼状	拉长的不规则状
结构	从岩体内部向边缘粒度变细，边缘有时具文象结构	粒度无规律性变化，不具文象结构
构造	有时具晶洞构造	有时具条带构造
矿物组成	黑云母 石英含量小于长石	白云母 石英含量可大于长石

2. 闪长岩

这里所说的闪长岩是指石英含量小于20%且斜长石含量大于钾长石的一类岩石的总称。它包括闪长岩、二长闪长岩、石英闪长岩和石英二长闪长岩等。

闪长岩 SiO_2 含量为53%～66%，属中性岩类。与前述镁铁质岩相比，其 SiO_2、Al_2O_3、K_2O 和 Na_2O 含量较高，而 MgO、FeO 和 CaO 含量偏低，且 MgO 与 FeO 含量相似。较之花岗岩而言，其 SiO_2、Al_2O_3、K_2O 和 Na_2O 含量较低而 MgO、FeO 和 CaO 含量较高。

岩石多为灰白色，这是因为岩石的浅色矿物含量高而色率低的缘故。正常的闪长岩的色率一般为20左右，对于暗色矿物含量较高的闪长岩很可能是因为：其岩体边缘同化混染了围岩；闪长质岩浆体在未完全固结时有偏基性的岩浆贯入而导致的岩浆混合作用；变质作用形成的块状斜长角闪岩。正常的闪长岩多为中—细粒结构、块状构造；具斑杂构造的闪长岩可能是前述岩浆混合或同化混染作用形成。

闪长岩中的浅色矿物主要为白色的斜长石，该矿物多呈宽板状晶体，断面呈矩形和长条状，在相对宽的长条形断面上有时可见聚片双晶，玻璃光泽明显，解理面平整光滑，阶梯状不明显。斜长石易蚀变为绿帘石或微晶高岭石，这时斜长石微具绿色或黄绿色，初学者易将其误认为橄榄石。斜长石也易被风化，常变为土状，此时其颗粒不易分辨。闪长岩次要的浅色矿物为烟灰色的石英，含量可达15%，石英断口显示油脂光泽。此外，该岩石还含少量的钾长石。值得注意的是，闪长岩中的钾长石往往为微肉红色，往往没有花岗岩中钾长石的肉红色那么鲜明，若不仔细观察很容易忽略掉。闪长岩中的暗色矿物多为完好的长柱状角闪石，这里所说的长柱状并非指角闪石矿物的绝对长度大小，而是指该矿物的长与宽比值较高。需指出，在岩石中长柱(条)状矿物的任意断面多数显现短柱状和点状，所以判断矿物是否是长柱状要十分慎重。闪长岩中的角闪石呈墨绿色，解理完全，解理面光滑平整，阶梯状不明显。在瓷板上角闪石的条痕微带绿色。这一点与辉石粉末的微褐色和无色有明显的区别。角闪石的蚀变产物为绿泥石，故手标本上的角闪石有时并非黑色而是绿色。手标本中角闪石的断面多为短柱状或点状，长柱状的断面出现的几率较小。一般地说，只要在手标本中见到个别长柱状暗色矿物就可断定此岩石中的暗色矿物皆为角闪石。闪长岩的分布较少，它仅占火成岩总面积的2%。闪长岩可以作为独立岩体存在，但规模较小，如小的岩株、岩盖等；闪长岩可与其他岩性共生构成一个复合岩体，如与花岗岩共生时分布于复合岩体的边缘；与辉长岩共生时常分布于复合岩体的上部；闪长岩还常呈岩浆混合的包体形式存在，这种成因的包体的岩性多为石英闪长岩，且又为微粒结构，故常称这种岩浆混合形成的包体为微粒闪长岩包体。微粒闪长岩包体的寄主岩有时亦为闪长岩或石英闪长岩，两者的区别是：包体矿物颗粒的粒径比寄主岩细小；包体中的暗色矿物含量要大于寄主岩。

3. 正长岩

正长岩的石英含量相当于闪长岩(<15%)，但它是钾长石大于或等于斜长石的这类岩石的总称，它包括碱长正长岩、正长岩、二长岩、石英碱长正长岩、石英正长岩和石英二长岩等岩石。

在化学成分上，其 SiO_2 含量相当于中性岩，为53%～66%，但 K_2O 和 Na_2O 的含量较闪长岩和花岗岩高，FeO、MgO 的含量低于闪长岩和花岗岩。在矿物成分上以浅色矿物为主，占主导的是钾长石，有时可含少量的石英和斜长石。

岩石的颜色多样，有肉红、砖红、灰、灰绿和灰褐等色，这是因为钾长石独立存在时其颜色多变而导致岩石的颜色随之变化。岩石多为中粗粒结构，有时也发育似斑状结构、块状构造，有时呈片麻状和斑杂状构造。主要矿物钾长石具卡氏双晶，解理完全且呈阶梯状，对于两组解理发育的断面常见砌砖样的不完全立方体形状。暗色矿物为角闪石和黑云母，极少数情况下出现辉石。岩石的次生变化表现为长石类矿物的高岭土化和碳酸盐化，暗色矿物多为绿泥石化和绿帘石化，后者在手标本上多显现墨绿的颜色，且能用小刀在其上刻划出灰白色条痕。正长岩划分为含碱性暗色矿物和不含碱性暗色矿物的两类。含有的碱性矿物为霓石、霓辉石和钠铁闪石，这些矿物均具超长的长柱状、针状，且自形很好。

正长岩类分布较少，常与花岗岩、闪长岩和碱性岩共生构成复合岩体的一部分。正长岩也可独立存在，但多为脉状产出，且形成于岩浆活动的晚期。

五、喷出岩(熔岩)类

(一)一般特征

这是一类分布十分广泛而且化学成分从基性到酸性跨度的一类溢流相的火山岩，这类岩石可以独立存在，也可以与其他类型的岩石共生。据研究，喷出岩类型多种多样，它不仅能直接反映岩浆源区的性质，而且还受构造环境的制约，故很多学者习惯使用此类岩石的化学成分判别岩石形成的构造背景。

(二)岩石定名

1. 斑状喷出岩(熔岩)和定名

喷出岩多具斑状结构，其基质为玻璃或玻璃-隐晶，少数情况基质为隐晶质，故肉眼鉴定岩石并确定岩石名称只需根据斑晶矿物即可(表 2-15)。

表 2-15　喷出岩(熔岩)的手标本定名

斑晶矿物	岩石名称	其他岩石特征			
		颜色	构造	气孔形状	基质长石种属及其形状
橄榄石+斜长石 伊丁石+斜长石 辉石+斜长石	玄武岩	黑 灰绿 墨绿	气孔 块状 杏仁	圆 孔壁光滑	针状 (斜长石)
辉石+斜长石 角闪石+斜长石 黑云母+斜长石 斜长石	安山岩	暗红 棕红 砖红	杏仁 块状	椭圆 孔壁光滑	长条状 (斜长石)
钾长石	粗面岩	黄褐	块状	——	宽板状 (钾长石)
钾长石+石英 (土斜长石)	流纹岩*	浅紫 黄褐	流纹 块状	线状 气孔壁粗糙	宽板状 (钾长石)

*该表不包括酸性的全玻璃质岩石。

上述岩石名确定的是基本岩石名称，它并不计较斑晶矿物含量的多少，若进一步定全名则需遵循以下原则：

颜色＋暗色矿物名＋基本岩石名

如：紫红色角闪安山岩。

2. 无斑隐晶-玻璃质喷出岩的定名

无斑隐晶-玻璃质岩石的手标本定名见表 2－16。

表 2－16　全玻璃质和隐晶质岩石的野外定名

	暗色		浅色	
隐晶质	粗玄岩		霏细岩	
	块状构造	多孔构造	球珠构造	石(球)泡构造
玻璃质	黑曜岩(玻璃光泽) 松脂岩(松脂光泽)	浮岩	球珠岩	石(球)泡岩

(三)主要的岩石类型及其特征

1. 玄武岩

玄武岩的 SiO_2 含量为 45%～53%，属基性岩，岩石的 MgO、FeO、CaO 和 Al_2O_3 含量较高，且 MgO 含量大于 FeO，Al_2O_3 与 CaO 含量近相等，此外岩石中的 K_2O 和 Na_2O 含量较低。玄武岩是地球表面分布最广的火成岩，岩石一般为黑色、墨绿色或暗紫色，甚至紫红色，这取决于喷发的环境和熔岩流的纵向位置，如大陆环境喷出的一层玄武质熔岩流的上部多为紫红和暗紫色，其熔岩流中、下部则为灰绿和墨绿色。这种一次喷发熔岩层的二色性通常称为玄武岩层的红顶绿底，这是因为玄武质熔岩层上部多处于氧化状态，多为 Fe^{3+}；而其下部相对处于还原的状态，多为 Fe^{2+}。玄武岩常具气孔和杏仁构造，海底火山喷发形成的玄武质熔岩有时具枕状构造，大陆玄武岩常发育柱状节理构造，柱体截面为正六边形，柱体伸长方向多垂直于熔岩层层面。

玄武岩多具斑状结构，基质为隐晶或隐晶-玻璃，有少部分岩石具无斑隐晶质结构，在手标本上可以观察到杂乱排列的毛发状微晶斜长石。玄武岩的斑晶矿物为斜长石和橄榄石或斜长石和辉石，其中的橄榄石在氧化条件下易变为红棕色的伊丁石，伊丁石的出现证明此玄武质熔岩曾暴露于地表，也即处于陆相喷发的环境。伊丁石为片状，具两组以上的完全解理，在阳光下显现明亮的反光。红层地区的玄武岩常见有红色的杏仁体，此乃其气孔中充填有红色的粘土物质所致，注意不要把它与伊丁石相混淆，前者暗淡无反光，后者见有平滑光亮的解理。斑晶辉石一般具有规则的短柱状晶形，其颜色多为黑色，在标本上因与黑色基质相混而不易辨认。斜长石斑晶具有板状和条状两种断面，解理完全，而且解理面平整光滑。

当熔岩斑晶只有斜长石和辉石而不见橄榄石或伊丁石时，要想准确定名是安山岩还是玄武岩是较困难的,这时需要参考其他的岩石学特征。若为玄武岩,则多具气孔构造,气孔内因常充填有方解石、玉髓和绿泥石而呈杏仁构造,未充填后期物质的气孔为浑圆状,且孔壁光滑。此外,岩石的基质中常见有毛发状的斜长石微晶也是其重要的鉴定特征。

玄武岩往往大面积分布,如我国的张北—内蒙古高原。我国东南部的中—新生代玄武岩的出露地有很多,但分布面积较有限。

质地好的玄武岩是优良的石材原料,有些还可以熔炼成铸石;玄武岩的气孔还可作为石油和天然气的储集层;此外,玄武岩的气孔内常充填有冰洲石、玛瑙和自然铜等有用矿物。

2. 安山岩

安山岩的化学成分相当于中性岩,SiO_2 含量为 52%~66%。安山岩因盛产于安底斯山而得名。

安山岩多为紫、紫红或深灰色,斑状结构,基质为玻璃质或玻璃-隐晶质,块状构造和杏仁构造者居多,少见有气孔构造。安山岩浅色矿物斑晶为斜长石,灰白色,宽板状或长条状断面,宽板状解理面光亮平滑,偶见聚片双晶纹。暗色矿物斑晶为辉石、角闪石和黑云母。辉石为黑色、短柱状,其光泽接近于半金属光泽;角闪石呈长柱状或针状,墨绿色;黑云母为黑色,片状,用小刀刻划可留下鳞片状的闪亮粉末。岩石的基质斜长石呈较小的矩形。此外,岩石因质地均一而常具贝壳状断口。

若喷出岩中出现角闪石和斜长石或黑云母和斜长石,可以毫无疑义地确定为安山岩,命名时只需加上暗色矿物斑晶名称的前缀即可。若斑晶矿物是辉石和斜长石则需根据其他的岩石特征来确定是否为安山岩。安山岩的颜色较玄武岩浅,多为紫红、钢灰色;虽也具斑状结构,但其基质含有较多的玻璃物质;斜长石微晶少见,斜长石斑晶含量较多,斑晶斜长石呈长宽比较小的宽板状,但另一方向的断面显示细窄的长条状;气孔构造少见,多为块状和杏仁构造。若上述特征不明显时可命名为玄武安山岩。当熔岩中只出现斜长石斑晶而无暗色矿物时,可直接命名安山岩而无需加暗色矿物前缀。

安山岩常大面积分布,也可形成小的岩流。我国豫西熊耳群和山西中条山震旦系底部的安山岩厚度达数千米。安山岩多形成于岛弧和大陆边缘的构造环境,与太平洋岛弧链和大陆边缘一致的安山岩分布带又称安山岩线,环太平洋的安山岩线被认为是太平洋与大陆板块之间的缝合线标志。陆内也有安山岩分布,它多与陆内造山有关,如燕山地区的中生代髫髫山组角闪安山岩。

3. 粗面岩

这是一种与正长岩化学成分相当的中性喷出岩。岩石色浅,为浅灰、灰绿、灰黄等色,斑状结构,基质为隐晶,玻璃质少见。因岩石表面较粗糙而得名。岩石多为块状构造,少见有气孔构造和杏仁构造。斑晶矿物多为透长石(钾长石的高温变种),该矿物无色,具较好的透明度,比较新鲜,常能看到较清楚的解理面,解理面平整光滑,这一点区别于其他侵入岩中的钾长石。粗面岩的暗色矿物斑晶较少,若有,可以出现角闪石和黑云母等。另一种碱性的粗面岩常出现碱性暗色矿物,如霓石、霓辉石、钠铁闪石,这些矿物常具针状或较长的长柱状完好的晶形,霓石和霓辉石为黑色,钠铁闪石多为灰绿色。

粗面岩若为无斑隐晶质时则不易与安山岩和流纹岩区分。

粗面岩的次生变化主要为泥化，这主要是长石高岭土化和基质的更易分解，因此在该岩石次生变化强烈时显现土状感。

4. 流纹岩

流纹岩是在化学成分上与花岗岩相当的酸性喷出岩。这种成分的岩浆粘度大而流动性小，故分布有限而仅见于火山口附近；又因岩浆粘度大，使其内离子和原子的迁移能力降低，这些质点从无序状态转化为有序排列的结晶过程（从非晶质变为晶质）要相对困难，故在快速冷却条件下少有斑晶矿物结晶，所以这类岩石也常具有全玻璃质结构。

有斑的流纹岩色浅，为浅灰、粉红、灰红、灰白等色，少数为砖红和深灰色。岩石结晶程度差，斑晶含量较少，基质多为玻璃质。流纹构造和块状构造均有可能出现，流纹构造是不同颜色的玻璃质和隐晶物质与拉长的气孔相间排列构成的不规则弯曲条纹。该岩石斑晶矿物为透长石（钾长石的高温变种）和高温石英（石英的高温变种），很少见到暗色矿物。斑晶透长石透明无色，具反光很强的平滑解理面，解理阶梯状不明显。高温石英呈黑色，玻璃光泽，断口油脂光泽，无解理，尤其是具有六方双锥的晶形十分有特征，其断面可能为正六边形、三角形或扁长的菱形。新鲜的流纹岩常具瓷状断口或贝壳状断口，其气孔已被拉长呈一条条裂缝。流纹岩不一定非具流纹构造，其定名依据主要是含有石英和钾长石斑晶，所以一些具有块状构造且斑晶为上述两矿物的岩石也定名为流纹岩。无斑的全玻璃质酸性熔岩只能称之为流纹质岩石。它们常根据某种外表直观特征进一步命名。

球（石）泡岩　全玻璃质岩石中还保留气体逸散留下的石泡空洞，球（石）泡呈浑圆，球径10mm左右，球内为空腔，球（石）泡断面似有成层性，球（石）泡断面厚度约2mm，球（石）泡含量约30%，故球（石）泡彼此尚不连接。

球珠岩　一种玻璃质基体上附着有颜色不同的玻璃质小球珠的全玻璃的酸性熔岩。其球珠为实心个体，球珠粒径为3～5mm。研究表明，岩石的玻璃球珠和基体不仅颜色不同，而且化学成分也有一定的差异。故推测它应是岩浆定位后液态不混溶作用的产物，因这些球珠的表面能最小且呈最稳定状态。在全玻璃质的酸性熔岩中另有一种类型为珍珠岩。该岩石最显著的鉴别标志是在偏光显微镜下可见包围状组合的弧形裂开，而这些裂开是均匀玻璃物质骤冷收缩形成的。所以说，珍珠岩是需镜下观察确定的一种岩石，更不能把球珠岩命名为珍珠岩。

松脂岩　松脂岩以具松脂光泽或沥青光泽为特征。该岩石有多种颜色，如灰、灰褐、黑绿和黑等色。岩石具贝壳状断口，这种断口也像石英矿物一样显示油脂光泽。

黑曜岩　该岩石是除上述全玻璃质酸性熔岩以外的且无任何显著特征的酸性玻璃质岩石的总称，该岩石标本的颜色较松脂岩浅，也具有贝壳状断口。

实际上，黑曜岩、珍珠岩和松脂岩的重要划分标准是岩石中水的含量。它们分别是小于2%、2%～6%和6%～8%，然而这是我们在肉眼观察下不能分辨的。

流纹岩分布十分有限，它们多见于火山口附近，或堆积于火山口之上，或发育于火山通道内。我国东南沿海中酸性火山岩分布区内真正的流纹岩是不多见的，野外工作中不要把具假流纹构造的火山碎屑流相的熔结凝灰岩当作流纹岩。此外，我们还应有必要划分流纹岩和流纹斑岩。从产状和相的角度考虑，流纹岩是指火山口流出的熔岩，属于溢流相，产于地表；流纹斑岩是指火山口以下产出的熔岩，属于超浅成的火山通道相或次火山岩相。从岩石学特征来看，流纹岩和流纹斑岩区别并不大，它们均具斑状结构，或许都具有块状构造或流纹构造。但流纹岩斑晶含量相对要少，基质为玻璃或玻璃-隐晶质；而流纹斑岩的斑晶含量较高，其基质为隐晶-玻璃质或隐晶质，这种岩石断口呈瓷状，有逐渐向花岗斑岩过渡的趋势。有时候我们若仅从单一的产状、相和岩石特征的角度来划分流纹岩和流纹斑岩不能得到完全一致的结果，这就需要我们在展开工作之前人为地制定统一的标准了。

六、脉岩类

(一)一般特征

脉岩是岩浆作用过程中一定阶段的产物，它是一种具有特殊形态的小型侵入体，外形应多呈板状而非一向延长的脉状，少数脉岩也可具不规则外形。脉岩并非全部为浅成的，若它形成于深成岩体的内部和深变质岩的裂隙之中，它也应是深成的；若它确实是形成于地壳的浅部或沉积岩裂隙之中，则才是真正意义的浅成岩。无论深成的脉岩还是浅成的脉岩，因它们的岩浆体规模较小，与围岩温差大而处于过冷度较高的状态，这时岩浆的成核速度总是大于晶体的生长速度(图 2-14)，故这些岩石均显现颗粒细小的特点。另一方面脉岩的结晶过程还取决于其岩浆的成分，若 Mg、Fe 组分含量高，暗色矿物先于浅色矿物结晶可形成煌斑结构；若岩浆含一定量的 Si、Al、K 和 Mg、Fe 等成分则会出现浅色矿物(如斜长石)先于暗色矿物结晶，此时有可能形成辉绿结构；若岩浆中只有 Si、Al、K、Na 等组分，则会出现长石石英矿物同时结晶，那么将形成等自形(它形)粒状结构。所以说脉岩的矿物粒径细小、矿物的自形程度差异取决于小型侵入体的过冷度和岩浆的成分这两种因素。反过来，我们也可根据这些结构来确定脉岩的产状，但不能进一步确定是否为浅成。在某种情况下，如岩浆结晶的晚期，残余的熔浆富集以 H_2O 为主的挥发分，这时候的脉岩会形成伟晶或巨晶结构。脉岩多为块状构造，有时也发育气孔、杏仁、流动和晶洞构造。

岩脉分布受构造裂隙的形态和组合控制，故聚合构成的岩脉群的排列有多种形式。在两大构造单元接合的边界，岩脉群往往呈断续平行排列，延绵可达上千千米；在大陆内的隆起区岩脉群呈放射状排列；在具有剪切应力作用的地区，岩脉群成带状分布；在火山机构周围，岩脉群成环状和放射状分布，当然，这种岩脉群分布的范围就十分有限了。

(二)岩石定名

脉岩的定名方法列于表 2-17。

(三)主要的岩石类型及其特征

1. 等粒结构的脉岩

此类脉岩的矿物组成绝大多数与相应的深成岩相当，岩石名称在深成岩基本名称前加“细粒”前缀即可，如细粒辉长岩、细粒闪长岩和细粒花岗岩等，此外另有几种特殊的脉岩。

(1)霏细岩

岩石为灰白、黄白色，隐晶质结构，块状构造。手标本上常见有矿物因解理面反射而出现的亮点。岩石一般新鲜，标本上可见瓷状断口，手触摸有粗糙感或砂感，犹如瓷器摔碎后的断口样式。霏细岩脉一般产于花岗岩区，其脉宽较窄，多数不会超过 1m。

表 2-17　脉岩的定名方法*

	结构类型	特　征	命　　名
颗粒大小	巨(伟)晶结构	$d>10$mm	花岗伟晶岩、巨晶辉石岩
	等粒细粒结构	$d=0.2\sim2$mm	按图 2-21 和图 2-22 投影定名
	斑状结构	基质为隐晶	斑晶为钾长石、石英：××斑岩 斑晶为斜长石、暗色矿物：××玢岩
	似斑状结构	基质为显晶	斑状××岩或似斑状××岩
	隐晶质结构	为石英和长石类浅色矿物	霏细岩
矿物自形程度	辉绿结构	斜长石自形 暗色矿物它形	辉绿岩
	煌斑结构	暗色矿物自形 浅色矿物它形	暗色矿物为辉石、角闪石、黑云母：煌斑岩 暗色矿物为橄榄石和石榴石：金伯利岩
	它形粒状结构	浅色矿物占绝大多数 浅色矿物均为它形	花岗细晶岩

* 表中××为等粒结构的基本岩石名称。

(2)细晶岩

这里所说的细晶岩特指花岗质的细晶岩，常称为花岗细晶岩。其岩石的矿物组成同于花岗岩，但不含或少含暗色矿物。细晶岩为白色、黄白色，细粒等粒结构，类似于砂糖状。仔细观察各矿物形态，无论长石和石英均近乎于等轴圆状。细晶岩也多分布于花岗岩地区，如北京房山岩体之中就见有多条细晶岩脉，该岩脉宽度不大，一般为 1m 左右。

(3)花岗伟晶岩

这是一种总体矿物成分与花岗岩相当，但矿物颗粒十分粗大的脉岩。这种脉岩也多形成于花岗岩区，是在典型的岩浆作用晚期挥发分富集的环境中形成的，所以这种岩石的矿物颗粒十分巨大。如新疆某伟晶岩中采到的一个石榴石晶体就重达 9t；俄罗斯乌拉尔伊门山的整个矿山都坐落在一个巨大的天河石晶体之上。伟晶岩的矿物组成十分独特，常含有地球上十分稀有的一些元素，如石榴石中的铯(Cs)、天河石中的锶(Sr)、电气石中的硼(B)、绿柱石中的铍(Be)等。伟晶岩还常具有文象结构，就像一颗大的钾长石晶体解理面上镶嵌有文字状的石英。伟晶岩可以呈脉状产出，也可呈不规则的囊状、团块状，但其总体排列具一定的方向。

(4)巨晶辉石岩

这是一种穿插于辉长岩体边缘，以辉石矿物为主的脉岩。该岩石为黑色，辉石粒径达 10mm 以上，短柱状，两组完全解理发育，且解理的阶梯状明显，在手标本上可见不同方向的解理反光面，十分奇特。该岩石中可含少量细粒的斜长石。我国宜昌黄陵花岗岩基的辉长岩体中可见这种巨晶辉石岩脉。

2. 斑状结构的脉岩

该岩石分布较广，尤其多见于花岗岩石的分布区或与花岗岩毗邻的围岩之中。这种岩脉宽一般 1～2m，与围岩产状不协调，且倾角较大，甚至近直立呈岩墙状。

岩石为斑状结构，基质为隐晶质，断口手触较粗糙而显瓷状断口，其主要的岩石种属如下。

(1)花岗斑岩

浅肉红、灰黄色，斑状结构，基质为隐晶，斑晶矿物为钾长石和石英，一般来说，钾长石斑晶的含量多于石英。钾长石斑晶呈肉红色，石英斑晶为乳白、灰白色，有时为黑色。石英多不具规则的断面。显然，该斑晶石英为低温石英而区别于流纹岩中正六边形的高温石英。

(2)正长斑岩

这是一种不含石英斑晶而只有钾长石斑晶的斑状结构的岩石，其基质的隐晶，也是由微小的钾长石组成，因为该岩石斑晶和基质需仔细观察才能区分，斑晶钾长石具明显的阶梯状解理反光而区别于基质。

(3)闪长玢岩

该岩石多为灰色、灰黑色，斑状结构，基质为隐晶，斑晶多为一种矿物斜长石，少数情况下发育有暗色矿物(如角闪石)斑晶。斜长石斑晶为灰白色、白色，解理完全且平滑光亮。

(4)辉绿玢岩或辉绿斑岩

这两种岩石均为斑状结构，基质为隐晶质，都能观察到基质斜长石微晶具自形的长条状和杂乱排列，而暗色矿物具无定形的特点，显示岩石为隐晶辉绿结构。只是这两种岩石的斑晶矿物组成不同，前者为灰白或白色的斜长石；后者为肉红色的钾长石。显然，辉绿斑岩是辉绿质的基性岩浆在定位之前同化混染了花岗质成分的物质，其内的钾长石斑晶是基性岩浆同化混染了花岗质物质的标志。钾长石斑晶在花岗岩区的辉绿岩脉中出现是一种较普遍的现象。

3. *矿物自形程度不同结构的脉岩*

(1)煌斑岩

这是一种颜色很深、暗色矿物含量较高且具煌斑结构的脉状产出岩石，它有两个特点：一为暗色矿物较自形，如黑云母的假六方柱；辉石的短柱状和正八边形的截面；角闪石的长柱状和菱形的断面。二为暗色矿物含量高，含量高的意思是较之相同化学成分的正常岩石的暗色矿物含量要高。如煌斑岩的 SiO_2 含量范围为 40%～50%，显然多属基性岩，但它比正常的基性岩的暗色矿物含量要高得多，浅色矿物含量较少且自形程度也不如暗色矿物。这里需说明的是，煌斑岩定名主要根据暗色矿物自形程度要高于浅色矿物的这种煌斑结构来确定，而对于岩石是否等粒还是呈斑状并无限定。

煌斑岩进一步定名依据其矿物组合(表 2－18)。

表 2－18　煌斑岩的定名

暗色矿物	长石种属及相对含量	岩石名称
黑云母	钾长石>斜长石	正云煌岩
黑云母(辉石)	斜长石>钾长石	云煌岩
角闪石(黑云母)	斜长石	闪斜煌斑岩
辉石(黑云母)	斜长石	拉辉煌斑岩

煌斑岩极易被风化，尤其是云煌岩。在云煌岩岩脉的分布区常见云煌岩风化为土状，其内的黑云母片常散落于周边的围岩而留下金光闪闪的鳞片。矿物颗粒细小的各种煌斑岩不易辨认，此时统称为煌斑岩即可；但是自然界发育许多粗大暗色矿物晶体的煌斑岩，尚可在煌斑岩之前加上“巨晶”前缀修饰，如巨晶拉辉煌斑岩。

(2)辉绿岩

这是一种色暗和化学成分为基性且具辉绿结构的脉岩，有时在辉长岩体边缘也发育该岩石。该岩石为暗绿色或黑色。矿物组成类似于辉长岩,即由辉石和斜长石组成,且两者含量近相等。辉绿岩在矿物自形程度方面不同于辉长岩而发育典型的辉绿结构,该结构表现为岩石标本上可见白色长条状自形的斜长石微晶和不规则形态的墨绿色暗色矿物辉石,辉石粒径细小而难见到解理,斜长石则具明显的闪光解理面。岩石也常遭受蚀变,主要表现为辉石的绿泥石化,因此在岩石标本中所看到的暗色矿物常呈灰绿色且呈集合体状。

(3)金伯利岩

金伯利岩因最早发现于南非金伯利而得名。它是金刚石的母岩,因而格外引人注目。

金伯利岩依据 SiO_2 含量属超基性岩。该岩石为灰、灰黑、灰绿色,斑状结构,基质为隐晶,斑晶尤为自形。具块状构造、角砾状构造和岩球状构造。斑晶矿物主要为橄榄石,且常被强烈蛇纹石化;其次为石榴石,但一般肉眼难以见到。该岩石具岩球构造,岩球的岩性乃是金伯利岩本身(图 2-24)。

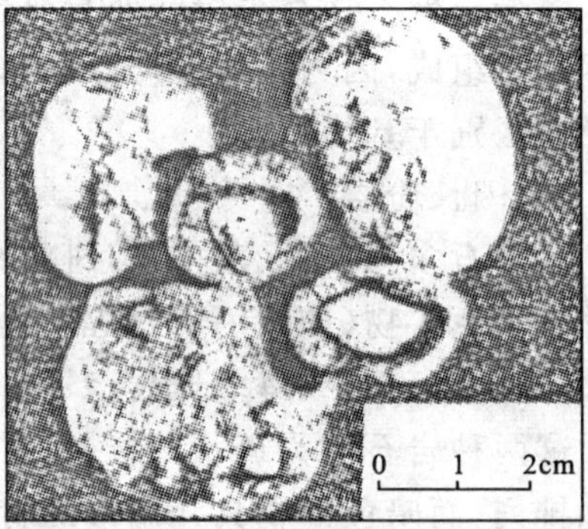

图 2-24　金伯利岩的岩球构造

(据路凤香,2002)

七、浆混岩类

(一)概述

浆混岩是一类以火成岩成因机理——岩浆混合作用命名的岩石。在 20 世纪 80 年代以前,我国的地质工作者就已发现这类岩石,不过在当时多称之为“混染岩”。显然,这种名称是不准确的,它并不能反映两种岩浆经过混合作用形成新的岩石的实质。

实际上,岩浆混合作用应为岩浆混合(和)作用,它包括岩浆混合(mixing)和岩浆混和(mingling)两种作用,前者属岩浆化学混合;后者应是指岩浆机械混和。对这类岩石统称为“浆混岩”,这既回避了汉字“合”与“和”带来的麻烦,也可以消除因与变质岩类中的“混合岩”雷同而引起的误解(李昌年,2002)。

岩浆混合(和)作用可发生在同种岩浆之间,只不过这种岩浆混合(和)难以识别而具隐形性,这种岩浆混合(和)的最典型例子是洋中脊下拉斑玄武质岩浆进入岩浆房内的岩浆混合(和)作用。

在地质上能易辨认的浆混岩是不同的两种岩浆的混合(和),尤其是炽热的镁铁质岩浆进入较冷的长英质岩浆体中的岩浆混合(和)作用。

(二)浆混岩的识别标志

1. 镁铁质微粒包体

包体直径为厘米级,多为圆球、椭球状,局部具不规则状。它是炽热的镁铁质岩浆喷射进入较冷的长英质岩浆体(且已部分结晶)发生机械混合并经收缩形成的,在我国秭归混装码头附近尤为丰富壮观。这种浆混岩包体较之寄主的长英质岩石的粒度更细小、色率更高;包体与寄主岩之间的界线较清楚或截然;包括自身具淬火边,或具细褶裙边;包体内矿物大小具二元性(而非斑状结构),其中以镁铁矿物为主的细粒部分为晚期喷射的镁铁质岩浆凝固形成的;粗大的长石晶体则为寄主长英质岩浆先期结晶的矿物，这种大的长石晶粒可见于包体内部，也可横跨于包体与寄主岩之间的界线上。

2. *岩石组合上*

出现两端元岩石及其两者间过渡的岩石，这在我国江西横峰港边复合杂岩体内表现尤为突出（李昌年，2006）。除此以外，它们往往具复合岩流和复合岩墙的产出状态，这些复合岩体的端元岩石之间往往有界线模糊的岩性过渡带（也即浆混岩带），而各端元岩石的岩体之间常呈非侵入的接触关系（见后面第五章）。

3. *矿物组成上*

浆混岩内的矿物组成常表现出不平衡共生，如岩石中同时出现橄榄石和石英，或辉石和石英，这在我国云南腾冲挽近系芒棒组玄武岩中常见。

4. *结构上*

浆混岩的结构表现为矿物颗粒大小不均一，常出现大小悬殊，分布呈斑块状，无法用统一的结构术语来描述。

5. *构造上*

浆混岩的构造特征较明显，如斑杂状、角砾状、条痕状、条带状、树枝状、云杂状、阴影状和网脉状等。

Didier 等（1991）认为，炽热的镁铁质岩浆进入较冷的长英质岩浆体中发生的岩浆混合（和）作用主要取决于长英质岩浆体的物理状态（热状态）。显然，长英质岩浆体随时间将会按完全液态（L_A）—少部分结晶的半固结状态（L_A+S）—大部分结晶的半固结状态（$S+L_A$）—完全固态（S_A）的趋势变化，当炽热的镁铁质岩浆（L_B）进入上述不同状态的长英质岩浆体时就会发生岩浆混合（mixing）—岩浆混合与岩浆混和（mixing and mingling）—岩浆混和（mingling）—岩浆侵入（intrusion）（图 2-25）。

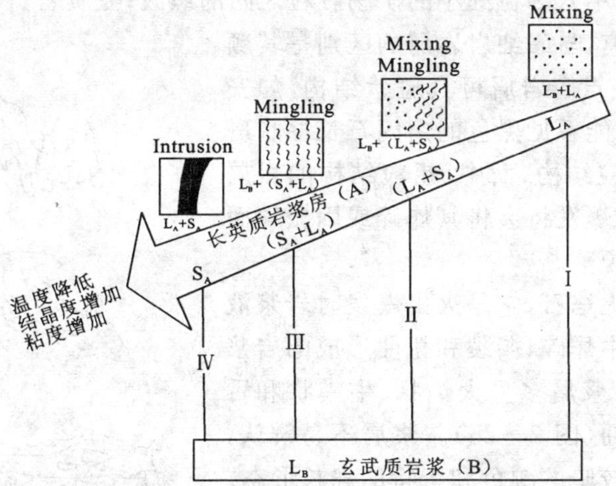

图 2-25　镁铁质岩浆（L_B）进入不同状态的长英质岩浆体（L_A）中发生的各种岩浆作用

（转引自 Didier and Barbarin，1991）

Ⅰ. 岩浆混合作用；Ⅱ. 岩浆混合与岩浆混和作用；Ⅲ. 岩浆混和作用；Ⅳ. 岩浆侵入作用；L. 熔体；S. 固体；A. 长英质；B. 镁铁质

八、火山碎屑岩类

(一)一般特征

火山碎屑岩是指经火山爆发作用形成的各种火山碎屑物经搬运、堆积后因发生压结、胶结和熔结等成岩作用形成的岩石。火山碎屑物并非原地堆积成岩,它不同程度地经历过搬运,如离开地面的火山碎屑物因自重下落沉降;未离开地表的火山碎屑流靠自身的能量和热流迁移;火山碎屑物还可以被水等介质再次搬运;就是隐爆的火山碎屑物也会有近距离的移动。火山碎屑物可以在近火山口处堆积下来,也可以搬运达100km。火山碎屑岩的压结和胶结的成岩方式类似于沉积岩的成岩,但其火山碎屑物的来源主体却是岩浆。火山碎屑物形成于三种状态:液态岩浆达到近地表时因气体浓集内压力剧增而外压力突降导致的碎屑化;已固化的火山碎屑岩因后一次火山爆发而再次碎屑化;围岩和深源物质因火山爆发炸碎的碎屑化。这里需指出,一般酸性岩浆易碎屑化,这是因为它的粘度大、流动性差而常堵塞火山口,从而导致内压力不断增大和外压力突降时易发生火山爆发作用所致。我国东南广布的火山碎屑岩都属于中酸性岩也是这个道理。

1. 火山碎屑的类型

(1)岩屑

顾名思义,岩屑为岩石碎屑,根据物态它又可划分为刚性、半塑性和塑性三种类型。

刚性岩屑　火山爆发之前就已经存在的固态岩石被火山爆发作用炸碎形成,这种岩屑多呈棱角状,不规则状,其外围具封闭的边缘,内部为矿物的集合体。这些矿物可以是隐晶质的,如燧石(硅质岩)、霏细岩、泥质岩、板岩和千枚岩的岩屑。硅质岩的岩屑为灰、灰黑色,硬度大于小刀,用小刀刻划不能刻动;霏细岩岩屑为灰白、白色,有时能看到细小的闪亮点,用小刀刻划能划出刻痕,这是因小刀刻在细小的矿物颗粒之间的缘故;泥质岩、板岩和千枚岩硬度较低,用小刀刻划能留下刻痕,与霏细岩岩屑的区别是其颜色较深,无细小的闪亮点。岩屑可具斑状结构,如安山岩岩屑,在其上有可能看见黑色的角闪石长柱状斑晶。有时岩屑可具细粒结构,而中、粗粒结构的岩屑是不存在的,因为火山爆发将会将其炸碎或因振动而使矿物颗粒从岩石中脱落。

塑性岩屑　又称火焰石,它是火山爆发时岩浆液滴从地下甩出并在空中炸碎、撕裂和扭曲形成的岩浆碎片,也可称为浆屑。浆屑多呈火焰状、牛粪状和舌状,常见其被扭折、弯曲(图2-26)。浆屑不易辨认,在露头和标本上常具较暗的颜色和奇特的扁长形态。

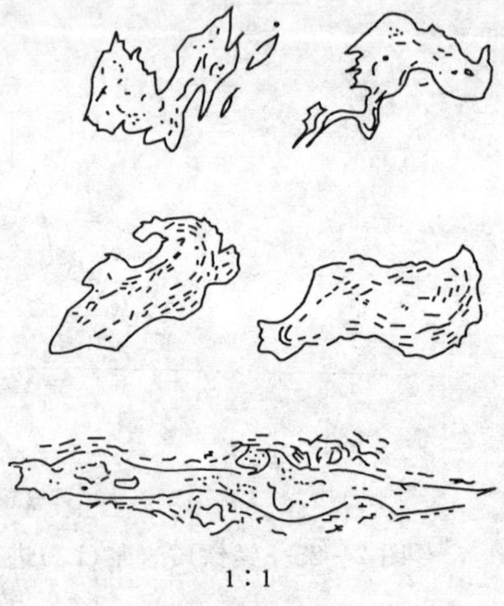

1:1

图2-26　塑性岩屑(火焰石)的形态

半塑性岩屑　这是岩浆团被喷发到空中因未完全冷凝而在坠落之前发生旋转和呈抛物线运动形成的弹状火山碎屑,这种火山碎屑常呈纺锤状、麻花状和炮弹状,故又称火山弹。典型的火山弹的飞行前方的弹头具细窄短小的前缘；弹中呈宽的流线状体形；弹尾为拧成麻花状的小柄(图2-27)。火山弹的表面为光滑的玻壳，内部可能含有斑晶矿物，且火山弹多为玄武质成分。

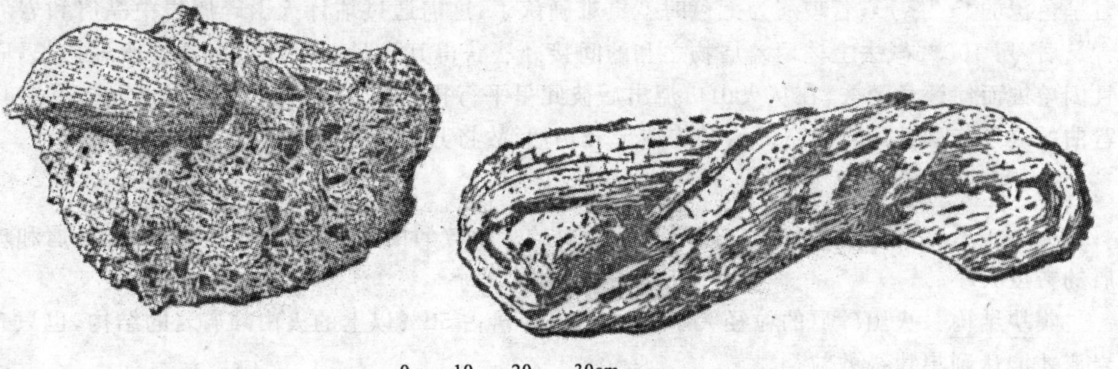

图2-27　火山弹(左，山西大同)和麻花状火山弹(右，五大连池)
(转引自乐昌硕，1984)

(2)晶屑

这是火山爆发时被崩碎的矿物晶体碎片。晶屑大多来源于岩浆在地表以下较早结晶的矿物斑晶，部分来自周围岩石的矿物颗粒。常见的晶屑有石英、斜长石和钾长石，它们多呈棱角状和阶梯状。黑云母、角闪石等暗色矿物在火山碎屑岩中常见，但仅表现为形态弯曲而未发生破碎，这是因为此类矿物具较强的韧性，从这个意义上说黑云母等暗色矿物在火山碎屑岩中不能称之为晶屑，而是独立的变形矿物晶体(图2-28)。石英晶屑为黑色和烟灰色，具油脂光泽；长石类晶屑多呈阶梯状，能观察到闪光的解理平面。晶屑对于火山碎屑岩的岩浆化学性具有重要的指示意义(表2-19)。

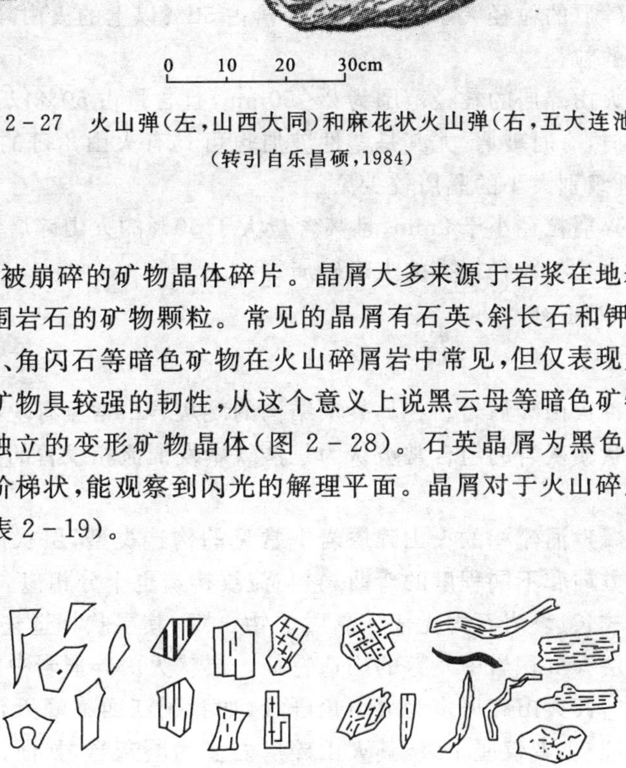

图2-28　火山碎屑岩中的晶屑和变形黑云母

表2-19　晶屑成分对火山碎屑岩的岩浆化学性的指示

晶屑成分	火山碎屑岩的岩浆化学性
斜长石	安山质(中性)
石英＋斜长石	英安质(中酸性)
钾长石	粗面质(中性)
钾长石＋石英	流纹质(酸性)
钾长石＋斜长石＋石英	流纹英安质(中酸性)
钾长石＋斜长石	粗安质(中性)

(3)玻屑

玻屑是火山玻璃的碎片。玻屑也分刚性和塑性两类。刚性玻屑在手标本上很难辨认，有时呈色深的“Y”字形，若玻屑为无色时就更难确认了，这需通过估计火山碎屑岩中晶屑和岩屑含量后，用100%减去上述两碎屑物之和的间接办法获得其含量。塑性玻屑常被压扁拉长，而且因熔蚀而使棱角消失，在从火山口流出后彼此呈平行排列并有局部的弯曲，这种定向和略具弯曲的纹理与酸性熔岩发育的流动构造十分相似，故将其另称为假流纹构造。

2. 火山碎屑岩的结构

火山碎屑岩的结构是指火山碎屑岩中主要的火山碎屑的粒度大小，也即指岩屑、晶屑和玻屑的粒度大小。

集块结构　火山碎屑的粒径大于50mm，且含量占50%以上的火山碎屑岩的结构，也只有岩屑才能达到集块级的粒径。

火山角砾结构　火山碎屑的粒径范围为2～50mm，且含量占50%以上的火山碎屑岩的结构。火山角砾多为岩屑，有时玻屑，尤其是塑性玻屑也可具有火山角砾的粒径，但因其压扁拉长而被忽视；火山角砾级别大小的晶屑较少见。

凝灰结构　火山碎屑粒径小于2mm，且其含量大于50%的火山碎屑岩的结构，无论岩屑、晶屑还是玻屑均可成为这种粒径标准的火山碎屑。

3. 火山碎屑岩的构造

(1)块状构造

这种构造见于各种火山碎屑岩。在具凝灰结构的凝灰岩中常见有块状凝灰岩。块状凝灰岩与具层理构造的层状凝灰岩的组合常被认为是蒸气爆发涌流相发育的典型剖面。

(2)层状构造

层状构造是蒸气爆发涌流相的火山碎屑岩中常见的构造类型，层状构造内不同颜色的凝灰层纹理也具一定的方向和不同程度的弯曲，它与流纹构造也十分相似。两者的区别是，层状凝灰岩中的纹理延伸较长远；岩石内无任何晶质矿物出现；其层状构造还会出现单向斜层理、交错斜层理和平行纹层等沉积岩中发育的构造特征。层状火山碎屑岩中的层状构造的尺度大小不一，大者达上百米，其火山碎屑多为火山角砾级，如我国江西横峰天台山火山碎屑岩系中发育的大型交错斜层理；小者仅厘米级，其火山碎屑岩多为凝灰岩，如浙江景宁县仰天湖林场涌流相的火山碎屑岩系中发育的单向斜层理。此外，还有一种在水盆地中形成的向沉积岩过渡的沉积火山碎屑岩也具有层理构造，这种层理构造是因水介质搬运火山碎屑物堆积形成的。它往往与沉积岩伴生，而且其岩石内常含有盆内自生胶结物和陆源碎屑物。

(3)火山泥球构造

火山泥球又称为增生火山砾。火山泥球粒径一般为黄豆大小，粒径为3～5mm。有些火山泥球内厚外薄，具不同程度的压扁，其断面显示同心圆状。大的火山泥球称之为火山豆，一般达10mm左右。火山泥球是凝灰物质遇水气(如火山喷发时下雨，或蒸气爆发的涌流相)凝结形成。

(4)假流纹构造

见于熔结凝灰岩中，它是塑性玻屑在流动过程中彼此上下焊结、首尾焊结形成的定向排列构造，它与熔岩的流纹构造十分相似，将其区分对于判定火山岩岩性、火山相具有重要的意义

（表 2－20）。

表 2－20　假流纹构造与流纹构造对比

	假流纹构造	流纹构造
岩石类型	熔结凝灰岩	酸性熔岩
成因	塑性玻屑焊结定向排列	粘度大的岩浆缓慢流动
气孔和杏仁	无	有
矿物形式	晶屑（不规则状、棱角状）	斑晶（规则状、圆化）
岩屑	有	无
流纹与刚性颗粒关系	不协调，流纹被晶屑和岩屑切断 刚性颗粒长轴与流纹方向不一致	协调，流纹连续绕过刚性颗粒 斑晶矿物长轴与流纹方向一致

（二）分类命名

火山碎屑岩的分类见表 2－21。

表 2－21　火山碎屑岩的划分和类型

火山碎屑岩的划分	火山碎屑熔岩类（向熔岩过渡）	正常的火山碎屑岩类			沉积火山碎屑岩（向沉积岩过渡）
		熔结火山碎屑岩亚类	块状火山碎屑岩亚类	层状火山碎屑岩亚类	
火山碎屑的组成及含量	刚性岩屑和晶屑＜50％，其余为熔岩	塑性玻屑和岩屑为主，少量刚性岩屑，＞90％	刚性岩屑和晶屑，少量塑性岩屑，＞90％	刚性岩屑和晶屑＞90％	刚性晶屑和岩屑50％～90％，其余为胶结物
火山碎屑的粒度大小	凝灰，火山角砾	凝灰，火山角砾	集块火山角砾，凝灰	凝灰，火山角砾	火山角砾，凝灰
构造	块状，流纹	假流纹状，块状	块状，火山泥球	层状，层理，块状，火山泥球	层状，层理
成岩方式	熔岩胶结	自身彼此焊结	压结	火山灰分解化学物质胶结	化学物质胶结
隶属的火山相	溢流相＋爆发相	火山碎屑流相，涌流相底部	空落堆积相，涌流相上部，火山碎屑流相部分	涌流相中部	空落堆积相＋沉积相
火山碎屑岩的类型：集块结构（＞50mm 的火山碎屑占 1/2 以上）	集块熔岩	——*	集块岩	——*	沉集块岩
火山碎屑岩的类型：火山角砾结构（2～50mm 的火山碎屑占 1/2 以上）	火山角砾熔岩	熔结火山角砾岩	火山角砾岩	层状火山角砾岩	沉火山角砾岩
火山碎屑岩的类型：凝灰结构（＜2mm 的火山碎屑物占 1/2 以上）	凝灰熔岩	熔结凝灰岩	凝灰岩	层状凝灰岩	沉凝灰岩

* 不可能存在的火山碎屑岩类型。

因火山碎屑岩的复杂性，故火山碎屑岩的定名具不同的法则。

1)以火山碎屑物粒径大小及其含量定名(图 2-29)。

2)以凝灰级火山碎屑物为主的火山碎屑岩的定名(图 2-30)。

3)以火山碎屑来源岩浆的化学性定名。

火山碎屑来源岩浆的化学性是据火山碎屑物中的晶屑矿物成分确定的(表 2-19)。这种化学性的定名适用于所有存在晶屑的火山碎屑岩，在命名时需加在任何一类火山碎屑的前面并冠以××质。如流纹质熔结火山角砾岩、英安质层状凝灰岩、流纹质岩屑玻屑凝灰岩等(此岩石中也含有少量晶屑)。

在火山碎屑熔岩类中，确定岩浆的化学性则不仅仅依靠晶屑的矿物成分，而且还要根据斑晶的矿物成分。

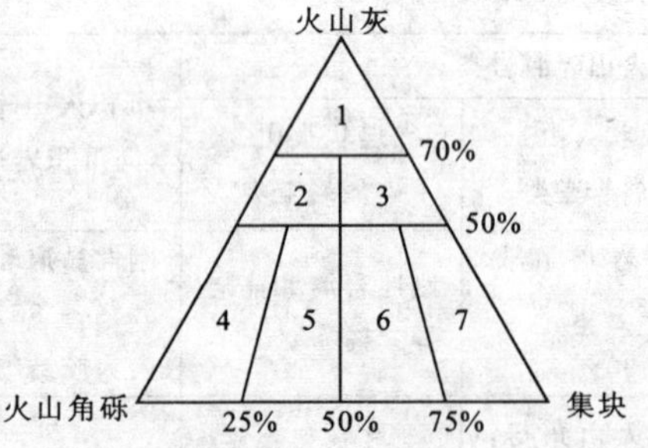

图 2-29 火山碎屑岩的火山碎屑物颗粒大小定量命名

(据成都地质学院，1980，略有改动)

1. 凝灰岩；2. 火山角砾凝灰岩；3. 集块凝灰岩；4. 火山角砾岩；5. 集块角砾岩；6. 角砾集块岩；7. 集块岩

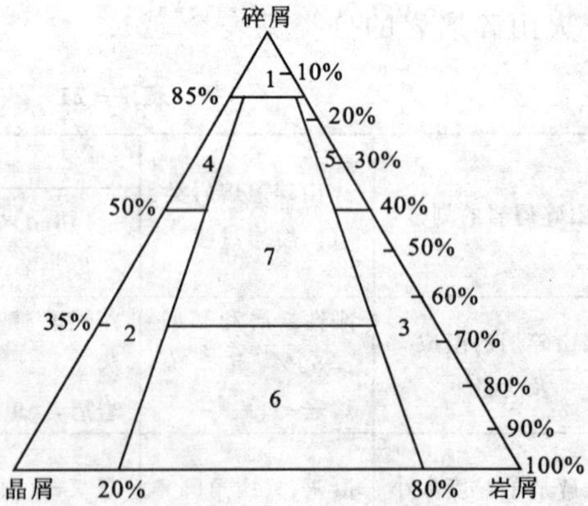

图 2-30 凝灰岩的岩屑-晶屑-玻屑定量命名

(转引自路凤香等，2002)

1. 玻屑凝灰岩；2. 晶屑凝灰岩；3. 岩屑凝灰岩；4. 晶屑玻屑凝灰岩；5. 岩屑玻屑凝灰岩；6. 晶屑岩屑凝灰岩；7. 三屑凝灰岩(玻屑肉眼不易辨别，仅需估计晶屑和岩屑含量即可)

九、火成岩多样性原因

世界上的火成岩约数千余种，它们的直观表现是岩石的结构、构造和其内的矿物组成。不同岩石的结构和构造取决于岩浆体的产状；而矿物组成则是岩浆体化学性质的反映。

(一)岩浆体产状

岩浆体的产状对岩浆成因火成岩结构构造的影响列于表 2-22。

(二)原始岩浆成分

原始岩浆成分的制约因素有很多(表 2-23)。不同的原始岩浆若未经演化而直接上侵经冷凝固结便可形成不同的火成岩。

表 2-22 岩浆体产状及其对岩浆岩结构构造的影响

产状	侵入的		火山的	
	大、中型侵入体	小型侵入体	溢流的	火山爆发的
	岩基、岩株	板状体、岩枝	岩流、岩被	火山穹隆、破火山
过冷度(ΔT)值	很小	较大	极大	——
$v_{核}$ 与 $v_{生}$ 的关系*	$v_{生}>v_{核}$	$v_{核}>v_{生}$	$v_{核}\gg v_{生}$	——
岩石的结构	粗粒 中粒 似斑状	细粒 隐晶 斑状	玻璃 隐晶 斑状	集块 火山角砾 凝灰
岩石的构造	块状 斑杂状 条带状 韵律状	块状 对称状 环状 单层状	块状 气孔状 杏仁状 流纹状	块状 层理 假流纹 火山泥球

* $v_{核}$ 为岩浆熔体的成核速度；$v_{生}$ 为晶体的线性生长速度。

表 2-23 制约岩浆成分的因素及其影响*

类型	构造背景	源区性质	熔融程度	岩浆演化
分类及机理	会聚型板块边界(1) 离散型板块边界(2) 板内(3)	地幔(1) 地壳(2)	地幔近全部熔融(1) 地幔适度部分熔融(2) 地幔低度部分熔融(3) 地幔不发生部分熔融(4) 下地壳全部熔融(5) 下地壳部分熔融(6)	分离结晶(结晶分异) 液态不混溶(岩浆分异) 对流作用 同化混染 岩浆混合
影响结果	钙碱性玄武岩、安山岩 中—酸性火山岩(1) 拉斑玄武岩、层状辉长岩(2) 碱性岩、碳酸岩、金伯利岩(3)	玄武质岩浆源于(1) 花岗质岩浆源于(2)和(1)	科马提岩、苦橄岩(1) 玄武岩(2) 金伯利岩(3) 二辉橄榄岩(4) 玄武岩(5) 花岗岩(6)	岩浆成分发生变异

* 上、下栏括号内数值为对应关系。

(三)岩浆演化

岩浆成分变化是形成千变万化岩石的主要原因，它的过程和机理总结如下。

1. 分异作用

分异作用是指岩浆在无外来物质加入的情况下依靠自身的变化最终产生不同成分岩浆的全部作用。

(1)结晶分异(分离结晶)作用

原有的原始岩浆在结晶过程中因产生结晶固相而使剩下的残余岩浆成分不同于原始岩浆的一种岩浆成分变化的作用，它包括重力分异、流动分异。

重力分异 早期结晶的镁铁矿物密度大于岩浆而向下沉降并堆积于岩浆房底部；稍晚结

晶的斜长石因密度小于岩浆而上浮于岩浆房的上部。这样的例证有许多，如洋壳和大陆裂谷带中的层状辉长岩体，它们都表现为在横向上岩性没有太大的变化，而在纵向上表现为：下部是超镁铁质岩，而且是以橄榄石为主的岩石在其最底部；中部是镁铁质岩，如辉长岩等；上部是以斜长石为主的岩石，如斜长岩，这样的岩性变化常具韵律性。

流动分异　这是岩浆在流动过程中早结晶矿物出现聚集趋势所引起的岩浆分异作用，它有两种流动分异类型：一为小规模岩浆在狭窄通道内的流动上侵，岩浆遭受两侧围岩岩壁的双面阻力，这时早结晶的矿物向流速较高的岩浆体内部汇聚。如产状直立的板状侵入体（岩墙）常见有横向对称分带就属此种分异的结果，该岩墙内部暗色矿物相对富集，且暗色矿物的长轴与板状体产状一致，而其外缘浅色矿物相对富集，且矿物颗粒较细小。二为大规模岩浆上侵进入相对较大的空间，侵位的岩浆体在上升移动时仅受围岩单面阻力，这时早结晶的矿物相将在岩浆体的边缘聚集，表现为早期结晶的暗色矿物在该侵入体边缘相对富集并形成流线和流面构造。

(2)岩浆分异（液态不混溶）作用

一种均一的熔体因温度、压力变化或加入了另一种物质使之分离为不混溶或混溶程度有限的两种熔体的作用。矿床学中金属硫化物、氧化物熔体与硅酸盐岩浆的分离另称之为熔离作用。液态不混溶作用的识别标志有以下几点：①球珠化：犹如油与水样，一种物质的球珠散布于另一种物质的寄主体中；②串珠化：弧立的球珠彼此连结呈串珠状或糖葫芦状；③透镜化或条带状；④不混溶的两种熔体同时形成，不见任何穿插关系。

液态不混溶作用的成岩作用有很多例证，而且表现有不同的尺度和规模，小者见于标本，大者可说明星球的圈层的形成（表 2-24）。

表 2-24　液态不混溶作用的成岩例证

序号	类型	特点	产地
1	球珠岩	火山玻璃质岩石中一种颜色的球珠分布于另一种颜色的寄主岩之中	河北宣化、浙江景宁
2	熔岩中的杏仁体	硅质和碳酸盐矿物集合体分布于火山熔岩中	发育玄武岩的地区
3	超镁铁质岩中的铜镍硫化物球珠	铜镍硫化物球珠分布于超镁铁质岩中	云南金平
4	辉长岩中的球珠	层状辉长岩体中赋存有球颗辉长岩	新疆巴楚
5	碱性岩带中的花岗岩体	花岗岩岩体孤立分布于霞石正长岩体之中，两者相互接触但无任何穿插关系	四川南江
6	硅酸盐岩体内的碳酸岩	超镁铁质-碱性杂岩体内部有近方圆 $1km^2$ 的碳酸岩小岩体	巴西
7	铜镍硫化物矿床	铜镍硫化物矿体分布于超镁铁-镁铁质杂岩体内	甘肃金昌、云南金平、四川力马
8	月球圈层	分离为月壳、月幔	——
9	地球圈层	分离为地壳、地幔、地核	——

(3)对流作用

由热梯度和（或）组成密度梯度引起岩浆体内熔体不稳定而发生的岩浆分异称为对流作用。由热梯度引起的对流是热对流；由组成密度梯度引发的对流为组成物质对流；那么，由热梯度和组成密度梯度共同使之形成的对流则属双扩散对流。热对流发生于岩浆结晶作用之前；双扩散对流则在岩浆结晶之后，所以说，对流作用在岩浆分异和岩浆结晶分异阶段均可发生。

热对流和双扩散对流具有不同的温度和组成密度随岩浆体高度变化的曲线趋势(图 2-31)。在该图(a)中，岩浆体的温度是顶部低而底部高；岩浆组成的密度为顶部大而底部小，这就造成岩浆体的温度梯度正常而密度梯度异常。正常的温度梯度使之热从下向上运移；异常的密度梯度形成的密度倒置会使岩浆由上向下运移。这是一种只有对流而无扩散的对流作用。这种对流适用于一次性注入的小型岩浆体的岩浆分异，从而导致形成不同岩石的环状分布。在该图(b)中出现的情况不同，无论岩浆体的温度还是组成密度均为顶部小而底部大，这种正常的温度梯度将形成热对流致使底部的高热向上移动，正常的密度梯度却不能一开始导致岩浆从下向上纵向迁移，但这种状态将会逐渐改变：一为顶部岩浆的低温状态使其开始结晶；二是岩浆体在横向上也存在温度梯度和组成密度梯度，其内部温度高、组成密度低，而边缘温度低、组成密度高；三是岩浆体底部不断地有新的岩浆注入和早期结晶的矿物下沉。这种情况将引发热沿着岩浆体边缘对流，岩浆组成密度后续的倒置使岩浆从内部向下、再沿底，最后顺着岩浆体的边缘向上运移，最终达到岩浆的双扩散对流分异(图 2-32)。这种双扩散对流分异用于解释多次周期性注入的大型岩浆房中层状岩石纵向韵律性分布。此前，这种层状辉长岩体形成曾多用重力分异作用解释，显然，这种机理是不能说明层状辉长岩体内层状岩石为什么呈韵律性多次重复产出的。为了进一步说明上述两种对流机理，最后将其区别进行对比(表 2-25)。

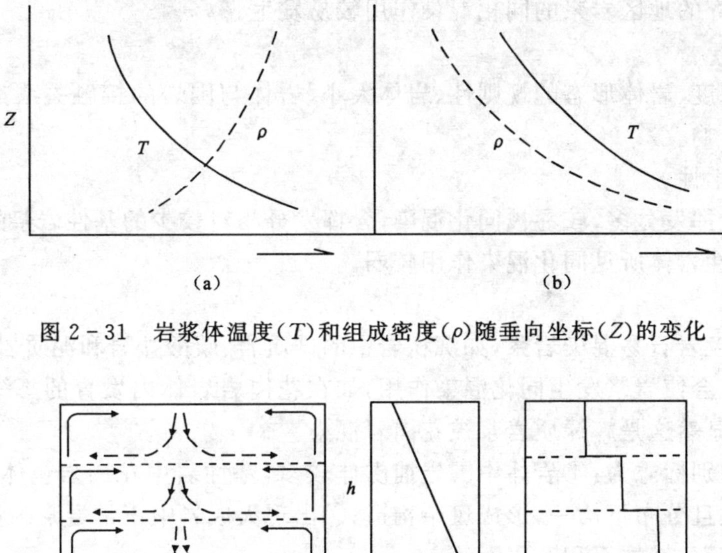

图 2-31　岩浆体温度(T)和组成密度(ρ)随垂向坐标(Z)的变化

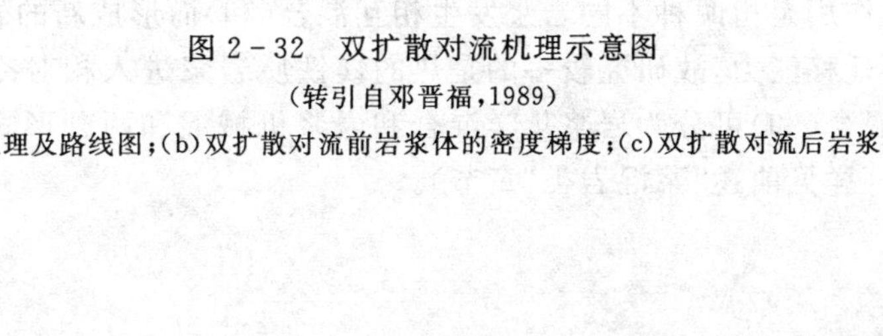

图 2-32　双扩散对流机理示意图

(转引自邓晋福，1989)

(a)双扩散对流机理及路线图；(b)双扩散对流前岩浆体的密度梯度；(c)双扩散对流后岩浆体的密度分布

表 2-25　热对流和组成对流与双扩散对流的区别

	简单对流	双扩散对流
形成阶段	岩浆结晶之前，无岩浆补充	岩浆结晶之后，有新岩浆补充
侵入体产状	小型二维板状侵入体	大型三维体状侵入体
岩体类型	环状超镁铁-镁铁质岩体	韵律性层状镁铁质岩体
岩性分布	从岩体内部到边缘： 橄榄岩—辉橄岩—辉石岩—辉长岩	纵向上从下到上： 橄榄岩—橄辉岩—辉石岩—辉长岩—斜长岩， 并出现多次重复
蚀变特征	强烈蛇纹石化，绿泥石化	弱的绿帘石化，绿泥石化
矿床类型	铜镍硫化物矿	钒钛磁铁矿
产地	云南金平白马寨	四川攀枝花

2. 同化混染作用

岩浆熔化部分围岩使其成分发生变化的一种作用称为同化混染作用，从根本上说，就是因外界固态物质加入导致岩浆被污染（相对于原来的岩浆而言）。影响岩浆同化混染的因素有以下几点。

(1)构造背景

侵入体处在构造背景相对稳定区不易发生同化混染作用；若处在构造背景相对活动区较易发生同化混染作用，如造山带区的岩浆体较之克拉通区的同化混染作用明显。从小的尺度来看，断裂节理发育的地区岩浆的同化混染作用较易发生。

(2)岩体产状

岩体的侵入深度、岩体形态的规则性、岩体大小、岩体与围岩的接触关系都将对岩浆的同化混染作用产生影响。

(3)岩浆的化学性

中酸性岩浆含挥发分多，较易被同化混染，含挥发分相对较少的基性岩浆的同化混染作用表现不明显，故基性岩体所见同化混染作用较弱。

(4)围岩性质

一般来说，细粒岩石易混染岩浆，如沉积岩中的硅质岩、碳酸盐岩和泥质岩，但侵入体与围岩成分差异大时也会使岩浆发生同化混染作用，如在花岗岩岩体内发育的辉绿岩脉中常见到大的钾长石斑晶，显然这是辉绿质岩浆被花岗岩混染。

同化混染的识别标志为：①岩体中围岩捕虏体较多，基性岩中花岗岩包体较多；②岩石的颜色和结构变化大且分布不均一，形成斑杂构造；③出现火成岩中正常岩浆矿物之外的它生矿物，如硅灰石、石榴石、红柱石和堇青石等。

3. 岩浆混合(和)作用

岩浆混合(和)作用是指两种不同岩浆发生相互混合(和)而形成新的岩浆的作用。因为热的岩浆具有一定的迁移能力，故研究较多的是热的镁铁质岩浆进入相对冷的长英质岩浆体内的岩浆混合，岩浆混合(和)可分为岩浆化学混合和岩浆机械混和两种形式。岩浆混合形成的岩石称之为浆混岩（详见前述“浆混岩类”章节）。

第三章　沉积岩

沉积岩是地表以下不太深的地方堆积成岩的地质体。它是在表生的常温常压下由母岩风化、生物作用和某些火山作用产生的物质历经搬运、沉积和成岩等作用而形成的。地球上广泛分布已成岩的沉积岩，同时也存在尚未成岩的沉积物，如我国黄土高原。岩石圈中沉积岩和沉积物体积仅占5%，但其分布的面积占大陆面积的75%和大洋面积的全部，如今的洋底基本上被沉积物覆盖。沉积岩和沉积物记录了地壳演变的漫长历史，如太古宙页岩的年龄可达36亿年，而黄土高原形成可能是近万年的事情。

沉积岩的研究较之其他岩类要深入得多，这是因为重要的能源(煤、油、气)全部赋存于沉积岩之中，这势必促使沉积岩学科快速发展。同时，沉积岩分布区又是水文地质和工程地质工作的主要场所。沉积岩中泥质岩层的隔水性、砂岩的储水性和碳酸盐岩的透水性都将强力影响寻找水源和布置地质工程。

一、沉积岩的形成过程

沉积岩的物质来源有母岩风化、生物骨骼、火山物质和宇宙物质，其中母岩风化最为重要。

(一)风化作用

地表和接近地表的已固结的岩石(火成、沉积和变质的)在温度变化、水、空气及生物的作用和影响下所发生的破坏作用称为风化作用。该作用可分为物理风化和化学风化两大类。

1. 物理风化作用

是指岩石只发生机械破裂而化学成分未改变的风化作用。影响物理风化作用的因素有温度变化、介质的破坏能力、生物作用的发育程度、岩石性质、地形以及地球的纬度。

2. 化学风化

是指岩石发生化学分解的风化作用。化学分解的化学反应形式为氧化和脱氧、水化和水解、酸的作用、阳离子交换、化学溶解、去硅和硅化以及 Fe_2O_3 和 Al_2O_3 的化合作用，这些作用有时同时，有时交替和重复进行，其标志是有新生矿物出现。

氧化和水化可以使橄榄石中的 Fe^{2+} 变为 Fe^{3+}，反应式为：

$$\underset{\text{铁橄榄石}}{2Fe_2SiO_4} + O_2 + 4H_2O \longrightarrow \underset{\text{赤铁矿}}{2Fe_2O_3} + 2H_4SiO_4$$

水解作用下，碳酸的参与有助于钾长石形成高岭石，其转变式为：

$$\underset{\text{钾长石}}{KAlSi_3O_8} + \underset{\text{伊利石}}{KAl_2[(Al,Si)Si_3O_{10}](OH)_2 \cdot nH_2O} \longrightarrow \underset{\text{高岭石}}{[Al_4Si_4O_{10}](OH)_8}$$

3. 各种风化作用下矿物岩石的稳定性

各种风化作用下矿物岩石的稳定性是不同的(表 3－1)。

表 3－1 各类风化作用下矿物岩石的变化和稳定性

	物理风化	化学风化	总体稳定性
暗色矿物	沿裂缝和解理破裂	氧化:矿物中的 Fe^{2+} 被 Fe^{3+} 代替,形成含水的 Fe_2O_3 矿物残留 CO_2 参与:矿物分解析出金属阳离子;形成重碳酸盐溶于水	角闪石＞辉石＞橄榄石
长石	沿解理破裂	各种酸的参与:矿物释离出 K、Na 和 Ca 水化:形成水云母 分解:水云母变成高岭石(碱质条件下水云母变成蒙脱石) 去硅:高岭石变成蛋白石 水化:剩余的 Al_2O_3 变成含水的 Al_2O_3	钾长石＞酸性斜长石＞基性斜长石
石英	不易破裂	不参与	—
云母	不易破裂	分解:白云母转变成水云母;水云母转变成高岭石 水化:黑云母形成氧化铁矿物及粘土矿物,部分阳离子被淋滤	白云母＞黑云母
粘土矿物	一般情况仅破裂	酸性介质水云母转变为高岭石,碱性介质水云母转变为蒙脱石	—
碳酸盐矿物	极干燥时易破裂	易溶于水	—
基性岩	较酸性岩易破裂	较酸性岩易分解	
酸性岩	较基性岩不易破裂	较基性岩不易分解	
砂岩	易破裂	不易进行	
粘土岩	可机械破裂	在湿热气候下易分解	
硅质岩	易破裂	不易发生分解	
石灰岩	在干燥寒冷条件下破裂	在潮湿条件下易溶解	
粗粒岩石	易破碎形成矿物碎屑	碎屑矿物的分解同前	
细粒岩石	易破裂形成岩石碎屑	易进行	

4. 风化作用的产物

母岩经风化后发生的机械破碎和化学分解是一个母岩物质再分配和重新组合的过程,风化后形成的产物按其性质可分为三类。

(1)碎屑物

母岩经物理和化学风化后遭受以破裂为主的变化，其产物可以是母岩的岩石碎屑(岩屑)，也可以是母岩破裂从中脱落的矿物，如石英、长石和云母等。

(2)溶解物

主要形成于化学风化作用，母岩中易迁移的活动性元素 K、Na、Ca、Mg 等被析离出来溶于水介质，且呈离子状态构成真溶液；溶解度低的 Al、Fe 和 Si 的氧化物和氢氧化物则多成胶体溶液。

(3)不溶残余物

是母岩分解过程中新生成的矿物，主要为粘土矿物，其次是氧化硅矿物、氧化铝矿物和氧化铁矿物。不溶残余物可近距离迁移和聚集，例如分解母岩留下的金粒常聚集形成金的不溶残余物块体(又称狗头金)。

(二)搬运和沉积作用

搬运风化作用产物的介质有水、风和冰川，其中水介质的搬运和沉积最普遍。根据风化产物性质不同可以确定不同的搬运和沉积方式：对于碎屑物来说，主要是机械搬运和沉积作用；对于溶解物质应是化学搬运和沉积作用。

1. 碎屑物的搬运和沉积

(1)河流流水

河流是碎屑物质搬运的主要动力。碎屑物在流水中的搬运和沉积一方面取决于碎屑物质的密度、粒度、形状、相互引力和摩擦力；另一方面还与流水的流速、流量和性质有关。当流水动力大于碎屑重力，并克服了摩擦力和引力时碎屑被搬运，反之则沉积。碎屑物在河流流水中被搬运的方式有三种(图 3-1 和表 3-2)。

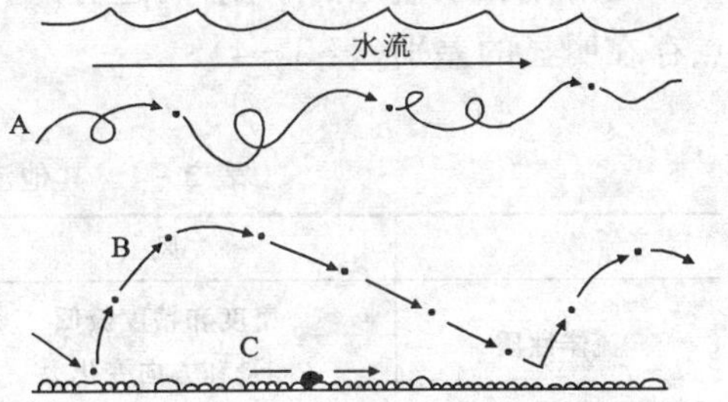

图 3-1　不同搬运方式下颗粒运动的轨迹

A. 悬浮式；B. 跳跃式；C. 滚动式

表 3-2　河流流水对碎屑颗粒搬运的方式和特点

	悬浮式	跳跃式	滚动式
颗粒运动轨迹	飘浮，不沉淀到底面	间歇性地离开底面跳跃前进	沿底面滚动前进
水流速率($v_{水流}$)与颗粒重力下沉速率($v_{颗沉}$)关系	$v_{水流}>v_{颗沉}$	介于两者间	$v_{水流}<v_{颗沉}$
搬运距离	长远	中等	近短
碎屑颗粒及变化	小颗粒，不变化	中等颗粒，适度变化	大颗粒变小、圆化
河流流段	下游	中游	上游

(2)水盆地的水流

水盆地包括海洋、湖泊和泻湖等，其中以海洋水盆地影响的范围最广。海水盆地内的水流形式主要有波浪、潮汐和海流，它们对碎屑物的搬运和沉积具有明显不同的特点(表 3-3)。

表 3-3 海洋中各种水流对碎屑物搬运的特点

	波浪	海流	潮汐
作用范围	滨海区海浪基面以上	浅海大陆架海流波及面以上	浅、滨海区潮下带以上
碎屑物迁移特点	横向往返运动，垂直或平行于海岸线迁移，迁移距离有限	横向单向运动，沿海流方向迁移，迁移距离很远	横向和垂向运动交替进行，呈"A"字形迁移，迁移距离有限
碎屑颗粒特点	粒径大小中等，分选好，磨圆好	仅较小的悬浮状颗粒，分选好，磨圆差	可卷入较大的颗粒，分选差，磨圆差
矿物特点	石英等稳定性矿物	以石英和粘土矿物为主	不稳定矿物
层面构造	对称和不对称的波痕	——	——

(3)其他流体

除河流和水盆地的水流外，还有风、冰川和浊流等不同性质的流体，它们搬运和沉积的特点存在明显的差别(表 3-4)。

表 3-4 其他流体对碎屑物的搬运和沉积特征

	风	冰川	浊流
流体性质	密度和粘度极低 能量和方向变化大	固体 沿沟谷运动	高密度的重力流 从上向下滑动
作用范围	干旱沙漠区	高寒地区	大陆斜坡和海底地形倾斜区
搬运特点	以跳跃式为主，迁移距离中等 悬浮式迁移，距离大 滚动式迁移，距离小	浮于冰上被搬运 冰川谷底被拖运 从陆地迁移到海洋	沿斜坡和海底峡谷搬运 整体搬运至海底平坦区
沉积特点	大型沙丘 交错层理	冰川堆积体 冰川-海洋堆积体	浊积岩 鲍马序列

2. 溶解物质的搬运和沉积

溶解物质的搬运和沉积与其溶解度密切相关。化学搬运物质组分的溶解度从小到大依次为：Al_2O_3 — Fe_2O_3 — MnO — SiO_2 — P_2O_5 — $CaCO_3$ — $CaSO_4$ — NaCl — $MgCl_2$，其中 Al、Fe^{3+}、Mn 和 Si 等氧化物难溶于水，故多呈胶体被搬运；Ca、Na 和 Mg 溶解度大，呈真溶液被搬运。

(1)胶体溶液的搬运和沉积

胶体溶液内的胶体质点小，界于悬浮液和真溶液质点大小之间，重力影响小、扩散能力弱。胶体质点最明显的特点是带有电荷而划分正胶体(带正电荷)、负胶体(带负电荷)和两性胶体(带正、负电荷)。胶体质点的吸附性极强而易发生凝聚作用，促使凝聚作用进行的因素主要为电解质的加入、正负胶体的混合及胶体溶液的浓缩。胶体凝聚物为絮凝状和团块状，当达到一定的质量就会沉积下来。例如 Al_2O_3 正胶体与 SiO_2 负胶体相遇可凝聚形成高岭石，其反应式为：

$$\underset{\text{氧化铝溶液}}{Al_2O_3 \cdot nH_2O} + \underset{\text{氧化硅溶液}}{SiO_2 \cdot nH_2O} \longrightarrow \underset{\text{高岭石凝胶}}{H_2Al_2Si_2O_8 \cdot H_2O}$$

胶体沉积物未脱水硬化的凝胶呈胶状，其成岩后的特点是：颗粒细小、吸附性强；具贝壳状断口；呈钟乳状、结核状、透镜状、龟背状和蜂巢状；含水；化学成分不稳定。

(2)真溶液的搬运和沉积

真溶液的搬运和沉积取决于物质的溶解度，溶解度小的物质搬运距离短，先从溶液中析出；溶解度大者搬运距离长，较后沉淀。物质的溶解度取决于溶剂的 pH 值、Eh 值、CO_2 含量及温度、压力条件，此外，生物作用也对溶解物质的搬运和沉积具有一定的影响。

1)pH 值。溶剂中的 pH 值为溶剂中氢离子（$[H^+]$）浓度对数的负值，如 $[H^+]$ 为 10^{-3}，则 pH 值为 3。pH 值愈低，酸性愈强；pH 值愈高，碱性愈强。溶剂中的 pH 值对大多数溶解物质的沉淀有显著的影响（表 3－5），溶剂中 pH 值的变化对物质的溶解度的影响因物质而异（图 3－2）。

表 3－5　常见金属氢氧化物沉淀时所需的 pH 值

氢氧化物	Fe^{3+}	Al	Cu	Fe^{2+}	Pb	Ni	Mn^{2+}	Mg
pH 值	2	4～10	5.3	5.5	6.0	6.7	8.7	10.5

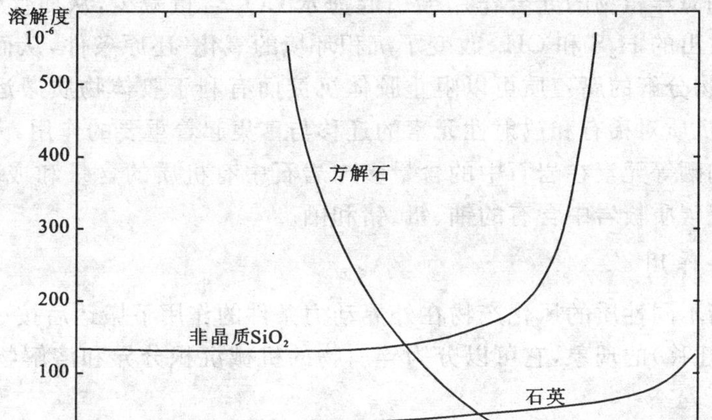

图 3－2　沉积岩常见物质溶解度与 pH 值的关系（25℃时）
（转引自余素玉和何镜宇等，1989）

2)Eh 值。Eh 值为溶剂的氧化—还原电位，是度量溶剂氧化性或还原性的指数，Eh 值愈大，氧化性愈强；Eh 值愈小，还原性愈强；Eh＞0 为氧化条件；Eh＜0 为还原条件。显然，Eh 值仅对存在有变价元素的物质的溶解度影响很大；而对 Si 和 Al 等化合物的影响很小。Fe、Mn 元素在氧化条件下易成高价氧化物或氢氧化物沉淀，如赤铁矿（Fe_2O_3）和软锰矿（MnO_2）；在还原条件下则形成低价化合物沉淀，如黄铁矿(FeS_2)、菱铁矿($FeCO_3$)和菱锰矿($MnCO_3$)等。

3)CO_2 含量。溶剂水中 CO_2 含量对碳酸盐矿物的溶解和沉淀影响很大，其反应式如下：

$$\underset{\text{方解石}}{CaCO_3} + CO_2 + H_2O \rightleftharpoons Ca^{2+} + 2HCO_3^-$$

当水中 CO_2 浓度增大时，反应向右进行，$CaCO_3$(方解石)溶解而不会沉淀；当 CO_2 浓度减少时，反应向左进行而 $CaCO_3$(方解石)沉淀。水中 CO_2 含量与温度和压力有很大的关系。在温度升高和压力较低时，水中 CO_2 含量会减少，故 $CaCO_3$(方解石)主要在温暖的浅海中沉淀，而深海则很少见 $CaCO_3$(方解石)沉淀物。

4)温度和压力。温度和压力对物质的溶解度具不同程度的影响。多数化合物的溶解度随温度升高而增大，因表生条件下温度和压力的变化并不大，故其影响也不十分明显。然而温度却是蒸发盐类矿物沉淀的重要条件，如 Ca 和 Mg 的硫酸盐、K 和 Na 的碳酸盐、硝酸盐及氯化物等都是在无水补给的封闭水盆地中因蒸发作用强烈而沉淀的，显然控制蒸发作用持续进行的外部条件就是高温炎热的气候。

(3)生物作用对溶解物质搬运和沉积的影响

这种影响分为直接和间接两个方面。

直接影响是生物在生命过程中不断从周围环境(包括含溶解物质的溶液)中吸收它需要的组分构成自身的骨骼和有机体，生物死亡后，有的可以直接堆积形成各种生物成因的岩石或矿产，如生物礁灰岩、磷块岩和某些硅质岩，有的生物遗体在成岩过程中还可转化成煤、石油和天然气。

间接作用则是由于生物的生命活动引起周围环境的变化，从而导致某些物质的搬运和沉积受到影响。例如海洋植物的光合作用会引起海水 CO_2 含量减少，从而促使碳酸盐沉淀；生物遗体分解后释放出的 H_2S 和 CH_4 改变了沉积环境的氧化-还原条件，从而会影响某些物质的溶解和沉淀；生物分解的腐殖质可以阻止胶体沉淀而有利于胶体物质搬运。大量的资料证明，表生条件下有机质对稀有和放射性元素的迁移与富集起着重要的作用，元素铀、钒、钼、锗、铜、金、银、钴、镍和硒等元素在岩石中的含量多与岩石中有机质的含量和成分有着密切关系，如我国南方寒武纪碳质板岩中含有的铀、钒、锗和硒。

3. 沉积分异作用

沉积分异是指不同性质的风化产物在外界动力条件的作用下搬运后按一定的序次分别沉积下来(终止搬运迁移)的现象，它可以分为碎屑物的机械沉积分异和溶解物质的化学沉积分异。

(1)机械沉积分异

碎屑物质被搬运后的沉积分异取决于两个因素：一为碎屑物自身的密度、体积和形态；二为流体的流速和动能大小。在流速均衡的条件下碎屑物沉积的先后序次如下。

1)密度相近，按碎屑物体积从大到小序次沉积：砾—砂—粘土。

2)密度相差大，按碎屑物密度从大到小序次沉积：金—黄铁矿—石英—石墨。

3)形状不同，按碎屑物从粒状到片状序次沉积：石英—白云母(粘土矿物)。

4)矿物成分，从近母岩区到远母岩区按重矿物(暗色矿物)—长石—石英序次沉积。

上述沉积分异规律表明：片状白云母比同样大小的石英搬运更远，故在粉砂和泥质沉积物中常混有较大的云母片；在矿物成分上，近母岩区矿物组成相对复杂，多为不稳定矿物，而在远母岩区的矿物组成简单,多为稳定矿物;在流体的流速和动能发生变化时,上述序次将被打乱和颠倒,出现砾砂混杂或砾石层中含有金或金刚石的细小颗粒,不少的砂金都是在砾石层中淘选出来的就证明了这一点。

(2)化学沉积分异

溶解物质在搬运过程中因各种化合物的溶解度不同而发生先后沉积次序的现象称之为化学沉积分异。有人总结从盆地边缘至盆地中心溶解物质的沉积顺序是:

Al、Fe、Mn 和 Si 的氧化物—硅酸盐和碳酸盐—硫酸盐和卤化物

上述沉积分异过于简单化,没有考虑不同地质时期的气候条件和构造背景对沉积分异的影响,更没有考虑生物作用的影响。前者如海洋大陆斜坡浊积沉积物和浊积岩的形成;后者如碳酸盐岩、硅质岩和磷质岩形成的生物作用成因。

(三)成岩作用

简言之,成岩作用是指已定位的沉积物转变为沉积岩过程中发生的物质成分和结构构造的变化的作用。

1. *成岩方式*

(1)压结作用

因上覆物质静压力而使松散沉积物体积缩小、含水量减少和密度增加的作用称之为压结作用,其中孔隙度变化应是压结作用程度的标志(图 3-3)。从该图可以看出,砂岩和页岩的孔隙度随埋深增大均减小,其中页岩的减小幅度远大于砂岩。

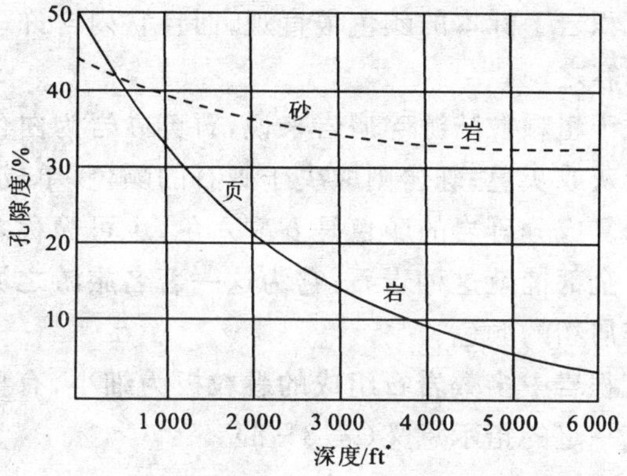

图 3-3　砂岩和页岩孔隙度与埋深关系

(转引自乐昌硕,1984)

* 1ft=0.301m

压结作用导致沉积物硬化。当静压力达到一定程度时,在沉积颗粒间的接触部分还发生溶解,这种作用称之为压溶作用,石灰岩中的缝合线构造就是压溶作用造成的。此外,压结作用还有助于片、柱状矿物的排列取向,如页岩的页理就是粘土矿物定向排列所致;粉砂岩中发育的页理则是云母定向排列的缘故。

(2)胶结作用

松散的沉积物由化学物质或其他细小物质粘结而变成坚硬岩石的作用,它犹如建筑混凝土中的水泥将碎石骨料粘结起来一样。常见的胶结物有钙质和白云质(碳酸盐矿物)、硅质(玉髓和蛋白石)、铁质(赤铁矿和褐铁矿)和海绿石质等。显然胶结作用还可减小沉积物的孔隙度。

(3)重结晶作用

矿物组分因扩散或溶解-沉淀而重新排列组合而使晶粒增大的现象称为重结晶作用。重结晶作用与原矿物的溶解度有关,溶解度小的矿物难以重结晶;溶解度大的矿物较易重结晶。

其次，重结晶作用与矿物的分子体积和结晶能力有关，分子体积小和结晶能力强的矿物易发生重结晶，反之则较难，排列矿物重结晶的次序是：

黄铁矿—赤铁矿—白云石—菱铁矿—磷灰石

非晶质胶体脱水变成晶质矿物的过程也是重结晶作用的一种形式，如蛋白石($SiO_2 \cdot nH_2O$)脱水形成玉髓和石英(SiO_2)。

重结晶作用常破坏原始沉积物的结构构造，如细薄的层理构造会因重结晶作用而消失。

2. 成岩(自生)矿物的形成

成岩阶段以化学和生物化学方式新形成的矿物称为成岩矿物。常见的典型自生矿物有粘土矿物、方解石、白云石、石英、玉髓、海绿石、石膏、铁锰氧化物及氢氧化物；其次是黄铁矿、菱铁矿、铝的氧化物及氢氧化物和长石等。在观察中要注意成岩阶段形成的石英和长石与碎屑物中的石英和长石的区别。成岩矿物的形成不仅减小原沉积物的孔隙度，而且有助于沉积物向沉积岩的转化。

二、沉积岩的基本特征和分类

(一)颜色

沉积岩手标本的颜色很直观，而且它内含许多岩石学信息，所以也是观察和研究沉积岩的重要内容之一。

对于粗颗粒陆源碎屑岩来说，石英砂岩为白色；长石砂岩多为肉红色或黄褐色；岩屑砂岩则为暗灰或灰色；砾岩则取决于砾石的颜色，单成分的砾岩的颜色比较容易描述；而多种砾石组成的复成分砾岩的颜色是五颜六色，也可简称之杂色。我国云南丽江县城内大街小巷的路面几乎全部铺就这种岩石，它为这一著名旅游之城增色不少。显然，上述沉积岩的颜色主要取决于碎屑物的颜色。

沉积岩中多数岩石组成的颗粒极为细小，有些是肉眼难以辨认的隐晶质。这类岩石颜色也具有一定的指示意义(表3-6)。

(二)物质成分

1. 化学成分

沉积岩的化学成分见表3-7，该表中列出的火成岩化学成分是为了将两者进行对比。实际上沉积岩化学成分是很难确定的，因为陆源沉积岩和内源沉积岩化学成分差异太大，在陆源沉积岩中仅砾岩的化学成分就很不一致。再加上沉积岩在岩石圈的分布又十分广泛，这就更多地增加了平均化学成分研究的难度。为此我们按不同类型沉积岩与火成岩平均成分进行对比，以此来说明沉积岩的化学成分特征(表3-8)。

2. 矿物组成

沉积岩中发现的矿物约160余种，但常见的仅20多种，如石英，长石，云母，粘土矿物，方解石，白云石，菱铁矿，Fe、Mn、Al的氧化物和氢氧化物以及易溶盐类。

表 3-6　各种颜色岩石的特征及其指示意义

颜色		岩石类型	岩石特征	指示意义
岩石的颜色	黑、灰黑	硅质岩	透明、硬度大于小刀、打击出火花	深水、无生物
		泥岩、页岩、粉砂岩	染手	含碳、含易燃干冰
		泥岩、页岩	不染手	高硫、含弥散性黄铁矿、极端封闭和还原环境
	灰、灰白	泥晶灰岩	隐晶质	含沥青质、水体稳定
		亮晶灰岩	颗粒较粗，具有解理的闪光面、透明	水体动荡环境
		硅质岩	硬度大于小刀	可能含放射虫等微体古生物，远端洋环境
	紫红、淡玫瑰红	泥岩、页岩、粉砂岩		强氧化环境 Fe^{3+} 主导
	绿、淡青	砂岩	海绿石胶结	浅海
		泥岩、页岩、粉砂岩		绿泥石矿物主导
		泥岩、页岩、粉砂岩		相对还原环境，$Fe^{2+}>Fe^{3+}$
	黄	泥岩、页岩、粉砂岩		相对氧化的环境 Fe^{3+} 呈氢氧化物形式
标本表色	黑	泥岩、页岩、粉砂岩	树枝状、霉斑状的薄膜	Mn 的氧化物淋滤沿裂缝渗入，成岩后形成
	褐红	泥岩、页岩、粉砂岩	树枝状、浸染状薄膜	Fe^{3+} 的氧化物淋滤沿裂缝渗入，成岩后形成
	紫红和灰绿	砂岩	从内向外颜色变浅且呈环状分布多为绿核红环	成岩后的离子扩散效应：Fe^{2+} 离子向核部扩散 Fe^{3+} 离子向外缘扩散

(1)沉积岩的矿物组成特征

不含或少含暗色矿物，因暗色矿物不稳定，易分解。

石英的含量多于长石，这一点恰恰与火成岩相反，因石英在表生条件下最稳定。

含大量粘土矿物和碳酸盐矿物，火成岩一般不含。

生物作用形成有机碳，火成岩几乎不含。

表 3-7　沉积岩与岩浆岩的平均化学成分(w_B%)

氧化物	地壳岩石的平均成分(V. M. 哥德斯密特和 B. 麦松)	沉积岩(F. W. 克拉克,1924)	沉积岩(克里宁,1941)	沉积岩(N. E. 茹科夫斯基,1952)	岩浆岩(F. W. 克拉克,1924)
SiO_2	59.26	57.95	58.16	59.17	59.14
TiO_2	0.73	0.57	0.94	0.77	1.05
Al_2O_3	15.35	13.39	15.93	14.47	15.34
Fe_2O_3	3.14	3.47	8.45	6.32	3.08
FeO	3.74	2.08		0.99	3.80
MnO		—	0.64	0.80	—
MgO	3.46	2.65	3.58	1.85	3.49
CaO	5.08	5.89	6.26	9.90	5.08
Na_2O	3.81	1.13	1.85	1.76	3.84
K_2O	3.12	2.86	2.85	2.77	3.13
P_2O_5	0.28	0.13	0.26	0.22	0.30
CO_2		5.38	—	—	0.10
H_2O	1.26	3.23	—	—	1.15
总计	99.23	98.73		99.02	99.50

表 3-8　较之火成岩的各类沉积岩的化学成分特征

陆源沉积岩	内源沉积岩	火成岩	解释
$Fe_2O_3>FeO$	——	$Fe_2O_3<FeO$	表生条件下铁多呈 Fe^{3+}
K_2O 与 Na_2O 总量较小	——	K_2O+Na_2O 总量较高	表生条件下 K 和 Na 易迁移
$K_2O>Na_2O$	——	$K_2O<Na_2O$	多粘土矿物,易吸附大量的 K
H_2O 含量高	CO_2 含量可达 40%	H_2O 和 CO_2 含量均低	粘土矿物含高的 H_2O;碳酸盐矿物含高的 CO_2
SiO_2 含量可达 90%以上	变化范围大,0~100%	SiO_2 含量集中在一个范围	石英砂岩、硅质岩和碳酸盐岩所致
CaO 与火成岩相近 有机质大量	变化范围大,0~40% 含一定量有机质	CaO 含量集中在一定范围 不含有机质	

(2)沉积岩矿物的分类

陆源碎屑矿物和岩屑:从母岩中继承下来的一部分矿物和岩石碎屑。

自生矿物:是指在沉积岩形成过程中母岩分解的易溶物质沉积形成的矿物,如石英碎屑周围加大的石英边和海绿石等。

次生矿物:沉积岩成岩以后经风化形成的矿物,如海绿石、黄铁矿经风化形成的褐铁矿。

(三)构造

沉积岩的构造是指岩石各个组成部分的空间分布和排列方式。沉积岩的构造是沉积岩最显著的特征之一,它是研究沉积环境的重要依据。沉积岩的构造种类复杂多样,根据其成因可划归物理成因、化学成因和生物成因三大类(表3-9)。

表3-9　沉积岩构造类型及划分

物理成因			化学成因		生物成因
层理构造	层面构造	变形构造	溶解构造	凝聚构造	
水平层理	波痕	负荷印模	缝合线	结核	叠层构造
波状层理	泥裂	球-枕构造			
斜层理	雨痕	包卷层理			虫迹和虫孔
粒序层理	假晶	滑塌构造	假晶*		生物扰动
块状层理	冲刷面	砂岩岩脉			
	槽模	盘状构造			

* 假晶具层面和溶解双重构造属性。

1. 岩层和层理构造

岩层是组成沉积地层的基本单位,它的成分、结构、内部构造和颜色基本均一或相同,其上、下由明显的层面与相邻岩层分开且彼此间有天然的分界。岩层是较大区域内生成条件基本一致情况下形成的横向延伸的岩石地质体。岩层又简称层,在沉积岩地区工作时常要进行岩层划分工作,也称为分层。岩层或层的自然厚度变化很大,它是沉积过程稳定程度的标志之一。显然,沉积过程愈稳定岩层愈厚;沉积过程变化大则岩层愈薄。为此需对具有自然厚度的岩层进行厚度划分和描述(表3-10)。

表3-10　自然厚度岩层的厚度划分

描述和划分	厚度
块状层	>1m
厚层状	1～0.5m
中层状	0.5～0.1m
薄层状	0.1～0.01m
微薄层状	<0.01m

层理是一种原生的沉积构造,它是通过成分、结构和颜色不同的微细纹层在垂直于沉积物表面方向变化而显示的一种纹层组合形式。层或岩层可具有层理构造,各种层理仅是岩层沉积环境属性的指示(表3-11),所以层理是比岩层更小尺度的一个概念。

表3-11　层理划分及其沉积环境指示

层理类型	特征	沉积环境
水平层理(图3-4)	纹层水平,且相互平行	静水或微弱水流,缓慢沉积水体底面平底
波状层理(图3-4)	纹层波状起伏且相互平行,波形可对称或不对称,规则或不规则	水介质波浪运动,水流和波浪能波及水底的浅水区,如海滨、湖滨、河漫滩
单斜层理	纹层向同一方向倾斜呈平行状,纹层与岩层层面交切	水介质以一定的速度流动,定向流动底面有波纹
交错层理(图3-4)	纹层向不同方向倾斜呈交错状	水流介质流动方向在不断改变
粒序层理(递变层理)(图3-5)	层内从底到顶粒度由粗到细而逐渐变化	层内下部不含细粒泥质物,说明是水流强度逐渐减弱的沉积。若含有泥质,为浊流沉积
块状层理	层内不见任何内部变化且分布均一	均一粒径的沉积物快速堆积或为生物扰动形成

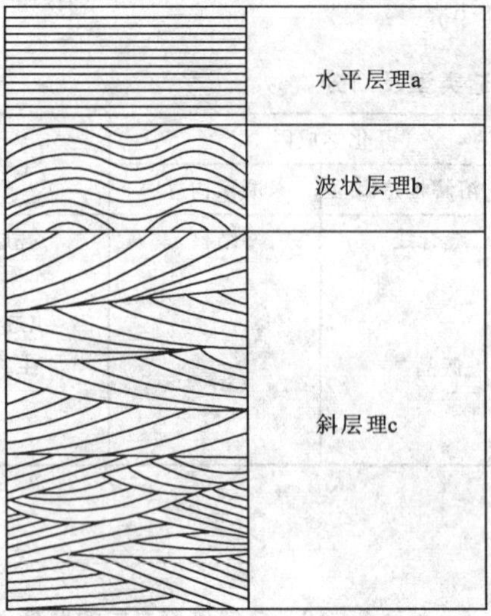

图 3-4　各种具纹层的层理构造

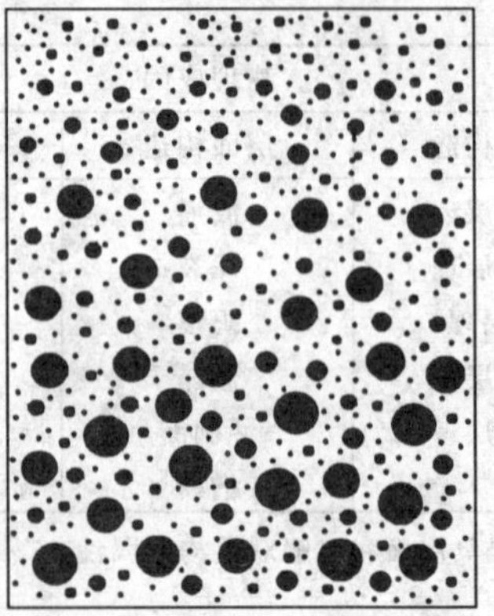

图 3-5　粒序层理示意

小点为泥基沉积物

2. 层面构造

(1)波痕

波痕为流动介质在沉积物表面留下的一种有规律的波状起伏构造。波痕的延长方向一般垂直于流动介质的运动方向，当介质运动方向交替变化时，形成的波痕也会交叉呈菱形或正方形。波痕分为流水、浪成和风成三种类型。流水波痕一般不对称，其陡坡面指向水流方向，当水流强度增大，其波脊线由直变弯曲；浪成波痕对称者多，其形态一般是峰尖谷圆，在海和湖的浅水带常见；风成波痕均不对称，波峰和波谷均较圆滑。

(2)泥裂

未固结的细粒沉积物(泥质、粉砂及碳酸盐物质)出露于水面遭暴晒而干涸收缩形成平面上呈多角形、纵切面呈"V"字形的裂缝(图 3-6)。

(3)雨痕

雨水滴落于松软的泥质沉积物表面因冲击形成的近圆形凹坑(图 3-7)。

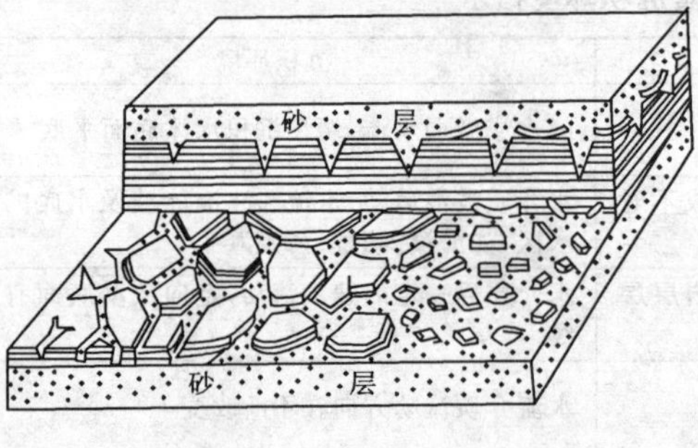

图 3-6　泥裂及其成因示意

(转引自乐昌硕，1984)

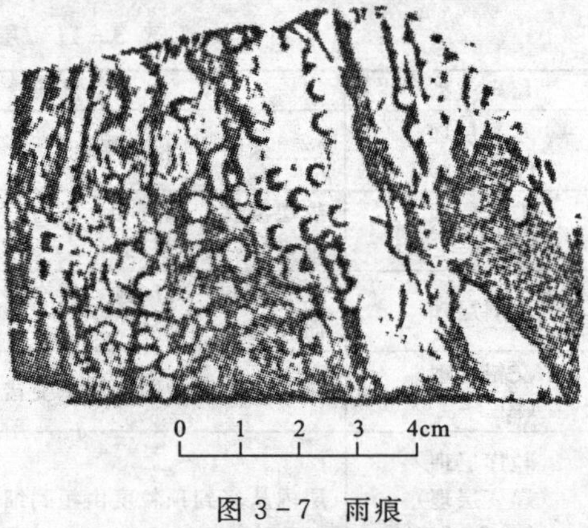

图 3-7　雨痕

(转引自乐昌硕，1984)

(4)假晶

在松软的泥质和细粒碳酸盐沉积物中含有易溶矿物晶体(石膏或石盐),在溶解过程中被其他物质交代而构成原矿物晶体的假象(图 3-8),它应是干旱炎热高盐度环境的标志。

图 3-8　华北馒头组页岩中的石盐假晶
(据何起祥,1978)

(5)冲刷面

发育于不同岩层之间的凹凸不平的界面,它代表较高速流体在下伏沉积物顶面冲刷留下的痕迹。冲刷面可以因地壳抬升水流冲刷基准面变深形成;也可以因水流速度变快而对已沉积的物质短期冲刷形成。前者可称为不整合面,是一种大尺度的冲刷面(图 3-9);后者仅限于沉积物堆积过程中水动力条件的局部变动(图 3-10)。不整合的冲刷面还有其他许多识别标志,如底砾岩、风化壳、褐铁矿化和喀斯特现象等,工作中两者千万不要相混淆。

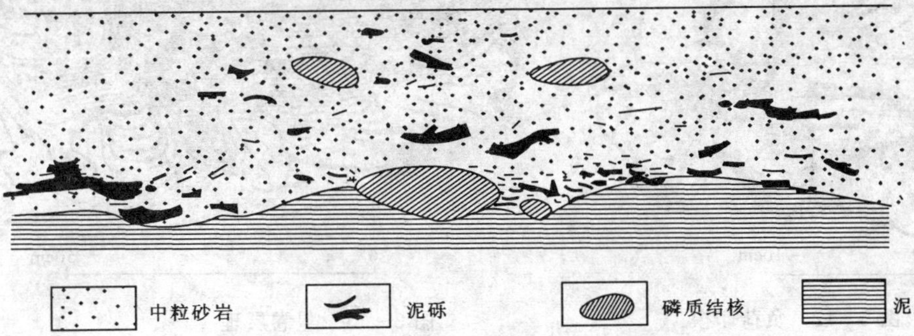

图 3-9　不整合冲刷面纵向示意
(据何起祥,1978)

(6)槽模

槽模是冲刷构造的保留印痕,它是泥质沉积物被底流冲刷形成的槽状冲沟被上覆砂质沉积物充填后而显示的舌状凸起构造(图 3-11)。这些舌状体一端较高突出,另一端降低直至过渡到与底面一致。舌状体从高到低代表了底流的流动方向。

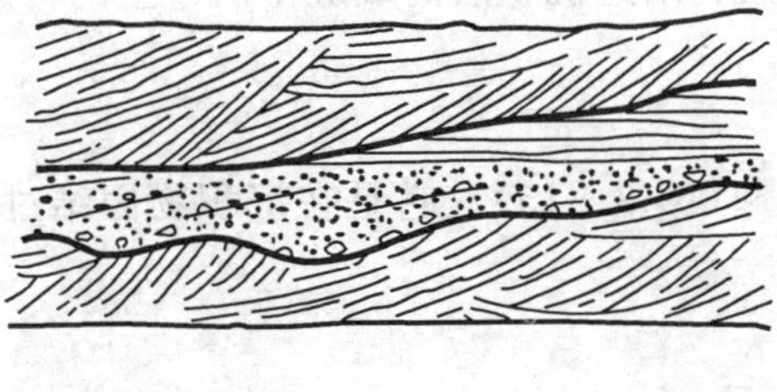

图 3-10　一般冲刷面的纵向示意
(据路凤香等,2002)

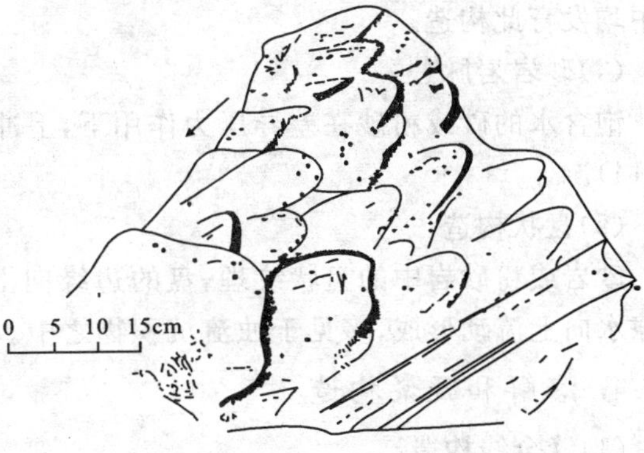

图 3-11　槽模构造的舌状体
(转引自乐昌硕,1984)
右下角为一条沟模,箭头指向水流方向

3. 变形构造

(1)负荷印模

在泥质岩层上面覆盖砂质岩层时,承受上覆砂质岩层不均衡负荷的下伏可塑性泥质岩会形成不一致的下陷,这时在上覆砂岩底面留下瘤状突起的印模(图 3-12)。这种泥质岩层的变形完全是受垂向压力不均匀所致。

(2)包卷层理

为一种复杂褶皱状的变形层理。层理一般连续,其谷宽峰窄,常呈同斜倾卧,厚度稳定,上下层面平整,常在 2～25cm 厚的粗粉砂、细砂岩层内发育(图 3-13)。包卷层理的成因有多种,如沉积层的差异液化导致液化层的层间流动而引起原生层理弯曲;差异负荷引起的一种变形现象;底流切向应力所致;波痕或沙丘被拖曳形成的变形等。此构造在浊积岩中多见。

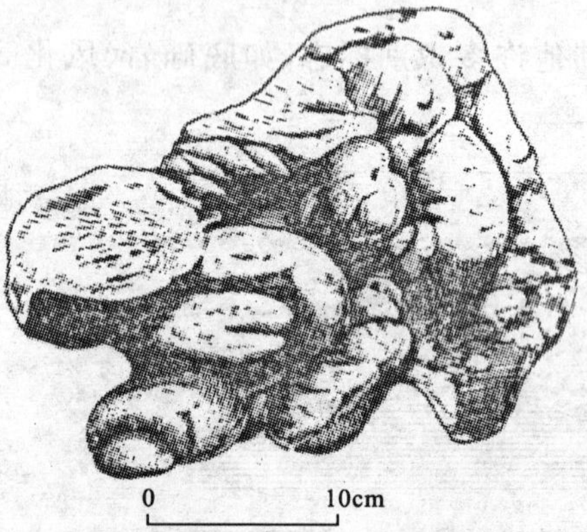

图 3-12 负荷印模

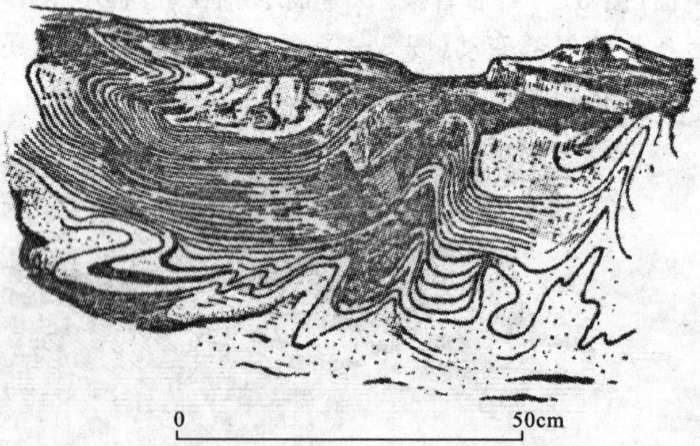

图 3-13 包卷层理

(3)滑塌构造

水下斜坡上未固结的沉积物在重力作用下发生滑动而形成的变形构造。滑动作用使原生层理强烈褶皱、变形、错断以至角砾化。滑塌构造可发育于薄的岩层范围;也可见于几十米厚的岩层内。滑塌构造多出现在粉砂岩、粉砂质页岩和细砂岩中,在细小颗粒的石灰岩中也可见。滑塌构造是沉积相分析的重要标志,如浊积岩、三角洲相、生物礁和海底峡谷的前缘沉积物中均发育此构造。

(4)砂岩岩脉

饱含水的砂或粉砂在差异压力作用下,上冲注入到附近沉积层的裂缝中所产生的构造(图 3-14)。

(5)盘状构造

砂岩或粉砂岩中的盘状纹理,盘的边缘向上翘起(图 3-15)。它是在沉积物固结过程中孔隙水向上流动形成,多见于浊流沉积物之中。

4. 溶解和凝聚构造

(1)缝合线构造

此为碳酸盐岩中常见的构造,它在石英砂岩中也可观察到。缝合线形态多样,可呈微波

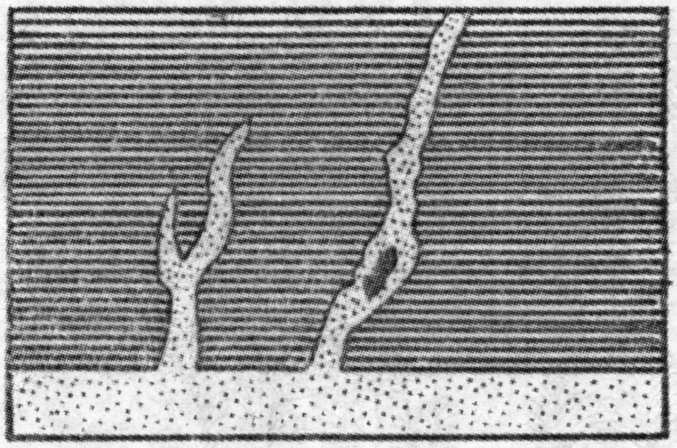

图 3-14　砂岩岩脉构造

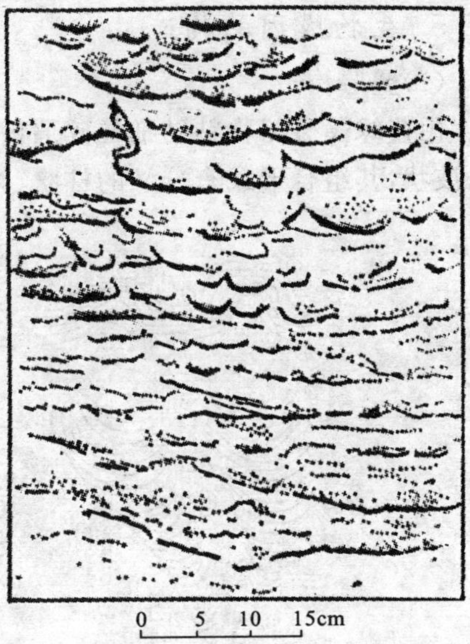

图 3-15　盘状构造

(据乐昌硕,1984)

状、锯齿状,近平行或斜交层理的缝合线居多(图 3-16)。一般认为缝合线形成于压溶作用,即岩石遭受压力并产生差异溶解形成。

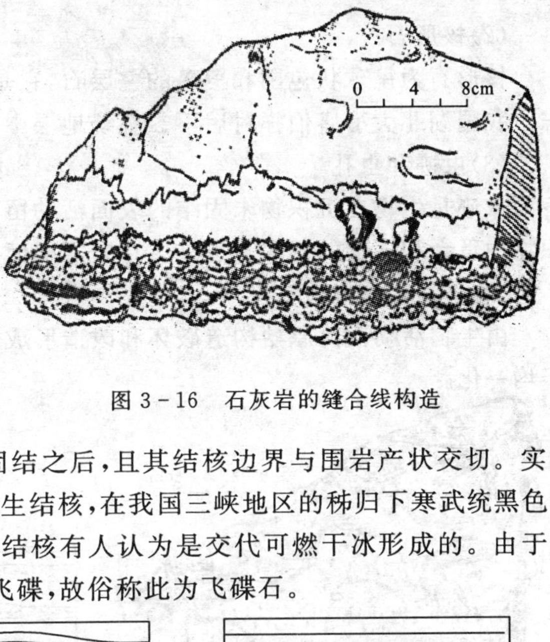

图 3-16　石灰岩的缝合线构造

(2)结核

结核是一种成分、结构和颜色不同于围岩的矿物、细粒碎屑物或隐晶化学物质相聚的集合体。根据结核的成因和与围岩的相互关系,可将结核分为同生、成岩和次生三类(图 3-17)。显然,同生结核形成时间大致与围岩沉积作用同时;成岩结核形成于围岩固结成岩过程之中;次生结核形成于围岩固结之后,且其结核边界与围岩产状交切。实际上,自然界还有一种与围岩产状协调一致的次生结核,在我国三峡地区的秭归下寒武统黑色板岩中就发育这种类型的次生(交代)结核,这种结核有人认为是交代可燃干冰形成的。由于这种结核体积巨大(直径达 1.5m),其形态犹如飞碟,故俗称此为飞碟石。

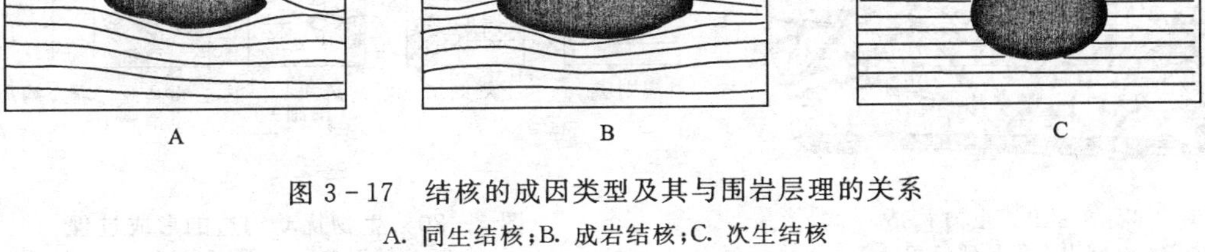

图 3-17　结核的成因类型及其与围岩层理的关系

A. 同生结核;B. 成岩结核;C. 次生结核

5. 生物成因的构造

(1)叠层构造

由蓝绿藻分泌物粘结细粒碎屑(粉砂或泥)组成的一种纹层构造。纹层形态多样,如直线状、波状,其组合形式有分叉的柱状、箱状、山丘状等(图 3-18)。

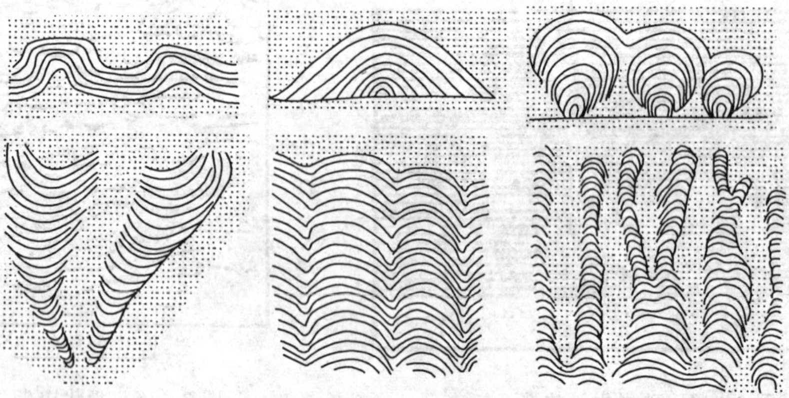

图 3-18　叠层构造的各种形态
(转引自乐昌硕,1984)

(2)核形石

核形石为呈球状包围和覆裹的叠层石,它是在水底长期滚动形成的,为潮下带浅水区的标志。我国湖北大冶盛伯祥村后下二叠统地层中就发育这种含核形石的灰岩。

(3)虫迹和虫孔

虫迹是生物在沉积物未固结的表面活动留下的痕迹(图 3-19)。虫孔是生物在未固结沉积物中觅食和居住的洞穴。虫迹多在岩层层面上发育;虫孔多垂直或斜交于岩层层面。

(4)生物扰动构造

由生物活动而对原始构造破坏和改造形成的构造(图 3-20)。生物扰动会使原始构造趋于均一化。

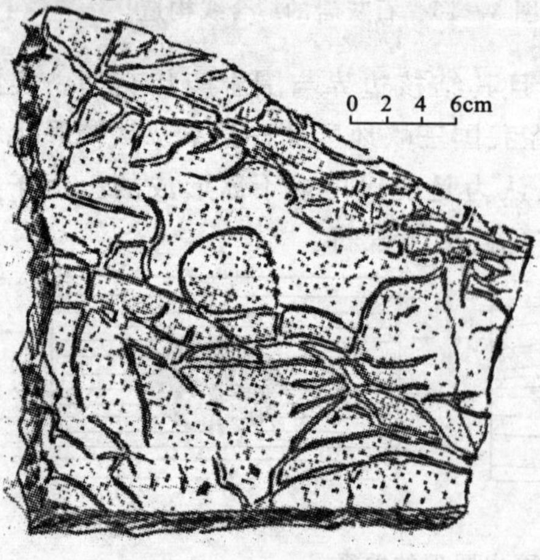

图 3-19　虫迹构造
(转引自乐昌硕,1984)

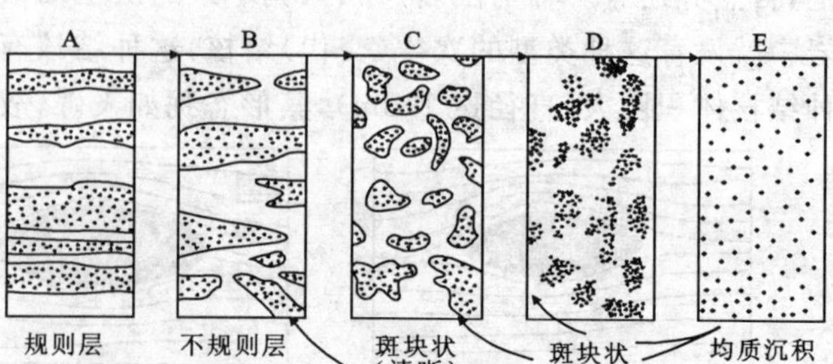

图 3-20　生物扰动构造的形成过程
(转引自乐昌硕,1984)

(四)分类

本书沉积岩分类列于表 3－12。

表 3－12 沉积岩的分类

陆源碎屑岩及碎屑粒径(d)		内源沉积岩及主要矿物组成	
砾岩	$d>2$mm	碳酸盐岩	方解石、白云石
砂岩	$d=2\sim0.05$mm	硅质岩	石英、玉髓、蛋白石
粉砂岩	$d=0.05\sim0.005$mm	铝质岩	铝的氢氧化物，含粘土矿物
泥质岩	$d<0.005$mm	铁质岩	针铁矿、赤铁矿、菱铁矿
		锰质岩	软锰矿、硬锰矿、水锰矿
		磷质岩	磷灰石、胶磷矿

三、陆源碎屑岩

(一)一般特征

1. 岩石组成

(1)碎屑

碎屑是陆源碎屑岩的主要组分，它来自沉积区之外的陆地，是该地区母岩被风化分解后经机械搬运沉积下来的，这些碎屑可以是矿物，也可以是岩石。

1)石英。石英是抵抗风化能力很强的矿物，故在陆源碎屑岩中分布甚广，在砂岩、粉砂岩中含量尤高，平均含量达 66.8%(据克拉克，1924)，在页岩中有时也可达 20%～30%。据 Dake(1921)统计，在陆源碎屑岩中石英的粒度一般小于 1mm，大于 1mm 的石英在沉积岩中只有 9%。因石英是最稳定的碎屑矿物，故在砂岩中碎屑石英含量的多少，常能反映岩石的矿物成熟度的高低。石英含量多，则岩石的矿物成熟度高，说明碎屑是经过长距离的搬运、分异而沉积的。

2)长石。长石在碎屑矿物中的含量仅次于石英。在陆源碎屑岩中常见的长石是钾长石、酸性斜长石，中—基性长石少见。长石主要来自花岗岩和片麻岩。由于长石是较不稳定的矿物，故它们若在岩石中大量出现，则大多是在干燥气候区和快速堆积的条件下形成的。

3)云母。陆源碎屑岩中的云母多为白云母，黑云母较少见，这是因为在风化过程中白云母比黑云母稳定。但在离陆源区较近的快速堆积区以及成分复杂的砂岩中，黑云母也常出现。

4)岩石碎屑。又称岩屑，是母岩破碎后的岩石碎块，它们直接反映母岩的性质。岩屑一般代表了母岩风化不彻底、搬运近、沉积快的特征，若岩石中岩屑含量高，一般可说明岩石的矿物成熟度低。岩屑多分布于较粗的砂岩和砾岩中，细粒的陆源碎屑岩中较少见。各种岩石都可呈岩屑出现，但以细晶质或隐晶质的岩屑较常见。如岩浆岩的岩屑多为喷出岩(玄武岩、安山岩、流纹岩、粗面岩)和脉岩(细晶岩、煌斑岩)以及火山碎屑岩(凝灰岩)。在较粗的砾岩中也可见到粗粒的侵入岩(如花岗岩、闪长岩)的岩屑。变质岩的岩屑多为千枚岩、板岩、石英岩，少数为片岩和片麻岩。沉积岩岩屑最常见的是泥质岩、硅质岩(燧石岩和碧玉岩)的碎屑,其次为微晶灰岩、粉砂岩和砂岩碎屑。

(2)化学胶结物和自生矿物

胶结物是从溶液中经化学沉淀形成的,这类物质在陆源碎屑岩中多起着胶结碎屑物质的作用,但也有部分化学沉淀物只是以孤立分散的矿物晶体形式存在,对碎屑物并不起胶结作用,这类矿物称为自生矿物。

陆源碎屑岩中的胶结物是在碎屑颗粒之间的孔隙水中化学沉淀出来的物质,它们一般是在成岩阶段形成的,它们在岩石中的含量不能大于50%。常见的胶结物有碳酸盐矿物(主要是方解石和/或白云石)、氧化硅矿物(蛋白石、玉髓或石英)、氧化铁矿物(主要为赤铁矿、褐铁矿等)以及海绿石等。胶结物因多为隐晶质,在沉积碎屑之间分布的胶结物需通过一定的鉴定方法来确认(表3-13)。

表3-13 胶结物的矿物组成及鉴定

胶结物类型	矿物组成	鉴定特征
硅质	细小的石英、蛋白石、玉髓	白色,烟灰色,硬度大于小刀,标本性脆,断面平直
钙质	方解石	灰色,硬度小于小刀。滴5%的稀盐酸剧烈起泡
白云质	白云石	灰白色,硬度小于小刀。滴5%的稀盐酸不起泡,但粉末微起泡
铁质	赤铁矿、褐铁矿	除碎屑外,胶结物部分为铁锈色
海绿石质	海绿石	青绿色,风化后有时呈散布状铁锈
泥质	粉砂或粘土矿物	土黄色,标本质地较松散,硬度小于小刀,断面凸凹不平

(3)基质

又称杂基或粘土杂基,是充填于碎屑颗粒间的细粒机械混入物,它们对碎屑物质也起胶结作用,但基质不是化学成因的物质,它是和碎屑物质一起由机械沉积作用形成的。基质包括小于0.05mm的细粉砂和泥质物质,基质和胶结物可总称为填隙物或广义的胶结物。

2. *岩石结构*

(1)碎屑的结构

这是陆源沉积岩最主要的结构类型,结构的特征取决于碎屑颗粒的大小、分选性和磨圆程度。

1)颗粒的大小。碎屑颗粒的大小称为粒度,以颗粒的直径来计量。为了研究方便,常将粒度划分为若干级别,并赋予一定的专用名称,如砾、砂、粉砂、泥等,其中砾和砂还可进一步划分(表3-14)。

表3-14 碎屑的粒度大小划分及岩石类型

砾(>2mm)岩	砂(2~0.05mm)岩	粉砂岩	泥质岩石
巨砾(>200mm)岩	巨粒砂(2~1mm)岩	0.05~0.005mm	<0.005mm
粗砾(200~50mm)岩	粗粒砂(1~0.5mm)岩		
中砾(50~4mm)岩	中粒砂(0.5~0.25mm)岩		
细砾(4~2mm)岩	细粒砂(0.25~0.05mm)岩		

2)颗粒的形态。碎屑颗粒的形态主要是指颗粒的圆度，也即为碎屑颗粒被磨蚀圆化的程度，在肉眼观察中一般可分为三级(图 3-21)。

棱角状　碎屑颗粒的原始棱角和形状都很明显，棱角尖锐或只稍有磨蚀。

次圆状　碎屑颗粒尚有较明显的棱角，颗粒的原始形状尚可辨认，棱角磨蚀显著。

圆状　碎屑颗粒的棱角全部磨蚀消失，或仅残留极少的原始棱角的痕迹，颗粒呈椭球状或圆球状，原始形状已难辨认。

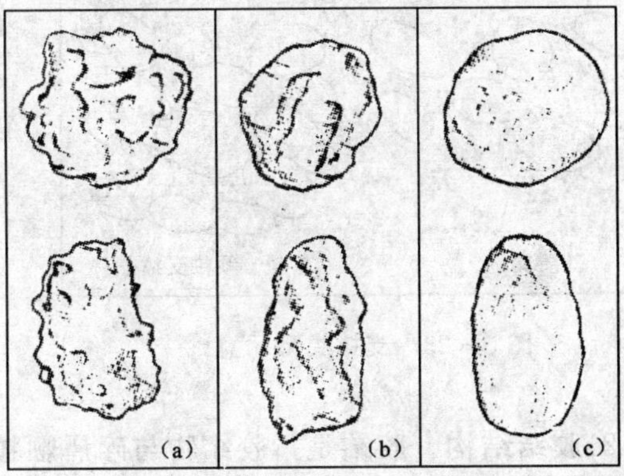

图 3-21　碎屑颗粒的磨圆度

(a)棱角状；(b)次圆状；(c)圆状

颗粒的圆度不仅取决于颗粒的硬度、密度和大小等因素，而且与搬运历史有着直接的关系，随着搬运距离的增加或搬运时间的增长，颗粒的圆度也增加。因此，圆度是碎屑岩结构成熟度的重要标志之一，也是某些岩类(如砾岩)分类的主要依据。

3)颗粒的分选。自然界陆源碎屑岩很少由一种粒级的碎屑组成，常具有多种粒级的碎屑颗粒，岩石中这种碎屑颗粒大小的均匀程度谓之分选性。

碎屑物分选性的测定是通过粒度分析并用数理统计的方法求得的，但是在野外手标本的观察中只能粗略地判别。如果岩石中的颗粒大小均匀，某一粒级的颗粒的含量在 90%以上，谓之分选很好；若主要粒级的颗粒含量在 75%～90%，谓之分选好；当主要粒级颗粒含量为 50%～75%，谓之分选中等；若大小悬殊没有一种主要粒级含量超过 50%时，称为分选差。用图 3-22 所示的方法表示岩石的分选性，更便于野外参考评估。

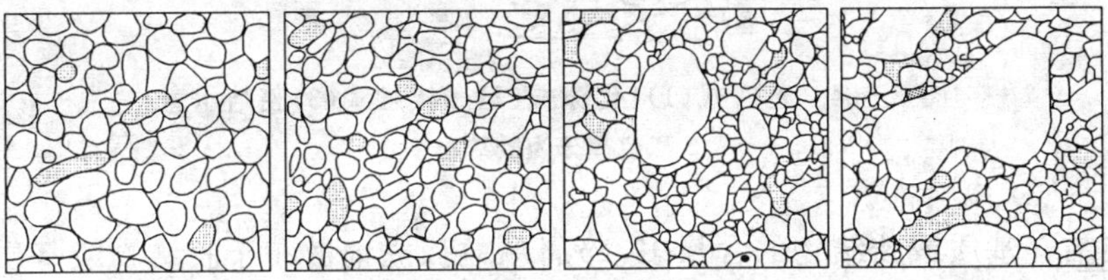

图 3-22　碎屑颗粒分选程度不同的示意

(转引自乐昌硕，1984)

(2)胶结物及基质与碎屑间关系的结构

1)支撑结构。支撑是指构成岩石的基本骨架，它是陆源沉积物在成岩作用的压结阶段承受压力而定格的，显然它是碎屑颗粒和杂基(而非胶结物)间分布和相对含量的反映。据此可将支撑分为基质支撑和颗粒支撑两类(图 3-23 和表 3-15)。

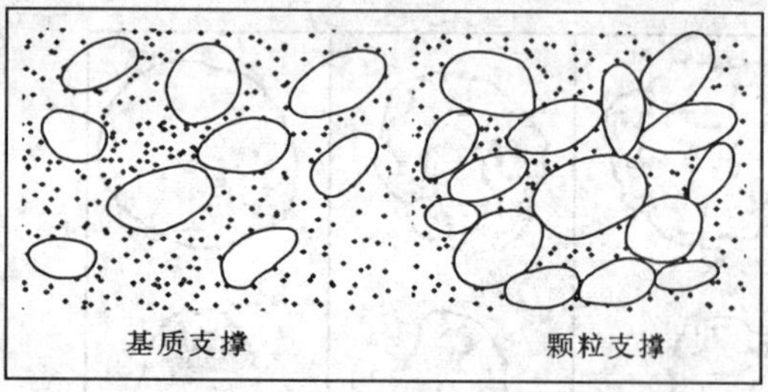

图 3-23 支撑类型示意

表 3-15 各支撑类型及指示意义

	基质支撑	颗粒支撑
基质与颗粒相对含量	基质＞颗粒	基质＜颗粒
基质与胶结物含量	基质＞胶结物	基质＜胶结物
水流条件	含基质的高密度流	高强度稳定水流
碎屑颗粒分布	彼此互不接触	彼此接触
埋深状况	埋深较浅	埋深较深
压实作用	不明显	明显

2)胶结结构。胶结是指胶结物与碎屑颗粒在成岩作用的胶结阶段形成的彼此关系。它仅是碎屑颗粒和胶结物之间分布和相对含量的反映。我们将它划分为基底式、孔隙式和接触式三种胶结类型(图 3-24)。

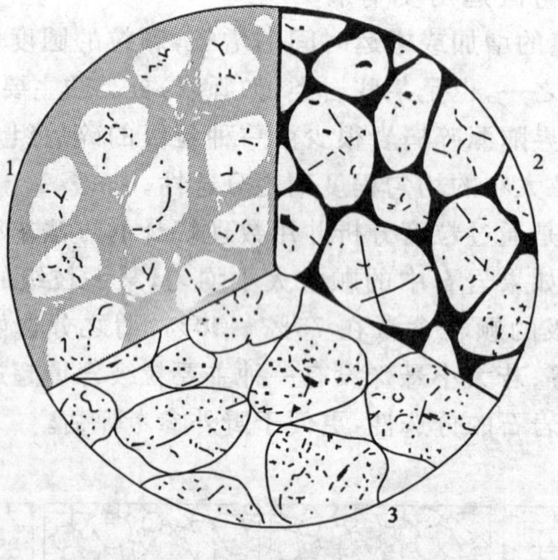

图 3-24 基底式(1)、孔隙式(2)和接触式(3)胶结示意
黑色部分为胶结物

基底式胶结　基质或胶结物的含量多,碎屑颗粒孤立地散布于胶结物或基质中,彼此不相接触或很少接触,基质和碎屑物是同时沉积的。

孔隙式胶结　碎屑颗粒紧密相接,胶结物充填于粒间孔隙中,胶结物含量少。

接触式胶结　胶结物含量极少,碎屑颗粒互相接触,胶结物仅存在于颗粒的接触处,粒间孔隙内大部分地方无胶结物充填。

(二)砾岩类

由直径大于 2mm 的陆源碎屑组成且其含量在 50%以上的沉积岩称为砾岩。砾石的粒度变化范围很大,从 2mm 到几米的都有,常见的是几厘米至几十厘米。由于砾石颗粒粗,故其成分以岩屑为主。砾岩中各种成分和结构的岩屑均可出现,主要决定于母岩区的岩石组成和堆积速度。除岩屑外,在较细的粒级的砾岩中可有长石、石英等矿物碎屑。砾石之间的孔隙多为砂粒和基质或胶结物充填。砾石的圆度差异也可以很大,从棱角状至圆状均可出现,通常依砾石的圆度可把砾岩分为砾岩(主要由次圆至圆状的砾石组成)和角砾岩(主要由棱角状砾石组成)。砾岩和角砾岩一般不发育层理,但厚度很大的砾岩层也见有斜层理和粒序层理。砾(角砾)岩有很多种分类,各种砾岩的特征和成因也极不相同。

1. 砾岩的分类

(1)按砾石的粒径大小划分

砾岩按砾石粒径大小划分为巨砾(角砾)岩、粗砾(角砾)岩、中砾(角砾)岩和细砾(角砾)岩,它们的砾石粒径划分标准见表 3－14。

(2)按砾石岩性的复杂程度划分为单成分砾岩和复成分砾岩两种。

1)单成分砾岩。基本上由同一种岩性的砾石(同种岩性砾石占总砾石的 75%以上)组成的砾岩。其砾石多为抗风化能力极强的岩石碎屑,如石英岩和燧石岩。砾石粒径一般不大,以数厘米至 10cm 范围者居多,分选好、磨圆程度高,圆状颗粒居多;岩层厚度不大;胶结物成分较单一,主要是钙质或硅质的,有时也有铁质,较少情况下为少量的基质,胶结类型多为孔隙式。

石英质的单成分砾岩,多分布于地形较平缓的滨海地带。在那里碎屑物质经过长期的风化和搬运,经受波浪不断的冲刷和磨蚀,致使不稳定的砾石消失,因而形成这种砾石稳定性高、分选良好和圆度也高的单成分砾岩。从地质剖面上来看,一个大的海进开始阶段形成的底砾岩常是这种单成分砾岩。如北京燕山地区石炭系底部与下伏奥陶系接触的平行不整合面之上有这种石英质的单成分砾岩,该砾岩层厚度不大,分布也很不稳定。山东蒙阴地区覆盖于寒武系和奥陶系石灰岩之上的挽近系砾岩也是一层很典型的石英质单成分砾岩,该层砾岩中含金刚石矿。除此之外,在较少情况下,有时也可以有碳酸盐岩或火山岩碎屑等不稳定组分组成的单成分砾岩出现,这类砾岩一般是在接近母岩的地区快速剥蚀堆积的产物。

2)复成分砾岩。砾石成分复杂,含多种成分的砾石,稳定的和不稳定的砾石都有存在,且各种成分砾石的含量也相近。复成分砾岩的分选性一般不好,颗粒大小比较悬殊,大者直径有时可达 1m 以上,通常以 10～20cm 者居多,砾石圆度的变化也很大。复成分砾岩岩层的厚度常较大,可达几十米甚至上千米。

复成分砾岩的填隙物通常较复杂,常有石英、长石、云母和各种细小的岩屑及泥质基质,化学胶结物则多为钙质,有时也常有硅质和铁质胶结物混杂在一起。胶结类型可有孔隙式和基底式。复成分砾岩的砾石成分主要为安山岩、流纹岩、石英砂岩和石灰岩等,有时可见花岗质的粗粒岩石。

复成分砾岩多分布于地槽区或某些断陷盆地的边缘,是山脉迅速破坏堆积的产物,故最常见的复成分砾岩是在山麓边缘的冲积扇砾岩。一些河流砾岩、湖滨砾岩以及冰川砾岩也可为复成分砾岩。复成分砾岩常与长石砂岩、岩屑砂岩、泥质岩及火山碎屑岩等共生。

(3)按成因划分

1)滨海砾岩。在滨海地区由河流搬运来的砾石或海岸破坏形成的砾石在浅水条件下,遭受波浪和潮汐的反复冲刷和磨蚀以及沿岸海流的搬运后可形成滨海砾岩。滨海砾岩一般沿岸线呈断续带状分布,多为颗粒不很粗大,分选良好、圆度高、成分单一的石英质砾岩。该砾岩层有时含海生生物化石,厚度不大,呈透镜状或较稳定的层状,可有交错层理,常与石英砂岩共生。

2）冲积扇砾岩。分布于山间盆地或山前坳陷的边缘，它是由山区洪水在刚出山口处因流速突然减低而使碎屑物质快速堆积形成。其特征是分选不好，巨砾和泥质混杂，圆度差，砾石成分复杂。砾岩层厚度很大，可达几十米至几千米。其岩性和厚度变化大，常与成分比较复杂的长石砂岩、岩屑砂岩等共生。砾岩体多呈大的透镜状，但有时也可呈分布很长的带状。

3）河流砾岩。河流砾岩多位于河床沉积的底部，其特点介于滨海砾岩和冲积扇砾岩之间，一般分选较差，常有砂泥物质混杂，圆度中等。砾石扁平面向上游倾斜，倾角 13°～30°，长轴大部分与水流方向垂直。砾岩体多呈透镜状或楔状，底部常有冲刷痕迹，在纵向上常渐变为砂岩或突变为泥质岩及粉砂岩。

4）冰川角砾岩。冰川角砾岩的主要特点是分选很差，岩石中含有大小不等的砾石和大量的泥和砂，实际上是砾、砂、粉砂和泥的混合物，砾石含量常常未超过 50%。砾石的棱角很尖锐，表面多有擦痕，排列杂乱，扁平面的倾角可以很大，有的可达 40°以上。砾石成分复杂，常可见新鲜的长石和岩屑。我国南方南华系南沱组即为这种冰川角砾岩。

5）喀斯特角砾岩。亦称岩溶角砾岩，是在石灰岩地区由溶洞顶壁垮塌堆积而成的。其特点是角砾主要为石灰岩，有时也可以有少量地表水流或地下河带来的其他碎屑；胶结物为溶洞中沉淀的碳酸盐矿物，其晶粒较粗大，常具栉状结构；有时还含有石灰岩风化后形成的红土物质。此种角砾岩分布局限，多呈不规则的囊状。

6）盐溶角砾岩。由于石膏或盐岩等蒸发岩层的塑性变形及风化溶解而使其中的碳酸盐岩或泥质岩的夹层及围岩发生破碎崩塌而成。其主要特点是角砾棱角尖锐，无任何分选，成分常是白云岩、石灰岩或泥质岩（图 3－25），角砾大小由几毫米至数微米；胶结物多为钙质和膏盐溶解后的残余物质。白云岩角砾中常有长条状或针状的石膏晶体或其他盐类矿物晶体的假象（多为方解石交代而成）。角砾岩的层位较稳定，通常其底板较平整而顶板不太规则。在剖面上它往往不只出露一层，而是多层相间出现，中间常被白云岩、石灰岩或其他岩石相融。这种角砾岩是蒸发岩在地表因风化溶解崩塌而形成的，往深部延伸即过渡为原生的石膏、硬石膏或岩盐层，因而它也是寻找蒸发盐矿床的重要标志。我国河南济源县寒武系下部、山西临汾中奥陶统和四川及长江中下游三叠系的碳酸盐岩中，山东、江苏、江西、湖南、云南等地的中新生代红色含盐岩系中均广泛发育这种盐溶角砾岩。

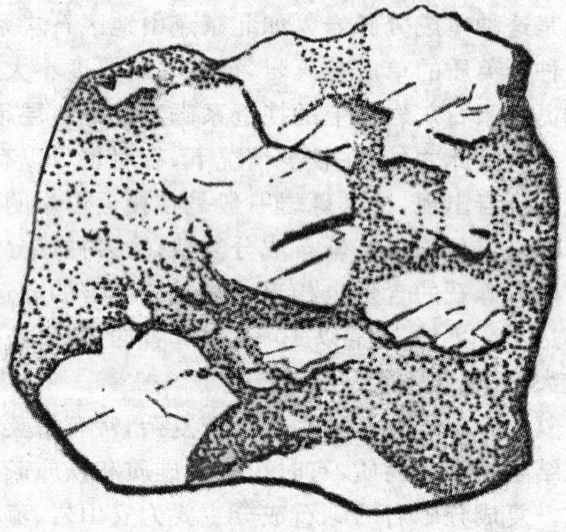

图 3－25　江苏溧阳盐溶角砾岩（1∶1）

（转引自乐昌硕，1984）

2. *砾岩的定名*

砾岩进一步定名按单成分砾岩和复成分砾岩两类分别处之。

对于复成分砾岩：颜色＋胶结物成分＋粒径大小＋砾岩，如灰色钙质粗砾岩。

对于单成分砾岩：颜色＋胶结物＋砾石岩性＋粒度大小＋砾岩，如灰白色硅质中砾岩、灰黄色泥质细砾岩。

3. 砾岩的研究意义

砾岩和角砾岩的研究具有重要的地质意义。砾岩和角砾岩在沉积岩中虽然占的比例不大，但分布却很广，从前寒武纪至今的各个地质时代均有产出，所以应当重视。

砾岩形成的母岩区应具有高差较大的地形条件。多数砾岩形成于大规模的构造运动之后，产于构造活动性较大的地区。因此，砾岩在地层分析中意义甚大，有时还标志着沉积间断或区域不整合的存在，对认识区域地质发展的历史极为重要。

砾岩的成分、结构、构造以及砾岩体的形态等特征与其成因有密切的关系，它反映着母岩的成分、剥蚀和沉积速度、搬运距离、水流方向、水动力条件以及古气候、古地形的条件等等。因此研究砾岩对确定岩石的成因类型和沉积环境都有重要的意义。

砾岩往往是重要的储水层和储油层，有的砾岩中还含有金、铀、金刚石等重要矿产，盐溶角砾岩则是寻找蒸发岩矿床的重要找矿标志，因此研究砾岩和角砾岩还具有重要的经济意义。

(三)砂岩类

1. 一般特征

粒度为2～0.05mm的陆源碎屑含量在50%以上的沉积岩称为砂岩。砂岩是一种分布很广的岩石，约占沉积岩总量的1/3，仅次于泥质岩，居第二位。

砂岩的碎屑成分主要是石英、长石和岩屑三种。在大多数砂岩中石英都是最主要的碎屑，也是最稳定的组分；长石和岩屑在表生条件下较易破坏，属于较不稳定的组分。由于砂岩的粒度较细，故其中所含的岩屑均为细晶结构或隐晶质结构，常见的岩屑有各种喷出岩、板岩、千枚岩、凝灰岩和硅质岩等。这些岩屑的颜色都较深，为黑色、深灰色、褐红色、灰绿色等，岩屑的断口致密，光泽较暗淡，在野外鉴定时可根据上述特征将它与石英、长石区分开。砂岩中碎屑的成分和含量主要决定于母岩的成分和沉积物改造的历史。长石和岩屑能直接反映母岩的性质，长石可以来自花岗质岩石的母岩区，也可以是结晶基底岩石分解形成；沉积岩、喷出岩和浅变质岩的岩屑均产于地壳浅部，是母岩区切割剥蚀不深的标志；石英是最稳定的组分，来源广泛，它在岩石中的富集程度可以反映碎屑物质经受改造的程度。沉积物的搬运和沉积的过程也是不稳定组分不断被淘汰和稳定组分不断富集的过程，因此，岩石中石英的含量愈多则表示碎屑物质经受的改造愈充分，矿物的成熟度愈高。

砂岩中的胶结物常见的有钙质、硅质、铁质等，有时还有海绿石、石膏等。在分选性很差的砂岩中会含较多的泥质基质。

砂岩的粒度、分选性及圆度等结构特征差别很大，它取决于搬运介质的性质、动能大小、搬运距离和堆积速度。砂岩是机械沉积作用的产物，砂粒在流水搬运的过程中又是最活跃的组分，故砂岩中各种层理构造和层面构造都很发育；各种类型的斜层理、交错层理以及平行层理、序粒层理等都极常见；波痕、冲刷痕迹、槽模、沟模和生物扰动构造等也很发育。这些特征均成为砂岩成因和沉积环境分析的重要标志。

2. 砂岩的分类

1)按碎屑粒度大小可将砂岩分为：巨粒砂岩、粗粒砂岩(粗砂岩)、中粒砂岩(中砂岩)、细粒砂岩(细砂岩)。它们的碎屑粒径划分标准见表3-14。

2)根据砂岩中基质含量可分为:净砂岩(基质含量<15%)和杂砂岩(基质含量>15%),从某种意义上说,杂砂岩也就是泥质胶结的砂岩,而净砂岩也即为常称的砂岩。

3)按各碎屑物含量划分:此方案是石英-长石-岩屑三个端元的定量组成划分(图 3-26),获得的岩石名称为砂岩的基本岩石名。

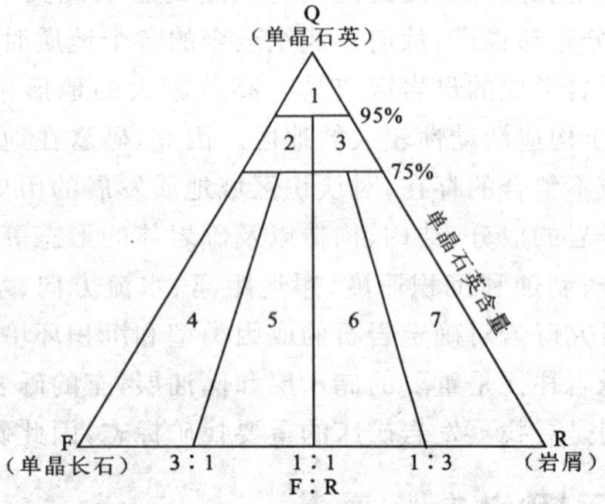

图 3-26　砂岩的石英-长石-岩屑定量划分(命名)

1. 石英砂岩;2. 长石石英砂岩;3. 岩屑石英砂岩;4. 长石砂岩;5. 岩屑长石砂岩;6. 长石岩屑砂岩;7. 岩屑砂岩

3. 砂岩的主要类型

1)石英砂岩。石英砂岩是碎屑物质几乎全部由石英(包括石英岩屑、硅质岩屑)组成且含量在95%以上的岩石,其长石和岩屑总量小于5%。岩石中的岩屑一般都是稳定性较高的硅质岩或细粒石英岩,其他的岩屑少见。胶结物多为硅质、钙质、铁质和海绿石质,较少情况下含基质。硅质胶结物的存在有助于形成碎屑石英颗粒的再生加大边,这种石英砂岩通常称为沉积石英岩。它与变质石英岩在肉眼条件下较难区别,一般要根据其围岩是否变质而定。若围岩为变质岩,即为变质石英岩;若围岩为沉积岩,则可定为沉积石英岩。

石英砂岩的粒度较细,多为中—细粒,少数为粗粒。一般圆度高、分选好。颜色较浅,常为灰白色,但受胶结物颜色的影响而变化很大。如为铁质胶结时呈褐红色,为海绿石胶结时则呈灰绿色。石英砂岩多呈厚度不大但分布广而稳定的岩层,它们是在地壳比较稳定、地形平坦、气候潮湿的地区内形成的。因为在这种地区母岩可以受到充分的化学风化,碎屑物质可经长时期和长距离的搬运并遭受充分的分选和磨蚀。它们多形成于滨海或浅海地带,故常具很好的交错层理。我国北方震旦系长城组的石英砂岩、寒武系下马岭组的海绿石质石英砂岩、南方泥盆系五通组的石英砂岩等都是厚度不大、分布极广、交错层理很发育的滨海相石英砂岩。

2)长石砂岩。长石砂岩的碎屑组分主要是石英和长石,其中长石的含量必须大于25%,石英含量小于75%,岩屑含量小于长石。此外,长石砂岩中还常有少量的黑云母或白云母。

长石砂岩多为红色或浅红色,有时为浅灰色,这主要取决于岩石中所含长石的颜色及胶结物的颜色。长石砂岩中的胶结物多为钙质、硅质和铁质,泥质基质也常见,且胶结物和基质共存的情况多有发生。在地质时代较早期的长石砂岩中,长石碎屑还可有再生加大的现象,这时长石砂岩被胶结得相当紧密坚硬,外貌很似花岗质岩石。但其碎屑颗粒有磨圆的特征,而且通常颗粒和胶结物之间的界线还能辨认。

长石砂岩一般颗粒较粗,为粗—中粒结构,圆度较差,分选不好或中等。长石砂岩按其成因和产状可以分为两种,一种为基底长石砂岩,另一种为构造长石砂岩。

基底长石砂岩是花岗质岩石风化后的产物未经搬运即在原地堆积而成。这种长石砂岩厚度不大,分布也较局限,基底岩石为花岗岩或各种片麻岩。如唐山附近震旦系底部的长石砂岩,覆盖在前震旦系的片麻岩之上。

构造长石砂岩形成于造山运动后地形高差变大且剥蚀和堆积速度加快的条件。如在巨量花岗质岩体出露区附近，该岩体母岩遭受强烈剥蚀和迅速堆积，很易形成这种长石砂岩。它们一般分布广，厚度大，常与花岗质砾岩及少量红色粉砂岩等共生。甘肃玉门二叠系中地层中就见有这种构造长石砂岩。

3)岩屑砂岩。岩屑砂岩的成分特点是岩屑含量大于25%，有时可达60%以上，石英含量小于75%，长石含量小于岩屑。岩屑的种类很多，主要取决于母岩的成分，常见的有各类喷出岩、凝灰岩、千枚岩、板岩、细晶岩、细粒石英岩、燧石岩和碧玉岩以及碳酸盐岩等。除岩屑、石英和长石外，有时还含较多的云母和绿泥石。

岩屑砂岩的填隙物大多数是泥质基质，有时其含量很多，形成基底式胶结。当岩石经受较强烈的成岩变化或浅变质作用后，其泥质基质常变为细小的绢云母和绿泥石。有时也有硅质和钙质胶结物，它们常与泥质基质混杂在一起。

岩屑砂岩碎屑的分选性和圆度都很差，斜层理及交错层理较少，但常出现粒序层理或块状层理。颜色多为深灰黑色、暗灰绿色，有时为浅绿色、浅红色。由于颜色较深，故这类砂岩外貌上很似玄武岩、辉绿岩或其他较基性的脉岩。因此，过去曾有人将这类砂岩称为基性砂岩。它们之间的区别在于，岩屑砂岩成层状，有较明显的碎屑结构，含较多量的石英而缺乏较自形的长石和暗色矿物，有时还发育粒序层理。玄武岩、辉绿岩等则常见细小的长条状的斜长石微晶或较大的斜长石斑晶，一般无石英，常具斑状结构、杏仁构造、气孔构造，无层理。脉岩具有切穿其他岩层的侵入特征也是岩屑砂岩不曾具有的。过去在一些教科书中把一些暗灰绿色至黑色的含基质较多的岩屑砂岩称为“硬砂岩”，后因该术语含义较广，各人使用时的含义又不尽相同而常引起混乱，故现在已很少使用这一名称了。

岩屑砂岩多形成于地壳运动剧烈的时期，由母岩迅速剥蚀和快速堆积而成。多数岩屑砂岩分布于地槽区，有人认为它们是深海浊流沉积的产物。还有很多岩屑砂岩分布于近母岩的山区的内陆盆地中，如华北地区许多中、新生代的内陆沉积盆地内即有大量的岩屑砂岩。我国西北、西南地区的构造活动带内均有岩屑砂岩分布，其中许多被认为是浊流沉积的。

4)长石石英砂岩。是介于长石砂岩和石英砂岩之间的过渡类型，其碎屑中长石含量为5%～25%，石英小于95%，岩屑含量小于长石。岩石多为浅红色至灰白色，中粒至粗粒，分选性及圆度中等，胶结物常为硅质及钙质，有时有泥质基质。这类砂岩常与石英砂岩或长石砂岩共生。

5)岩屑石英砂岩。是岩屑砂岩和石英砂岩之间的过渡类型，其特点是岩屑含量为5%～25%，石英小于95%，长石含量小于岩屑。灰色至深灰色，粗粒至细粒，圆度及分选性都较差，填隙物常为泥质基质及钙质，胶结类型多为孔隙式。岩屑砂岩分布很广，在很多煤系地层及中、新生代的陆相沉积中常见。

4. *砂岩的定名*

砂岩定名主要应考虑利用石英-长石-岩屑定量碎屑三角命名图获得的基本岩石名称，然后再加上颜色、胶结物成分和碎屑物粒度结构的修饰。这里需说明，在投影三角命名图之前应将含量估计中的胶结物分数减去，然后以石英、长石和岩屑三屑的总和为100%来计算各种碎屑的百分数含量。其命名原则是：

颜色＋胶结物＋基本岩石名＋结构＋砂岩

如灰白色硅质长石石英中砂岩、灰色泥质岩屑石英粗砂岩。

5. 砂岩研究地质意义

砂岩分布很广，各地质时代及各种地质环境均可出现，其物质组成、结构和构造特征能很好地指示母岩性质、风化程度、剥蚀和堆积速度、搬运介质的性质、搬运的距离和方向、水动力强度等条件。因此砂岩研究有助于恢复形成砂岩的古地理、古气候和古水流环境；尤其能对工作区地层划分提供帮助。

砂岩体常是良好的储水层和储油层，故在水文地质和石油地质上有重要的意义。砂岩的含水性和透水性主要决定于岩石的孔隙度、孔隙的大小及连通的情况。砂岩的孔隙度与岩石的分选性、颗粒的圆度、胶结物的成分及胶结类型等密切相关。一般是分选性好、颗粒圆度高的岩石其孔隙度也较高，反之，则孔隙度低。胶结物成分、胶结的紧密程度和胶结类型对岩石的孔隙度也有很大的影响。钙质胶结物易被溶解，故其留下的岩石孔隙易成为石英再生加大的物质充填空间。在胶结类型中基底式胶结的砂岩孔隙度最小，孔隙式胶结次之，接触式胶结的孔隙度最高。

砂岩的工程地质性能也很重要。砂岩的抗压强度一般较高，故它常可作为工程的基础岩石。而砂岩抗压强度也与岩石的成分及胶结情况有密切关系。一般含石英碎屑较多的砂岩抗压强度较大，含岩屑多的抗压强度小，硅质胶结的石英砂岩或沉积石英岩抗压强度最高。基质填隙及钙质胶结砂岩的抗压强度则稍差。砂岩是重要的建筑材料和玻璃原料，有的还含金、铂、金刚石、锡石、黑钨矿、刚玉以及铜、铀等矿产，所以研究砂岩还有重要的找矿意义。

(四)粉砂岩类

粉砂岩是0.05～0.005mm的陆源碎屑占50%以上的沉积岩。粉砂岩的碎屑成分以石英为主，常含数量不定的白云母，长石和岩屑均较少见，填隙物以泥质基质为最多，其次为钙质和铁质胶结物，硅质胶结物极少，常见钙质和铁质胶结物与泥质基质混杂在一起的情况。

粉砂岩多呈薄层状，常具微细的水平层理和微波状层理，这种层理多是由颗粒粗细不同而显现的。由于粉砂岩饱含水后易于流动，故包卷层理等变形构造也较常见。

粉砂岩因颗粒细小且含较多量的泥质，故外貌上很像泥质岩。在肉眼下它与泥质岩的区别是断口较泥质岩粗糙，不显贝壳状，触之无滑感，不易被水泡软，无可塑性。用放大镜观察时，常可见较多的石英、云母等颗粒。此外粉砂岩常因颗粒粗细或泥质含量不同而显现水平纹理或微波状层理，而泥质岩的水平纹理多是因颜色和成分不同造成的。粉砂岩是在搬运距离较远、水动力条件较弱、沉积速度缓慢的条件下形成的。它多分布于河漫滩、三角洲、沼泽以及湖、海的较平静的浅水地区。平面上分布常介于砂岩与泥质岩区的过渡带。在剖面上则常与砂岩或泥质岩成互层出现。

粉砂岩也多属含水岩层，但因其颗粒细小且含泥质较多，故其含水性及透水性都远不如砂岩，但具一定的隔水性能。在工程力学性质上，其抗压强度也不如砂岩高，加之其层理较薄又常与泥质岩共生，也常使其抗压强度降低。粉砂岩野外观察研究的内容与砂岩基本相同，但因其颗粒太细而使其粒度和碎屑成分较难确定，因此对粉砂岩不必再进一步分类。粉砂岩可根据其胶结物成分和颜色进行命名，如深灰色泥质粉砂岩或紫红色钙质粉砂岩等。

我国西北和华北广泛分布的黄土是一种半固结的泥质粉砂岩。其中粉砂的含量一般大于50%，其次为泥质，局部地区的黄土中泥质含量也有超过40%的，直径小于0.25mm的砂级碎屑含量较少，常不到10%。粉砂岩的矿物成分以石英、长石为主，其次是碳酸盐及粘土矿物。

我国西北及华北地区的黄土主要是风成的，部分是水成的。

(五)泥质岩类

1. 一般特征

泥质岩亦称粘土岩，它是粒度小于0.005mm的陆源碎屑和粘土矿物组成的岩石。绝大多数的泥质岩是由母岩化学分解后产生的粘土矿物经机械沉积而成的，只有极少数泥质岩是凝灰岩在成岩过程中蚀变而成的。泥质岩是分布最广的一类沉积岩，占沉积岩总量的60%左右。

泥质岩的矿物成分复杂，除主要成分粘土矿物外常有陆源碎屑矿物和自生矿物。粘土矿物常见的有高岭石、水云母、蒙脱石等。陆源碎屑矿物主要是石英、云母和极少量长石。自生矿物则多种多样，最常见的是铁的氧化物(褐铁矿、赤铁矿)、氧化硅矿物(玉髓、石英)、碳酸盐矿物(方解石、白云石、菱铁矿等)、硫酸盐矿物(石膏、硬石膏、重晶石等)、硫化铁矿物(黄铁矿、白铁矿)，此外还有海绿石、绿泥石和有机质等。这些自生矿物虽然含量一般不高，但能影响岩石的颜色及其物理工艺性质，并能反映岩石的形成环境，故不可忽视。

泥质岩的结构主要为泥状结构、粉砂泥状结构、鲕粒或豆粒结构、生物泥状结构等。具泥状结构的岩石几乎全由泥质质点组成，岩石致密细腻，具贝壳状断口；用手捻时有滑感；用牙咬时感觉不到有坚硬的碎屑颗粒存在；用小刀切割时，切面很光滑。泥质岩的鲕粒和豆粒结构外貌上与碳酸盐岩的鲕粒、豆粒结构相似，但其内部多为隐晶质致密状，无同心层或同心层极少，其鲕粒或豆粒的质地比周围的基质坚硬。

泥质岩的层理均为水平层理，但厚薄不一，厚度在1cm以下的层理称为页状层理或页理。页理发育的泥质岩通称为页岩；无页理或页理不发育的叫泥岩。泥质岩还常有干裂、雨痕、晶体印模以及水下滑动等构造。泥质岩的颜色变化很大，主要视岩石中有无色素物质铁质、有机质而定。不含色素物质的较纯的泥质岩通常为灰白色；含铁的氧化物时为红色、紫色、褐色；含绿泥石、海绿石等含低价铁的硅酸盐矿物时呈绿色；含细分散的黄铁矿及有机质较多时则呈黑色或灰黑色。它们都是指示形成环境的标志，并反映沉积介质的氧化还原条件。

质地较纯的单矿物泥质岩，尤其是弱固结的粘土具有一些特殊的物理性质，如可塑性、吸水性、烧结性、耐火性和吸收性等。这些性质使其具有一定的工业价值，被广泛应用作为陶瓷原料、耐火材料、漂白剂、净化剂和钻井泥浆原料等。但其中的一些物理性质，如可塑性、吸水性等对工程建设又具有极不利的影响，应当加以注意。

2. 泥质岩的分类和主要类型

由于泥质岩的成因复杂，颗粒又很细小，不仅肉眼难于鉴定，甚至在显微镜下有时也难以确定，加之研究程度较低，因此目前尚无一个较完善的泥质岩分类方案。在野外工作中使用的分类主要是根据泥质岩的固结程度、页理的发育情况等宏观构造特征划分的，通常依此而把泥质岩分为粘土、泥岩和页岩三类(表3-16)。各类的进一步划分则按其主要矿物成分或次要组分划定。

1)粘土。粘土是一种未固结或弱固结的泥质岩，基本上仍为土状，在水中易泡软，具不同程度的可塑性和粘结性，多为现代风化壳的产物。出露地表的泥质岩因风化和易被水浸泡而成土状并具明显的可塑性。常见的质地较纯的粘土有高岭石粘土、蒙脱石粘土和水云母粘土。

表 3-16　泥质岩按固结程度的分类

固结程度	构造特征	岩石名称
未固结或弱固结的	土状	粘土
固结的	具块状构造或页理不发育的	泥岩
	页理发育的	页岩

高岭石粘土　主要由高岭石组成。多为灰白色、浅灰色或浅黄色，土状，有滑感，具贝壳状断口。用舌舔之，有明显的吸附性，遇水后不急剧膨胀，但具可塑性。其粘结性和耐火性较高，故是重要的陶瓷原料和耐火材料。高岭石粘土是在潮湿温暖的气候条件下，由铝硅酸盐矿物经较强烈的化学风化而成，一般需要酸性（pH＝5～6）介质条件。这种粘土可是原地残积的，也有被搬运至湖、海、沼泽中沉积的。我国东南地区许多地方有残积的高岭石粘土，多构成花岗岩的风化壳。著名的景德镇瓷器所用的粘土就是高岭石粘土。“高岭石”一词即由江西浮梁县高岭山名而来。

蒙脱石粘土　蒙脱石粘土又名膨润土、斑脱岩、漂白土等。主要由蒙脱石组成，一般为灰白色、淡粉红色、淡黄色或浅灰绿色。断口不太平坦，有滑感，但不如高岭石粘土明显。吸水性极强，浸入水中后其体积急剧膨胀，这是蒙脱石粘土的重要特征和鉴定标志，也是对工程建设不利的性能表现。蒙脱石粘土的可塑性比高岭石粘土弱，但其吸收性强，故在工业上主要用作漂白剂和净化石油的原料，也用作钻井泥浆。蒙脱石粘土主要由中酸性凝灰岩在海水或地下水作用下分解而成，沉积于中性或碱性（pH＝7～8.5）的介质条件。我国河北宣化、张家口及浙江余杭等地均产有蒙脱石粘土。

水云母粘土　水云母粘土的成分一般比较复杂，除水云母外常有其他粘土矿物以及石英、长石、云母等碎屑矿物和各种自生矿物、有机质，纯的水云母粘土比较少见。水云母粘土的颜色也多为灰白色、灰黄色、浅绿色和淡红色等。可塑性比高岭石粘土差，但比蒙脱石粘土好，吸水后不像蒙脱石粘土那样急剧膨胀。多为粉砂泥状结构，常具水平层理及极细的波状层理。水云母粘土多为含各种铝硅酸盐矿物的岩石或凝灰岩化学分解的初期产物，无论大陆、海洋均可生成，条件是溶液富钾，介质稍偏碱性（pH＝7～8）。高岭石、蒙脱石在成岩过程中均可转变为水云母，故水云母粘土是泥质岩中最常见的类型。

我国四川、贵州一带中三叠统雷口坡组的底部有一层厚仅几十厘米但分布极广的水云母粘土。它质地较纯，呈灰白色至浅绿色，具鲕粒及豆粒结构，豆粒成分为 SiO_2。该层水云母粘土通称为“绿豆岩”，是由中酸性凝灰岩在海水作用下分解而成的，岩石中含 K_2O 较高，达 6.00%～12.50%。

2)泥岩和页岩。泥岩和页岩是泥质沉积物经成岩作用后固结而成的。泥岩层理不明显，呈块状；页岩则具明显的页理构造。泥岩和页岩的成分一般都比较复杂，主要由水云母或高岭石组成，并含碎屑物质和各种自生矿物，但也有部分泥岩较纯，主要由高岭石组成，可称为高岭石泥岩。高岭石泥岩常为深灰色至灰色，致密较硬，具贝壳状断口。我国石炭系、二叠系的煤系地层中常有这种质地较纯的高岭石泥岩，可作耐火材料和陶瓷原料。大多数泥岩和页岩常含一定数量的粉砂及其他自生矿物和有机质。含粉砂数量较明显时可称为粉砂质泥岩或粉砂质页岩。当泥岩和页岩含较多的自生矿物及有机质时，根据自生矿物及有机质等混入物的成分及颜色可将泥岩分为红色页岩(泥岩)、黑色页岩(泥岩)、碳质页岩(泥岩)、钙质页岩(泥岩)、硅质页岩(泥岩)等。

红色页岩(泥岩) 红色页岩(泥岩)是红色岩层中的主要岩石之一,含较多的分散的氧化铁和粉砂,有时含钙质结核。这种页岩多为陆相沉积,形成于较干旱气候带的氧化环境中,常和蒸发岩共生。

黑色页岩(泥岩) 岩石常多含细小分散或结核状的黄铁矿,化学成分上富含硫,岩石虽色黑但不染手。其层理一般较好,故黑色页岩比黑色泥岩多,无化石或只有浮游的生物化石(如笔石)。黑色页岩出露地表后常因其中的黄铁矿风化成氧化铁而使岩石的表面及节理裂隙染成淡红色。黑色页岩是在温湿气候条件下形成于湖泊、沼泽、海洋或泻湖等环境的较滞流的水体中,它们是在较强的还原环境下形成的。

碳质页岩(泥岩) 碳质页岩含大量炭化了的分散的有机质。黑色,页理发育,性脆,常含较多的植物化石,与黑色页岩的区别是碳质页岩能染手。碳质页岩多形成于湖泊-沼泽环境中,产于煤系地层之内。

硅质页岩(泥岩) 岩石含较多的隐晶质玉髓和石英等化学沉积的硅质矿物,多为灰黑色、深灰色、棕褐色等。岩石致密坚硬,具贝壳状断口,节理裂隙较发育。这类岩石与燧石岩很相似,不同的是硅质页岩硬度比燧石岩小,用小刀可以刻划,而燧石岩小刀不能刻划。硅质页岩常与燧石岩等硅质岩共生,其成因多与生物作用及火山作用有关。

钙质页岩(泥岩) 主要由粘土矿物组成,但含较多量的方解石混入物。常为浅黄、浅绿、浅红、浅灰绿、黄褐等色,致密,性脆,具贝壳状断口,风化后易成小碎块或小片,加盐酸起泡。常与碳酸盐岩共生。

3. 粉砂岩、泥质粉砂岩和泥岩(页岩)的区别

粉砂岩、泥质粉砂岩和泥岩(页岩)的鉴别和确定是十分重要的,尤其对于水文地质和工程地质工作人员来说尤为突出,现将三者的鉴定特征列于表 3-17 中。

表 3-17 粉砂岩、泥质粉砂岩和泥岩(页岩)的鉴别

	粉砂岩	泥质粉砂岩	泥岩(页岩)
颜色	土黄、灰绿、紫红		白、黄、黑、灰绿、紫红
构造	层状	层状	块状(层状)
层理	水平、微波状、厚度均一,延伸好	水平、厚度均一	水平,厚度不均一,延伸较差
物性	不吸水、透水,不具可塑性	半吸水、不具可塑性	吸水、隔水,具可塑性
滴水后搅动	沉淀有砂粒	沉淀有少量砂粒	浆糊状
手触	较粗糙、无滑感	少有滑感	平滑、有滑感
断口	参差不齐、粗糙	较粗糙	局部平整,贝壳状
用标本刻划小刀	留下擦痕	少许擦痕和粉末	留下粉末
放大镜观察	具有闪亮的石英颗粒	有时见石英颗粒	无石英颗粒
叶理面上有否云母	含云母片	少含云母片	不含云母片
风化产物	小叶片状	细小块状	粘土、泥

4. 泥质岩研究的地质意义

泥质岩是沉积岩中数量最多、分布最广的岩石。大多数泥质岩是在静水环境中沉积的，其颜色和成分常能反映沉积时的介质条件，因此研究泥质岩可了解沉积环境的介质条件。

质地较纯的粘土和泥岩是重要的陶瓷原料、耐火原料、漂白剂、净化剂和造纸工业的填充材料等。近年来发现泥质岩中还含有很多重要的金属矿产，如银、钼、锌、镍、铜、铬、钒、铀等。一些富含有机质的泥质岩还常是重要的生油岩石，因此，研究泥质岩具有重要的找矿意义。

研究泥质岩对水文地质和工程地质也具有十分重要的意义。由于泥质岩不具大的空隙，并饱含结合水，故不含水、透水，一般不能成为含水层，但可成为良好的隔水层。在工程地质上，泥质岩的抗压强度较低，且遇水易膨胀、泥化，强度降低，加之泥质岩易风化破碎，因此泥质岩很易引起岩层的滑动、崩塌，故对工程建设甚为不利。泥质岩的力学性质与岩石的矿物成分、裂隙发育的情况以及岩石的固结程度等有关，如蒙脱石粘土吸水性和膨胀性最大；水云母粘土次之；高岭石粘土最小。故在泥质岩地区进行水工建筑时，应对泥质岩物质成分、固结程度、裂隙发育情况等特性进行认真仔细的研究，以便采取相应的措施，减少其不利的影响。

四、内源沉积岩

内源沉积岩的物质主要是直接来自沉积盆地或沉积场所的溶液，它是沉积介质中的溶解物质经化学或生物化学作用沉淀形成的。它们从溶液中沉淀出来之后，除少部分在原地固结成岩之外，大多数都要在盆地内经受波浪、潮汐和水流、重力等作用，发生短距离的搬运和再沉积。此外，还有部分内源沉积岩是在成岩作用过程中经溶液与沉积物发生交代作用形成的，如某些硅质岩和白云岩等。内源沉积岩的成分多种多样，结构也比较复杂。

(一)碳酸盐岩类

1. 一般特征

碳酸盐岩是以钙、镁碳酸盐矿物为主要组成的沉积岩，其主要的岩石类型为石灰岩和白云岩。

(1)矿物成分

1)碳酸盐矿物：主要是方解石和白云石，少许有文石、铁白云石和菱铁矿。

方解石是石灰岩的主要成分，其成因有原生的，也有成岩的和次生的；有化学沉淀的，也有生物成因的。从化学成分上看，方解石主要有两种：一种是含 $MgCO_3$ 端员分子较高的方解石，称高镁方解石，其 $MgCO_3$ 含量通常为 11%～19%；另一种为低镁方解石，即通常所称的方解石，其 $MgCO_3$ 含量一般为 2%～4%，这里 $MgCO_3$ 端员分子以固溶体状态存在于方解石之中。高镁方解石主要出现于现代海洋沉积物中，它组成某些海生无脊椎动物的骨骼，也有部分是化学沉淀的。高镁方解石不稳定，在成岩作用过程中易转变为低镁方解石，故在碳酸盐岩中出现的方解石一般都是低镁方解石。

白云石是白云岩的主要成分。关于白云石的成因问题目前尚未完全解决。由于在常温常压的条件下未能人工合成白云石(在 150℃以上的较高温条件下可以人工合成)，在沉积盆地中也未能发现直接从水溶液中沉淀出的原生白云石，而在许多白云质石灰岩和白云岩中却经常看到白云石交代方解石或其他矿物的现象。因此很多人认为，大多数白云岩是交代成因的，是在成岩作用阶段由含镁质的溶液交代文石或方解石而成。

文石在现代碳酸盐沉积物中分布很广，但它在地表和非海洋的条件下稳定性很差，很易转变为方解石，故在年代古老的碳酸盐岩中几乎没有文石出现。

2)陆源矿物。通常在碳酸盐岩中都含有或多或少的陆源碎屑物质，它们主要是石英、长石、云母和粘土矿物。这些矿物除有时具较粗粒的石英、长石碎屑外一般在肉眼观察中很难确认，这是因为它们的颗粒细小、含量低的缘故。当这些碎屑物质在岩石中含量较高时，则形成陆源沉积岩和碳酸盐岩之间的过渡岩石类型。

3)非碳酸盐的自生矿物。常见的有氧化铁矿物、海绿石、黄铁矿、白铁矿、石英、玉髓、石膏、硬石膏、天青石、重晶石、磷灰石、萤石和石盐等，有时含有一些有机质，但含量较少。

(2)结构

1)粒屑结构。粒屑又称颗粒，粒屑结构是内源沉积物经波浪、潮汐和流水等机械作用的破坏、搬运和再沉积形成的。其特征可与陆源碎屑岩的碎屑结构相当。粒屑结构同样也包含颗粒(粒屑)、胶结物和基质、胶结物类型三要素。

a. 粒屑(颗粒)类型

内碎屑　是在水盆地内沉积不久的、固结或弱固结的碳酸盐沉积物经冲刷破碎而成，一般经短距离的搬运磨蚀，故常有一定的圆度和分选性，有的经水上暴露后，外缘常有红色的铁染的氧化圈。内碎屑的岩性常与相邻或下伏岩层的岩性有明显的关系，它们大多是薄层的微晶灰岩。内碎屑按其粒度大小可分为：①砾屑＞2mm；②砂屑 2～0.05mm；③粉屑 0.05～0.005mm；④泥屑＜0.005mm。

内碎屑的砾屑有时极似竹叶(图 3-27)。泥屑结构通常亦称泥晶结构，在肉眼观察下与微晶结构无法区分，故也可将其称为微晶结构。

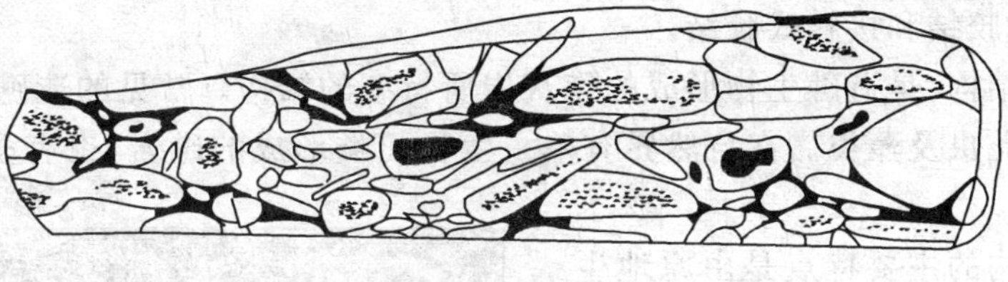

图 3-27　河北唐山内碎屑灰岩的砾屑结构

按 2∶1 绘，其砾屑极似竹叶

(转引自乐昌硕，1984)

生物碎屑　亦叫生物颗粒、化石碎片和骨屑等，它们是盆地内分散的生物遗体堆积而成的，并不包括由造礁生物形成的生物骨架结构。碳酸盐岩中常见的形成骨屑的生物门类很多，主要的有腕足类、双壳类、腹足类、头足类、珊瑚、苔藓虫、有孔虫、介形虫、叶肢介、三叶虫、海百合茎、海胆以及钙质藻类。这些生物遗体一般都经过水流和波浪的打碎磨损和搬运，故也常有磨圆和分选现象，少数生物遗骨也可以在原地埋藏而未经破碎。

鲕粒(豆粒)　鲕粒和豆粒都是内部具规则的同心层状结构的圆球状或椭球状颗粒，颗粒的核心多为陆源碎屑、骨屑或内碎屑。颗粒直径小于 2mm 的称为鲕粒，大于 2mm 的称为豆粒。在碳酸盐岩、硅质岩、磷质岩、铁质岩、铝质岩和锰质岩中，鲕粒结构都很常见。

团粒　是由微晶碳酸盐矿物组成的球状或椭球状小颗粒，无明显的内部构造，结构均匀。团粒大小一般为 0.1～0.5mm。关于团粒的成因尚有争议，一般认为是微晶方解石经生物化学或化学作用凝聚而成。部分团粒也可能是食泥动物的粪粒。团粒与细小的内碎屑用肉眼不易区分，但通常把粒度较细、颗粒大小较均匀、形状浑圆的颗粒认作团粒；把形状不太圆的颗粒当作内碎屑。与鲕粒的区别主要是团粒内部无同心层状构造。

团块　团块是具不规则外形的复合颗粒，常由微晶方解石胶结几个细小的生物碎屑、鲕粒或团粒等组成。颗粒大小不一，外形不规则，有的像葡萄串状。典型的现代碳酸盐团块见于巴哈马大海滩。

b. 基质

碳酸盐岩中的基质亦称灰泥基质或泥晶基质，主要由微晶方解石组成，这里简称为泥(微)晶基质，其粒径小于 0.03mm。泥(微)晶基质与陆源碎屑岩中的泥质基质相似，它们是与碎屑颗粒一起沉淀的，故岩石中泥(微)晶基质的存在表明其沉积物分选不好，是在水动力较弱的环境中沉积的。泥(微)晶基质在手标本上表现为污浊致密，不显晶粒而呈隐晶结构。泥(微)晶方解石成因多种，有化学成因的；生物化学沉淀的；从生物遗体中分解出来的；还有机械磨蚀作用形成的。

c. 胶结物(亮晶)

简称亮晶胶结物，是碳酸盐颗粒之间的化学沉淀物，一般是在颗粒沉积后从颗粒之间的粒间溶液中沉淀出来的，粒径大于 0.03mm。在手标本上亮晶胶结物一般为浅灰色至灰白色，显晶质结构，晶粒比较干净，放大镜下可看到晶粒轮廓和闪闪发光的细小解理面，断口较粗糙。粒屑结构为亮晶方解石胶结时，说明岩石是在水动力较强的高能环境中形成的，因为颗粒之间的微晶基质已被动力较强的水介质冲洗干净，余下的孔隙在成岩作用过程中为粒间溶液淀出的亮晶方解石所充填。粒屑碳酸盐岩胶结物的胶结类型与陆源碎屑结构一样，也可以分为基底式胶结、孔隙式胶结和接触式胶结。

2)生物骨架结构：是造礁生物形成的礁灰岩所特有的结构。常见的造礁生物有群体珊瑚、海绵、苔藓虫、层孔虫及藻类。在自然界有单一生物门类形成的礁岩，也有多种造礁生物造成的礁岩。

生物骨架结构的主要特点是由原地生长的造礁生物的遗体组成岩石的骨架，骨架内有许多大小不同、形状各异的孔隙和空洞。这些孔隙和空洞常被礁体内附生的生物遗体(如棘皮动物、有孔虫等)、造礁生物的碎屑物质以及化学沉淀的物质所充填。化学沉淀的充填物质主要为柱状或纤维状方解石，它们往往垂直骨架的表面或早期碎屑的表面呈放射状生长。其间常有许多孔隙未被充填满，这些余下的孔隙即成为地下水及石油和天然气储集的良好空间(图 3-28)。

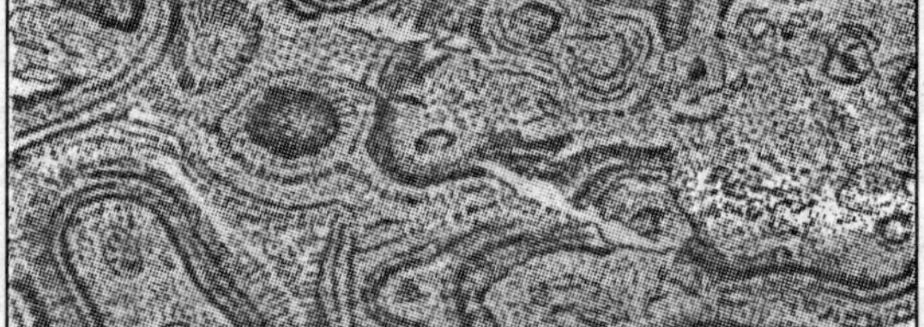

图 3-28　贵州望模生物骨架结构(有孔虫)

(转引自乐昌硕，1984)

3)晶粒结构。主要为化学沉淀和重结晶作用形成的结构，它包括显晶和隐晶两大类。隐晶质结构由微晶碳酸盐矿物组成，其晶粒小于0.03mm，肉眼及放大镜下都不能分辨，岩石致密，常具贝壳状或瓷状断口。显晶质结构是指肉眼或放大镜下均能分辨和确定碳酸盐矿物晶粒，其岩石断口较粗糙。

4)交代结构。这是肉眼难以观察到的结构类型，有时从标本上可以看到一些不同颜色的斑块或树枝状的脉络，显然这是它们交代主体岩石所致。

(3)构造

碳酸盐岩的构造种类有很多，在由机械搬运和沉积作用形成的碳酸盐岩中常见与流水作用有关的各种沉积构造，如斜层理、交错层理、波痕、冲刷痕迹等；在由浊流沉积形成的碳酸盐岩中则常有粒序层理以及槽模、沟模等构造；在原地沉积的碳酸盐岩中常见生物构造，如叠层石等；此外，结核、缝合线等构造也很常见。

2. *碳酸盐岩的分类和定名*

自20世纪50年代以来，碳酸盐岩的研究取得了很大的进展，有关碳酸盐岩的分类方案十分繁多，本书采用乐昌硕(1984)提出的方案(表3－18)。

表3－18　碳酸盐岩分类(据乐昌硕，1984)

依结构划分的岩石类型 / 成因类型	划分	异地石灰岩		原地石灰岩	重结晶石灰岩	白云岩	
岩石名称 / 结构特征	粒屑灰岩		泥屑灰岩或微晶灰岩	生物礁灰岩	显晶质灰岩	具原岩残余结构	无原岩残余结构
	粒屑＞10%		粒屑＜10%	生物骨架结构	晶粒＞0.03mm		
	亮晶胶结	泥(微)晶(＜0.03mm)基质	泥(微)晶＞90%				
粒屑类型	亮晶粒屑灰岩	泥(微)晶粒屑灰岩	泥(微)晶灰岩	块状生物礁灰岩	结晶灰岩	粒屑白云岩	晶粒白云岩
内碎屑	亮晶内碎屑灰岩	泥(微)晶内碎屑灰岩		层状生物礁灰岩	粗晶灰岩	内碎屑白云岩	粗晶白云岩
鲕粒	亮晶鲕粒灰岩	泥(微)晶鲕粒灰岩			中晶灰岩	鲕粒白云岩	中晶白云岩
骨屑	亮晶生物灰岩	泥(微)晶生物灰岩			细晶灰岩	粒屑生物白云岩	细晶白云岩
团粒	亮晶团粒灰岩	泥(微)晶团粒灰岩				团粒白云岩	泥(微)晶白云岩

我们根据野外观察的实际情况和习惯性作法提出一套简单的岩石命名方案(表3-19)。

由表3－19可知，按内碎屑粒径、特征的粒屑类型和构造特征确定的碳酸盐岩名称只是碳酸盐岩的基本岩石名称，进一步定名还需加上“亮晶”胶结物或“泥晶”基质的前缀，如亮晶砾屑灰岩、泥晶鲕状灰岩等。亮晶相当于陆源碎屑岩中的胶结物,在粒屑结构中的粒屑间起着胶结的作用。亮晶沉淀需要沉淀的空间(孔隙),当沉积物含有较多的泥晶基质时则胶结物含量就少,所以亮晶的存在和含量多标志着处于强烈动荡的高能水流环境,这样的水体冲刷泥晶基质就会留下亮晶沉淀的较多的空间。泥晶相当于陆源碎屑岩中的泥质碎屑,表明形成的水流作用较弱,是在水动力条件很弱或静水环境中沉积的。此外,在有多种粒屑组分共同存在时,则按少前多后的原则对粒屑类型排序,如亮晶鲕粒生物碎屑灰(白云)岩,显然,该岩石生物碎屑含量多于鲕粒。

表 3-19　碳酸盐岩的主要种类和定名

胶结物、基质	据内碎屑粒径大小定名	据特征的粒屑类型定名	构造
亮晶或(和)泥晶	砾屑灰(白云)岩 (竹叶状灰岩) 砂屑灰(白云)岩 粉屑灰(白云)岩 泥晶灰(白云)岩	鲕状灰(白云)岩 生物碎屑灰(白云)岩 团粒灰(白云)岩	核形石灰(白云)岩 叠层石灰(白云)岩 礁灰(白云)岩

3. 碳酸盐岩的主要类型及特征

(1)灰岩(石灰岩)

1)亮晶粒屑结构的:亮晶粒屑结构的灰岩由粒屑和亮晶方解石组成,一般粒屑含量较多,常为粒屑支撑。组成粒屑亮晶灰岩的粒屑类型,常见的有内碎屑、鲕粒、豆粒、骨屑、团粒等。粒屑亮晶灰岩是在水动力较强的环境中形成的,因此,这类灰岩中的粒屑具有较高的圆度和分选性,常有具波浪、流水和潮汐作用形成的交错层理、粒序层理、波痕、冲刷痕迹等。粒屑亮晶灰岩的厚度一般不大,且横向变化较快。常见的有以下几种。

亮晶砾屑灰岩　主要由大于 2mm 的内碎屑组成,其砾屑大小变化范围较大,由几毫米至几十厘米不等,但通常以几厘米至十余厘米者为最多。砾屑多为扁平状,故在垂直层理的切面上常呈竹叶状,圆度和分选较好。砾屑成分多为致密的泥(微)晶灰岩。岩石一般为灰至深灰色,但也有浅黄、浅红等色。砾屑亮晶灰岩一般厚度不大,底部常有冲刷痕迹。

亮晶砂屑灰岩　主要由 2～0.05mm 的内碎屑颗粒组成,颗粒多为圆至次圆状,分选较好,有时可含少量砾屑。砂屑成分亦常为泥(微)晶灰岩,颜色常比亮晶胶结物深。砂屑亮晶灰岩比砾屑亮晶灰岩更为常见。砂屑亮晶灰岩常有较好的交错层理、粒序层理和波痕等构造。

亮晶鲕(豆)粒灰岩　主要由鲕粒(豆粒)和亮晶方解石组成,鲕粒或豆粒一般都具有规则的圆状或椭圆状,鲕粒往往有一核心和环绕其生长的同心环,颗粒的大小均匀,鲕粒小于 2mm,豆粒大于 2mm。亮晶鲕粒灰岩常具明显且规模较大的交错层理,层面上还常出现较大规模的波痕构造。亮晶鲕粒灰岩厚度不大,多为几十厘米至几米,鲕粒灰岩比豆粒灰岩更为常见,但有时两者可同时出现并互相过渡。亮晶鲕粒灰岩中粒屑成分除鲕粒外,还常含少量生物化石颗粒和内碎屑颗粒。现代鲕粒形成于温暖(>20℃)和强烈搅动的浅水(深 2m 左右)环境中,多出现于潮汐砂坝和潮汐三角洲地带,其形成时的水体清洁,盐度稍高(37‰左右)。在古老的碳酸盐岩地层中鲕粒灰岩有较广泛的分布,如我国北方的寒武系、奥陶系,南方的石炭系、二叠系、三叠系的碳酸盐岩中均有鲕粒灰岩出现。

亮晶生物碎屑灰岩　主要由各种分散的生物遗体(骨屑)和亮晶方解石组成,其中的生物遗体除某些较坚固的微体生物外,一般多为破碎状,并具有一定程度的磨圆和分选。常见的生物化石颗粒的种类很多，如海百合、有孔虫、珊瑚、三叶虫、腕足类、腹足类、双壳类、头足类、介形虫和红藻及绿藻类的碎屑等。有些亮晶生物灰岩几乎只由一种生物遗体组成，如有孔虫、海百合、三叶虫、软体动物或者单体珊瑚等，此时亮晶生物灰岩可按其主要生物组分来命名，如有孔虫灰岩、亮晶海百合灰岩、亮晶三叶虫灰岩等。但有时则为多种生物骨屑组成，其详细命名则可按复合命名法进行，即以最多的生物骨屑为基本名称，数量较少的生物名称作为前缀，如亮晶珊瑚-海百合灰岩。亮晶生物灰岩在露头上因各种颗粒和胶结物等抗风化能力不同而出现较明显的差异风化现象，因而使岩石的外貌显得较为粗糙，甚至出现较多的孔洞。由于生物骨屑的形状及内部结构构造也较特殊，因此不难与其他亮晶粒屑灰岩相区别。亮晶生物灰岩常出现交错层理和粒序层理。一些长条形的生物化石，如单体珊瑚及较长的海百合茎等常有明显的定向排列，可指示水流方向。亮晶生物灰岩多出现于潮间带和潮下高能的浅水地带。

2)泥(微)晶粒屑结构的：岩石由粒屑和微晶(灰泥)基质组成。泥(微)晶粒屑灰岩中粒屑的种类与亮晶粒屑灰岩一样，也可以有内碎屑、鲕粒(豆粒)、骨屑和团粒等。由于岩石中有泥晶基质存在，故分选性较差。粒屑的圆度变化较大，从棱角状的至圆状的都有，表明它们是在水动力条件较弱的环境中形成的。泥(微)晶粒屑灰岩也可按粒屑种类的不同划分为泥(微)晶粒屑灰岩、泥(微)晶鲕粒灰岩、泥(微)晶生物灰岩、泥(微)晶团粒灰岩等。泥(微)晶粒屑灰岩在地层中的数量可能比亮晶粒屑灰岩更多。

我国华北寒武系、奥陶系、石炭系以及南方石炭系、二叠系和三叠系碳酸盐岩中，泥(微)晶粒屑灰岩分布很广。如华北寒武系地层中的泥(微)晶砾屑灰岩，通常称为竹叶状灰岩，砾石具微晶结构，有的外围常有红色的氧化铁晕圈，系由薄层状碳酸盐岩破碎而成。砾屑间为泥晶基质充填。

3)泥(微)晶为主的泥(微)晶灰岩：主要由小于 0.03mm 的碳酸盐颗粒和泥(微)晶方解石组成，而大于 0.03mm 的粒屑含量小于 10%。这类灰岩的成因比较复杂，有机械沉积的、生物沉积的以及化学和生物化学沉积的。有人把机械成因的称为泥屑灰岩，化学成因的称为微晶灰岩，但由于这类灰岩的颗粒太细，即使在显微镜下也不易区分它们是何种成因的，肉眼观察就更无法区分了，因此总称之为泥(微)晶灰岩。

泥(微)晶灰岩一般为浅灰色至深灰色，微晶结构或隐晶质结构，致密、断口光滑，有时具贝壳状，风化面细腻，过去因人们常用此类灰岩做印刷石板，故称为“石印灰岩”。当泥(微)晶灰岩含较多的泥质及氧化铁时，岩石则常为淡黄灰色或淡红灰色。该岩石常具块状层理或水平纹理以及无流水介质作用形成的各种层理，表明它们是在静水或水动力条件很弱的环境中形成的，在较深水的盆地或受保护的泻湖沉积中也多见。

4)骨架结构的，可分为以下几种。

<u>生物礁灰岩</u>　由固着生长的造礁生物形成的石灰岩，故是原地形成的。常见的造礁生物有层孔虫、苔藓虫、珊瑚、海绵以及藻类等，它们在生长过程中互相缠绕粘结，构成坚固的抗浪骨架，结成丘状礁体(图 3-29)。除上述造礁生物

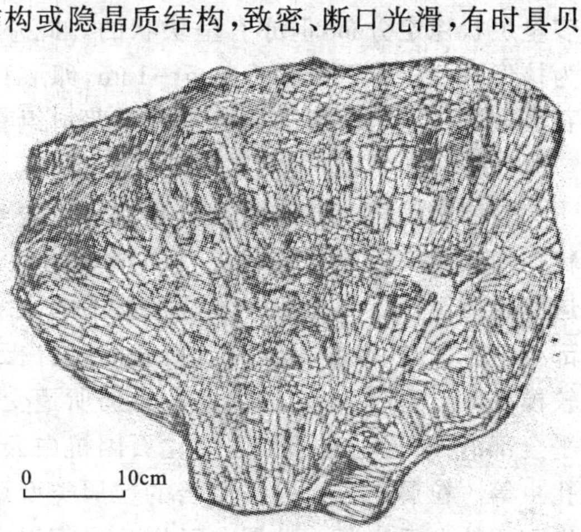

图 3-29　珊瑚群体原地生长的礁灰岩

(转引自乐昌硕，1984)

外，在礁灰岩中还常有棘皮动物、腕足类、软体动物、有孔虫等附生生物。此外，由于生物礁都是在风浪很大、水流畅通的浅水地区形成的，因此造礁生物的骨骼常因海浪的冲击而破碎，形成的大量碎屑又充填于生物礁体内的孔隙或洞穴中，或堆积于礁体的前缘及翼部。由于造礁生物形成的抗浪骨架内孔隙甚多，附生生物的遗体和礁体碎屑不能填满，余下的孔隙或洞穴在成岩作用过程中则被孔隙溶液中淀出的亮晶方解石充填，这些亮晶方解石常沿孔隙的内壁呈晶簇状向内生长，构成礁灰岩所特有的生物骨架结构。

生物礁灰岩多为块状，一般无层理。由于其生长时常高于周围的同期沉积物，故露头上可见其切割围岩的层理，其外围岩层则以较大的角度向外急剧倾斜（图 3-30）。生物礁的形态和大小变化很大，有的厚仅 1～2m，有的则可厚达数百米，延伸可达上千千米。按形态和生长位置，生物礁分为岸礁、堡礁、台礁、环礁、斑礁等类型。岸礁发育于陆地或岛屿边缘，紧贴海岸生长，外侧为开阔海；堡礁是一种平行海岸生长的礁体，其外侧为开阔海，内侧为泻湖；台礁是一种顶部平坦、局部或全部浸没在水中的礁体；斑礁为孤立的、多少呈圆形的礁体，主要出现在陆棚上。

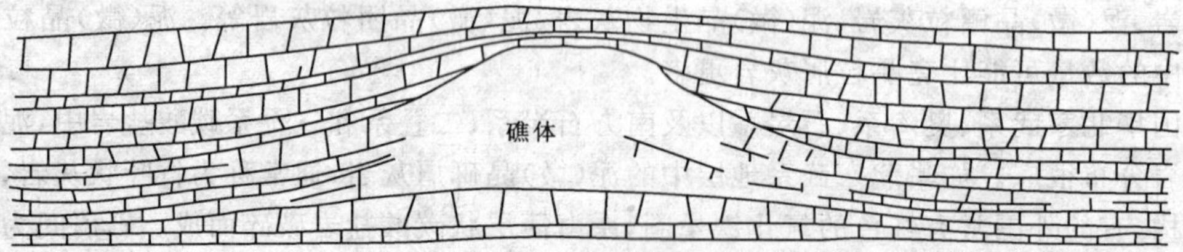

图 3-30　礁灰岩与周围岩层关系

藻灰岩　藻灰岩是原地生成的一种生物-生物化学沉积岩。某些钙质藻类，如红藻和绿藻分泌的钙质骨骼可造成原地生长的藻灰岩。但在地层中见得更多的是与蓝绿藻生物化学作用有关的藻礁沉积。由于蓝绿藻的生长繁殖，可以造成各种形态的叠层石，大量的叠层石的堆积即可形成叠层藻灰（白云）岩。我国震旦系和寒武系地层中有极发育的叠层藻灰（白云）岩。大多呈层状稳定分布，但亦有呈块状的。此外，有时蓝绿藻在水底呈同心环状聚集和繁殖，称之为核形石。核形石粒径为 0.5～1cm，卵形和近圆形。这种具核形石的灰（白云）岩简称为核形石藻灰（白云）岩。我国大冶二叠系茅口组有这种灰岩出露。

(2)白云岩

粒屑白云岩　粒屑白云岩是粒屑灰岩经白云石化形成的，其中白云石含量在 50%以上。粒屑白云岩中可以具粒屑灰岩中出现的各种粒屑类型，如内碎屑、鲕（豆）粒、骨屑和团粒等。这些粒屑经白云石化后一般都遭受不同程度的破坏，但多少保留有原颗粒的外形和基本的内部构造。团粒、鲕粒等经白云石化后，其白云石晶粒比原方解石粗大，鲕粒的同心层构造变得较模糊，但仍保留一定的痕迹。骨屑所遭受的破坏则更为强烈，多数生物化石经白云石化后几乎全部消失，但也有部分生物化石因抗白云石化能力强而保存下来，如某些珊瑚、海百合和有孔虫等。粒屑白云石可按原岩的粒屑类型划分为内碎屑白云岩、鲕粒白云岩、生物（骨屑）白云岩和团粒白云岩等。粒屑白云岩分布相当广泛，如四川以及长江中下游的三叠系地层中就分布有内碎屑白云岩、鲕粒白云岩、生物（骨屑）白云岩、团粒白云岩等，它们常与石膏、岩盐等蒸发岩共生。

泥(微)晶白云岩　主要由泥(微)晶白云石组成，通常只含少量方解石和泥质、铁质等杂质，但有的泥(微)晶白云岩则可含较多的陆源碎屑、燧石条带或燧石结核等，与蒸发盐类共生的泥(微)晶白云岩则常含石膏、硬石膏、岩盐等蒸发盐类矿物，但由于这些蒸发盐类矿物在靠近地表时较易溶解或被方解石交代，故在露头上只能看到这些盐类矿物的晶模或假象。泥(微)晶白云岩一般为浅灰色或浅黄灰色，断口常比泥(微)晶灰岩粗糙，很少呈贝壳状而多呈瓷状。风化面常具密集的纵横交错的刀砍状溶沟。泥(微)晶白云岩中多具水平纹理构造，也有的为块状构造。此外，有些泥(微)晶白云岩中可出现叠层石构造、泥裂和鸟眼构造等。

泥(微)晶白云岩分布很广，是白云岩中最重要的类型。一般层位稳定，厚度大小不一，由几十厘米至几百米，不含或极少含化石，其共生岩石可为蒸发岩、石灰岩、陆源碎屑岩。这类白云岩的成因目前尚未解决，有认为是交代成因的，也有认为是原生沉积的。

中—粗晶白云岩　岩石具中—粗粒结构，无任何原岩的残留结构，亦无化石出现。岩石一般为浅灰色至灰色，断口呈砂糖状，呈层状、透镜状或不规则状产出。这种岩石是较强烈的白云石化和重结晶作用形成的。我国震旦系及寒武系地层中有较多的中—粗晶白云岩出现。

(3)石灰岩与白云岩交生的豹皮灰岩

这是一种白云石交代方解石形成的白云石呈聚集斑块分布于灰岩之中的岩石，因白云石聚集斑块犹如豹皮而得名。

(4)石灰岩与白云岩之间的过渡岩石种属

石灰岩与白云岩之间的过渡岩石种属取决于方解石和白云石的相对含量(表 3-20)。需说明的是，这种划分在野外观察实践中是很难做到的。

表 3-20　根据方解石和白云石的相对含量划分的过渡岩石种属

岩石类型		方解石(%)	白云石(%)
石灰岩	石灰岩	100～90	0～10
	含白云质石灰岩	90～75	10～25
	白云质石灰岩	75～50	25～50
白云岩	灰质白云岩	50～25	50～75
	含灰质白云岩	25～10	75～90
	白云岩	10～0	90～100

4. *石灰岩与白云岩的野外鉴别*

石灰岩与白云岩在野外不太好区分，尤其是两者过渡的类型就更难鉴别，现总结区分标志，列于表 3-21。

5. *碳酸盐岩的成因*

(1)石灰岩的成因

近二十多年来对现代碳酸盐沉积物的研究表明，石灰岩主要由海相生物硬体组成，因此认为石灰岩主要是生物作用形成的。一方面许多生物可以分泌 $CaCO_3$ 组成自身的骨骼，死亡后形成各种粒屑、生物骨架和部分微晶方解石；另一方面又可以通过光合作用吸取水中的 CO_2，使 $CaCO_3$ 达到过饱和而沉淀，海中的许多文石微晶可能是通过这种作用形成的。生物的生长和繁殖需要适宜的环境，现代热带和亚热带的温暖、清洁的浅海地区最适合于各种钙质动植物的生长，因此现代碳酸盐沉积物也主要是在这些地区形成的。

表 3-21　石灰岩与白云岩的鉴别

	石灰岩	白云岩	灰质白云岩 白云质灰岩
颜色	灰、灰黑、青灰	灰、灰白	浅灰色
加 5%稀盐酸	剧烈起泡	粉末少起泡（新鲜面不起泡）	新鲜面微弱起泡
物性	韧性	脆性	脆性
岩石断口	较平整光滑	砂状	瓷状
风化露头	不见粉末状风化物	风化面见粉末状风化物	少见粉末状风化物
风化表面	不具刀砍纹	常具刀砍纹 （含少量方解石被溶解）	少见刀砍纹
化石	常有	无	少有

真正化学沉积的碳酸钙可能较少，一般认为鲕粒、石灰华以及干旱地区强烈蒸发盆地内的文石微晶可能是化学沉淀的。过去人们曾经认为那些极细粒的泥（微）晶灰岩是化学成因的，但近年来经高倍电子显微镜的研究，发现许多泥（微）晶灰岩是由颗粒极细的微体和超微体化石（如颗石藻）组成的。在深海和半深海环境中，也有一些碳酸盐沉积下来，它们主要是由浮游的有孔虫、翼足类等微体生物及漂浮藻类（如颗石藻）等组成。深海碳酸盐沉积只能出现于一定的深度以上，因为随着海水深度的增加，海水的温度将逐渐降低，压力逐渐加大，CO_2 的含量会逐渐升高，因而会使 $CaCO_3$ 在海水中的溶解度随海水深度增加而增大，因此在海水深处（一般为水深 200m 以下）$CaCO_3$ 是不饱和的，故从海水表层沉积下来的浮游钙质生物的遗体在深部海水中将被逐渐溶解。碳酸钙在海洋中能够堆积的最大深度称为碳酸钙的补偿深度（CCD），在这一深度以上可以有碳酸钙堆积，超过这一深度则无。碳酸钙的补偿深度在不同的海洋中是不一样的，它与该地区钙质生物生长的数量有关，一般大约为 4 000m 左右，但在南极地区则不到 1 000m。

波浪、潮汐和水流的机械作用可以破碎已形成的碳酸盐沉积物，并使它们被短距离地搬运和再沉积，对碳酸盐沉积物的结构和分布有很大的影响。如在水动力条件强的地区常形成颗粒较粗的亮晶粒屑灰岩，在水体比较平静的地区多形成泥（微）晶灰岩。

（2）白云岩的成因

在古老的地层中常有白云岩出露，而且地层愈老其内的白云岩含量愈高。在现代沉积物中也发现有白云石，但数量很少。人们经过多年的研究还发现，在古老的白云岩和现代的沉积物中，许多白云石都是交代早先存在的碳酸钙矿物形成的，加之在常温常压条件下人工合成白云石的试验一直没有取得成功，因此现在多数人认为大部分白云岩都是交代作用形成的，即是白云石化作用的结果。

近二十多年来，人们在一些地方的现代沉积物中发现了数量不多的白云石。如波斯湾南岸、澳大利亚的库隆泻湖、加勒比海的巴哈马滩、委内瑞拉的匹克密尔泻湖、美国大盐湖、哈萨克斯坦的巴尔喀什湖等。这些地区的白云石的形成环境条件有三个共同点：①白云石形成于出露的潮坪沉积物中或极浅的水中；②沉积物的结构情况证明这些白云石是交代已有的碳酸钙矿物而成的；③形成白云石的水溶液具有很高的 Mg/Ca 比值，从 1～100，一般为 10～20（河水 Mg/Ca 比值为 0.46，海水为 5.2）。总之，白云石化需具备两个条件，其一是要有合适的化学成分的水溶液，其二是要有足够数量的这种水溶液能通过的沉积物孔隙。

6. 碳酸盐岩研究的地质意义

碳酸盐岩约占沉积岩总量的 1/5，是分布十分广泛的一类岩石，从前寒武纪至现代均有产出。碳酸盐岩形成于潮坪、泻湖、浅海、深海和陆相湖泊等各种环境，不同环境下形成的碳酸盐岩有较明显的特点，因此，碳酸盐岩是良好的指相标志。

碳酸盐岩是重要的工业原料，石灰岩可作冶金工业的熔剂，白云石可作耐火材料，它们也是重要的化工原料，石灰岩还是主要的水泥原料。在碳酸盐岩中常有许多与之共生的金属和非金属矿产，如汞、锑、铜、铅、锌、钼、钴、银、钨、镍、锡、钒、铁、石膏、岩盐、钾盐、冰洲石等。重要的是，它们还是油、气、水的储集岩层，世界上许多大的油气田都产于碳酸盐岩之中。故研究碳酸盐岩对寻找矿产和地下水资源具有重要的意义。

碳酸盐岩的水文和工程性能也有一定的特殊性。碳酸盐岩的抗压强度中等，但因其较易溶解，故常发育溶洞，会直接影响工程地基的稳固性，如安宁温泉附近安宁河大桥基础之下有溶洞存在，曾引起数个桥墩不同程度的歪斜。水利工程建设对岩溶问题更应十分重视，因溶蚀裂隙和溶洞可引起水库水及大坝渗漏，故在碳酸盐岩地区施工时一定要很好研究岩溶发育的情况和分布规律，以避免和防止其对工程的危害。影响岩溶发育的因素很多，岩石的物质成分和结构是最基本的，一般来说，质地较纯的石灰岩比含硅质、泥质的石灰岩易溶解；孔隙度大的岩石比孔隙度小的岩石易溶解；薄层状的岩石比厚层块状岩石更易发生褶皱、断裂和破碎，造成溶洞较发育。

（二）硅质岩类

1. 一般特征

硅质岩是以化学作用和生物化学作用形成的富含 SiO_2 的沉积岩，其 SiO_2 的含量一般为 70%～90%，有的可高达 99%。石英砂岩或沉积石英岩在成分上与硅质岩很相似，但它们却是陆源碎屑沉积岩。

硅质岩的主要矿物为氧化硅矿物石英、玉髓和蛋白石。蛋白石为非晶质的矿物，仅见于中、新生代的硅质岩中；在古老的地层中，蛋白石多已转化为玉髓或石英。

硅质岩多为隐晶质结构，部分可为鲕粒结构和骨屑结构，常呈层状、条带状或结核状产出。颜色多为灰黑色或灰白色，部分为红色或绿色。大多数岩石都是非常致密坚硬的岩石，具贝壳状断口，化学性质稳定，不易风化，只有硅藻土等某些生物硅质岩是疏松多孔的。

硅质岩分布较广，在沉积岩中其数量仅次于泥质岩、砂岩和碳酸盐岩而居第四位。硅质岩的研究程度较低，在其成因及分类等问题上仍有许多不同的意见。

2. 硅质岩的分类及主要类型

(1)生物成因的

硅藻土　是由硅藻遗体堆积后经初步成岩作用而成的一种土状岩石。硅藻由蛋白石组成，由于其个体很小，通常小于 0.01mm，故肉眼下分辨不出硅藻个体。

硅藻土呈灰白色或淡黄色，土状，质软而轻，孔隙度很大，有时可达 92%，其密度只有 0.4

～0.9g/cm³。吸收性能很强。粘舌，易碎，用手捻之易成粉末。常有层理但有时层理不太显著。我国云南腾冲和山东临朐中—新生代玄武岩之上就分布有硅藻土层。

海绵岩　主要由硅质海绵骨针组成。其矿物成分多为蛋白石，但有时为玉髓，在古老的岩石中，多半由蛋白石转变而来的玉髓组成。其他混入物有粘土、海绿石、砂和粉砂等。海绵岩呈灰绿色或黑色，细粒状，分为坚硬和疏松两种类型。坚硬的海绵岩致密，不透水，可作建筑材料。疏松的海绵岩胶结程度差，一般少见，只在个别地区的挽近纪地层中见到。

放射虫岩　主要由硅质放射虫介壳组成。按固结程度不同，放射虫岩也分为坚硬和疏松两种类型。疏松的放射虫岩似硅藻土，质轻，灰色或黄灰色，见于白垩纪和挽近纪沉积岩中。坚硬的放射虫岩，通常为含放射虫很多的硅质板岩和碧玉岩，有时也统称之为放射虫硅质岩。这种岩石常为灰黑色、淡红色或灰绿色，致密、坚硬，多见于地槽区的中生代和古生代海相沉积中，如我国西藏南部的中生代地层中就分布有很多放射虫岩。

(2)化学成因的

碧玉岩　主要由石英和玉髓组成，常混有氧化铁、粘土矿物、钙质、凝灰质和有机质。颜色多变，常为红、紫、灰、绿、绛等色，具较鲜艳的颜色是碧玉岩和其他硅质岩区别的重要特征之一。许多碧玉岩中常含放射虫等硅质生物遗体。碧玉岩具隐晶质结构，致密、坚硬，具贝壳状断口。碧玉岩的构造较简单，除含杂质较多的碧玉岩具微细纹理及条带状构造外，大多是致密块状的，层理不很清楚。它主要分布于地槽区，常与火山岩共生形成巨厚的硅质-火山建造。其成因一般认为与海底火山喷发有关，硅质物质是从海底喷发物中分解出来的 SiO_2 沉淀而成。但也有的学者认为它是生物成因的，为放射虫岩等生物成因的硅质岩经重结晶形成，这种碧玉岩与火山作用并无明显的关系。

燧石岩　燧石岩是一种最常见的硅质岩，主要由蛋白石、玉髓和石英等组成。隐晶质结构，少数为鲕粒结构，致密、坚硬，具贝壳状断口，颜色多样，以灰黑色者为最常见，也有黄色、灰白色。燧石岩多呈结核状、透镜状或条带状产于碳酸盐岩或泥质岩中，少数成较薄的层状，但不构成巨厚的岩层。燧石岩形成有原生沉积和交代成因两种认识，原生成因的燧石岩成层状，隐晶质结构，无交代现象。一些具鲕粒结构、团粒结构的燧石岩多是由 SiO_2 交代碳酸盐岩形成的，其中的鲕粒仅是交代残余；结核状的燧石岩也被认为是成岩作用过程中交代围岩形成的。

3. 硅质岩研究的地质意义

硅质岩中以燧石岩和碧玉岩分布最多，碧玉岩主要见于地槽区，并常与火山岩共生；燧石岩则多出露在地台区，常与碳酸盐岩、泥质岩及蒸发岩共生。在时代上，从前寒武纪到新生代均有硅质岩出现，但自寒武纪之后硅质岩有逐渐减少的趋势。从成因上看，在古老的地层中生物成因的硅质岩不甚显著，化学成因的硅质岩是主要的；时代愈新，生物成因的硅质岩愈来愈多。

我国硅质岩的分布很广，如鞍山地区前寒武纪地层中的含铁石英岩就是一种变质的碧玉铁质岩。在震旦纪的碳酸盐岩及南方二叠纪的石灰岩中都含有大量的条带状燧石岩和结核状燧石岩。在西北和西南地区的古生代和中生代地槽中有硅质-火山岩建造。在东部地区的中、新生代盆地中有相当多的湖泊相的硅藻土。硅质岩的用途有多种：硅藻土因其孔隙多且具有极强的吸附能力和良好的隔热、隔音性能，工业上常用作漂白剂、吸附剂和隔热隔音材料；燧石岩因其硬度高，常用作研磨材料；碧玉岩可作细工石料，色泽美丽的可作宝石。

4. 硅质岩-泥质岩-碳酸盐岩的过渡类型

无论标本和野外露头尺度的观察还是显微镜下的研究都发现，硅质岩和泥质岩可以呈连续过渡而无彼此分割的界面；泥质岩和碳酸盐岩之间也同样如此。不同的是，硅质岩和碳酸盐岩总是相伴而又各自聚集，彼此间有明显的界面可以隔开。尤其是在硅质岩相对于碳酸盐岩的体积分数较少时（自然界大多是这种情况），这种相隔又相伴的现象十分普遍，常表现为硅质岩呈结核、瘤块、条带和纹层分布于碳酸盐岩之中。

尽管沉积岩岩石学家将硅质、泥质和碳酸盐的物质来源、物质状态、搬运和沉积方式以及成岩方式都作了详细的研究，而且将泥质组分确定为小于 0.005mm 陆源的碎屑，硅质组分是内源化学物质；碳酸盐却是内源的泥（微）晶颗粒。它们三者间的两两关系显然是不对称和不同的。从事实上的岩石特征来看，硅质组分与泥质组分、泥质组分与碳酸盐组分均为两者无限混溶的溶液，且这种混溶不受外界环境条件影响，故固结成岩后能形成结构构造均一，两端元组分可呈任意比例的连续过渡的一系列岩石。对于硅质与碳酸盐组分来说情况则明显不同，在成岩之前它们两者可能是无限混溶的溶液，在成岩阶段则发生硅质组分与碳酸盐组分的分离，形成硅质组分相对集中的结核、瘤块、条带和纹层。在野外我们看到的瘤状灰岩、硅质条带灰（白云）岩就是最好的例证。我们目前并不知道硅质组分和碳酸盐组分分离的机制，前人多用交代说来解释两种组分的不均一分布，但是这种岩石的成因还值得进一步研究。

为了便于这类隐晶质岩石的定名，特提出隐晶物质定量命名图解（图 3-31）。

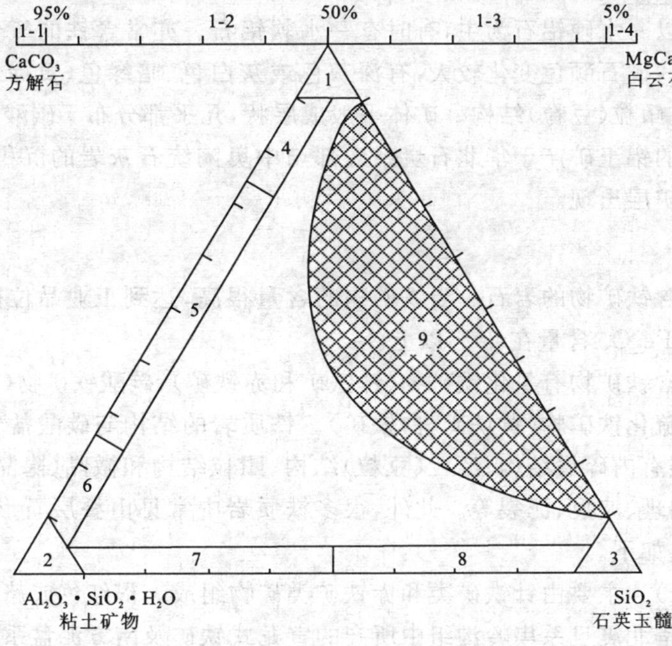

图 3-31　隐晶碳酸盐质-硅质-泥质三端元组分定量命名

1. 碳酸盐岩（1-1. 石灰岩；1-2. 白云质灰岩；1-3. 灰质白云岩；1-4. 白云岩）；2. 泥岩、页岩；3. 硅质岩、碧玉岩；4. 泥质灰岩；5. 泥灰岩；6. 钙质泥岩；7. 硅质泥岩；8. 泥质硅质岩；9. 不混溶沉积岩[燧石结核灰（白云）岩、硅质条带灰（白云）岩、瘤状灰岩]

(三)其他内源沉积岩

1. 铝质岩

铝质岩是一种富 Al_2O_3 的岩石,其 $Al_2O_3>SiO_2$。若 $Al_2O_3>40\%$,Al_2O_3 与 SiO_2 比值大于 2 即成铝土矿。铝质岩的矿物成分主要是铝的氢氧化物三水铝矿[$Al(OH)_3$]、一水软铝石[$\gamma-AlO(OH)$]和一水硬铝石[$\alpha-AlO(OH)$]。此外,尚含粘土矿物、其他陆源碎屑矿物和其他自生矿物,后者如菱铁矿、方解石、铁的氧化物和氢氧化物等。这些矿物均呈微晶状产出,肉眼很难辨认。铝质岩一般为灰色至深灰色或灰黄色和赭红色。常见的结构有内碎屑结构、微晶结构及豆粒(鲕粒)结构。铝质岩的外貌与泥质岩很相似,肉眼观察下,其区别在于铝质岩比较坚硬且比重较泥质岩大。铝质岩或铝土矿按成因可分为残余型铝质岩(铝土矿)和沉积型铝质岩(铝土矿)两种类型。

残余型铝质岩(铝土矿) 是原地风化残余堆积物。它是热带和亚热带湿热气候条件下铝硅酸盐岩石(霞石正长岩、玄武岩)和石灰岩等经强烈化学风化作用(红土化作用)形成的。风化残余型铝土矿常为红色、棕色和黄色,少数为浅灰色及白色,质地较疏松。主要含铝矿物为三水铝石,个别情况下为一水软铝石,含铁矿物主要为含水针铁矿和赤铁矿。矿石结构有豆粒、鲕粒、泥状结构,常有多孔状构造。残余型铝土矿向下与原岩过渡,我国残余型铝土矿产于福建漳浦,为玄武岩风化残余红土型铝土矿。

沉积型铝质岩(铝土矿) 系由大陆风化作用形成的富铝物质被搬运到沉积盆地堆积而成。矿石的矿物成分以一水硬铝石为主,有时有一水软铝石。亦常含铁的氧化物和氢氧化物及高岭石等粘土矿物。矿石颜色变化较大,有深灰色或灰白色、暗绿色、黄绿色等。结构有内碎屑结构、微晶结构及鲕粒(豆粒)结构。矿体一般成层状,几乎都分布于碳酸盐岩的沉积间断面上。我国规模最大的铝土矿产于华北石炭系底部与中奥陶统石灰岩的沉积间断面上,在煤系地层中也常有铝土矿层出现。

2. 铁质岩

铁质岩是指富含含铁矿物的岩石。当铁矿物的含量很高,达到工业品位标准时即成为铁矿石。一般铁质岩中 Fe_2O_3 含量在 20%以上。

铁质岩中的主要含铁矿物有氧化铁矿物(针铁矿和赤铁矿)、碳酸铁矿物(菱铁矿)、硅酸盐铁矿物(鲕绿泥石)和硫化铁矿物(黄铁矿、白铁矿)。铁质岩的结构与碳酸盐岩有很多相似的地方,常见的结构类型有内碎屑结构、鲕粒(豆粒)结构、团粒结构和微晶(隐晶)结构。其构造常见有斜层理、粒序层理、波痕、泥裂等。此外,很多铁质岩中常见由叠层石形成的所谓"肾状构造"。铁质岩的种类如下。

氧化铁质岩(矿石) 主要由针铁矿类和赤铁矿类矿物组成。褐红色或赭色,密度大,常为鲕粒(豆粒)结构。如华北震旦系串岭沟组中所产的宣龙式铁矿及南方泥盆系的宁乡式铁矿。

菱铁矿岩(矿石) 主要由菱铁矿组成,常含少量硫化铁、鲕绿泥石、粘土、磷酸盐等混入物。浅灰色或浅青灰色,出露地表后因风化易呈红色,常呈层状、透镜状或结核状产于泥质或硅质岩中。

鲕绿泥石铁质岩(矿石) 色暗灰或灰绿,以鲕绿泥石为主要成分。常含氧化铁混入物,有时含菱铁矿或方解石,呈鲕粒结构。我国东北浑江地区的临江式铁矿多为此种矿石。

3. 锰质岩

锰质岩是富含锰矿物的沉积岩，具工业价值的锰质岩即为锰矿石。锰质岩中常见的含锰矿物有：软锰矿(MnO_2)(常呈鲕粒或隐晶质集合体)、硬锰矿(mMnO · MnO_2 · nH_2O)(常呈多孔状、细晶集合体或鲕粒)、水锰矿[$Mn^{2+}Mn^{4+}O_2(OH)_2$](常构成鲕粒或致密状)、菱锰矿($MnCO_3$)(呈结晶粒状或鲕粒)。此外，也常有陆源碎屑、粘土矿物、方解石、蛋白石等混入物。锰质岩或锰矿石最常见的结构为鲕粒结构、豆粒结构和隐晶质结构。根据锰质岩石中组分的不同，可将锰质岩分为锰质泥质岩、锰质碳酸盐岩、锰质碎屑岩和锰质硅质岩四类。

4. 磷质岩

几乎所有的沉积岩都含少量的磷，如页岩平均含 P_2O_5 为 0.17%；灰岩中平均含 P_2O_5 为 0.04%。一般把 P_2O_5 含量大于 7.8%(约相当 20%“磷灰石”)的岩石称为磷质岩；P_2O_5 含量大于 19.5%者(相当于 50%“磷灰石”)称为磷块岩；P_2O_5 含量小于 7.8%，但高于一般岩石者称为含磷岩。

磷质岩和磷块岩是由磷酸盐矿物和陆源碎屑物及其他自生矿物组成的。主要的磷酸盐矿物是磷灰石[$Ca_5(PO_4)_3(F,Cl,OH)$]和胶磷矿[$Ca_3(PO_4)_2 \cdot 2H_2O$]。胶磷矿是一种非晶质的磷酸盐矿物。组成磷质岩和磷块岩的磷灰石为微晶磷灰石。磷质岩一般颜色较深，多为深灰色至黑灰色。

磷质岩常见的结构有内碎屑结构、鲕粒结构、生物粒屑结构、非晶质结构、隐晶结构及交代结构等。常见的构造有水平层理、波状层理、斜层理、块状层理以及波痕、泥裂、结核等。

5. 蒸发岩类

主要由钾、钠、钙、镁的易溶的盐类矿物组成，常见的有下列几种。

硫酸盐类　石膏($CaSO_4 \cdot 2H_2O$)、硬石膏($CaSO_4$)、芒硝($Na_2SO_4 \cdot 10H_2O$)、杂卤石($2CaSO_4 \cdot MgSO_4 \cdot K_2SO_4 \cdot 7H_2O$)。

碳酸盐　苏打($Na_2CO_3 \cdot 10H_2O$)、天然碱($Na_2CO_3 \cdot NaHCO_3$)。

硼酸盐　硼砂($Na_2B_4O_7 \cdot 10H_2O$)。

硝酸盐　钠硝石($NaNO_3$)、钾硝石(KNO_3)。

卤化物　石盐($NaCl$)、钾石盐(KCl)、光卤石($KCl \cdot MgCl_2 \cdot 6H_2O$)、钾盐镁矾($4KCl \cdot 4MgSO_4 \cdot 11H_2O$)。

蒸发岩都是化学成因的，它是炎热干燥条件下闭塞的泻湖、萨布哈(盐坪)或内陆盐湖历经强烈的蒸发作用形成的。

蒸发岩多为显晶质粒状结构和纤维状结构，常具明显的薄层状或纹层状构造，有时有结核状构造。蒸发岩的岩性较软，在应力作用下易于发生塑性变形和流动，因而常具复杂的揉皱构造，有的还因其夹层岩石的破碎或蒸发岩本身的破碎而形成角砾状构造。

蒸发岩按其成分不同可分为石膏、硬石膏岩、石盐岩和钾镁盐岩(钾盐岩、光卤石岩、杂卤石岩)等。蒸发岩常与碳酸盐岩及页岩等共生。在蒸发浓缩的过程中，盐类矿物在水溶液中析出有一定的顺序，一般首先析出的是碳酸盐矿物(文石或镁方解石)；其次是硫酸盐矿物(石膏及硬石膏)；再次为石盐；最后为钾、镁的卤化物和硫酸盐矿物。因此，在含盐岩系的地层剖面中，常可看到上述盐类矿物依次出现的现象，但只有盆地中的卤水浓缩的程度很高时，才会沉积石盐岩和钾镁盐岩。

蒸发岩易于溶解，故除极干旱的地区外，一般很少能在露头上看到蒸发岩，仅石膏和硬石膏岩有时可以见及。它们在地表因溶解崩塌可形成盐溶角砾岩。蒸发岩主要的种类如下。

石膏和硬石膏岩　主要由石膏或硬石膏组成，有时也由石膏和硬石膏两种矿物混合组成，常混有白云石、石盐、天青石、黄铁矿、粘土及有机物等。多为灰色、灰白色和浅红色，常具细粒至粗粒结晶粒状结构，常有薄的纹层状构造、揉皱构造、肠状构造和结核状构造。石膏岩和硬石膏岩多呈层状产出，厚度大，分布广，多产于石灰岩、白云岩和泥灰岩及黑色泥岩层之间，有时也与石盐岩等蒸发岩共生。石膏岩以硬度低、常呈显晶质粒状结晶结构为特征。硬石膏岩有时易与结晶较好的碳酸盐岩相混，主要区别在于硬石膏岩加 HCl 不起泡，且硬石膏的解理是三组互相垂直的解理，而方解石、白云石等则为菱面体完全解理。

石盐岩　主要由石盐组成，常含其他少量的氯化物、硫酸盐、粘土及有机质等。较纯的石盐岩为无色，但因有其他混入物和包体而呈黑色、灰色、褐红色及蓝色。多为细粒结晶结构，块状构造及纹层状构造和变形构造。石盐岩多与石膏岩、硬石膏岩等共生，但产于它们的上部。碳酸盐岩层或浅红色碎屑岩系中也见有石盐岩分布。我国四川三叠系碳酸盐岩层中分布较广的石盐岩；华东、中南和云南等地的中、新生代盆地中也常有石盐岩存在。

钾镁盐岩　主要由钾石盐、光卤石、杂卤石、钾盐镁矾等矿物组成。它与石盐岩共生并产于石盐岩中，常混有粘土和其他盐类矿物。钾镁盐岩多为乳白色、红色或红褐色，常具明显的薄层理，易变形，溶解度大。含钾矿物（特别是钾石盐、光卤石），具辛辣味，这是鉴定含钾矿物的重要特征之一。钾镁盐岩按其成分可分为钾石盐岩（钾石盐 15%～40%）、光卤石岩（光卤石 40%～80%）和钾盐镁矾岩等。

蒸发岩类岩石溶解度大、易溶解，且质软易变形、破碎，往往形成较大规模的层间褶皱、扭曲和破碎，有时会出现盐溶角砾岩。在破碎带及其影响范围内工程地质条件很差，其地下水中的氯离子（Cl^-）及硫酸根离子（SO_4^{2-}）往往含量很高，有极强的腐蚀性，会破坏混凝土的组织结构，给工程带来很大危害。故水文地质及工程地质工作者必须注意蒸发岩层的存在及其性质，以便采取相应措施，避免其不利的影响。

6. 可燃性有机盐

主要是含碳、氢、氧、氮的有机化合物组成的岩石，包括煤和油页岩。组成煤的有机组分主要由植物转化而来，而油页岩则是由不纯的腐泥质沉积物转化而成。油页岩一般为棕黑色、深棕色或黑色，风化后色调变淡，甚至变为灰白色。油页岩质地细致，比普通页岩轻，干燥的油页岩密度只有 1.3～1.8g/cm³。有弹性、坚韧而不易破碎，以小刀削之，可成薄片卷起，以指甲刻划出现油脂光泽的刻痕。断口常为极细的贝壳状，在标本上薄的边缘用火柴能点燃或冒烟，油页岩是提炼石油的重要原料。我国抚顺、茂名等地挽近系地层中就有油页岩。它主要形成于闭塞的海湾和泻湖或湖泊环境中。可燃性有机盐有时呈干冰状态存在，这种干冰至今在冰冷的海底还广泛分布。有人认为，地层中的结核可能是交代当时的干冰（可燃性有机盐）的证据。

第四章　变质岩

一、变质作用

地球上已形成的岩石（火成岩、沉积岩和变质岩）因地质环境变化而处于新的物理-化学条件所发生的成分（化学的和矿物的）、结构和构造的一系列变化，这种变化的过程就是变质作用，其变化过程形成的岩石称之为变质岩。

变质作用基本上是岩石保持在固态状态下进行的，但在高级区域变质和强动力变质作用下，原来的岩石也可能发生熔融而形成新的熔融物质。在高级区域变质作用下，变质岩中被熔融的熔体与未熔融的残留物质相互混合，这种作用又称为混合岩化作用，所以混合岩化作用把岩浆作用和变质作用紧密地联系起来了。

变质岩可根据原来岩石（原岩）的成因类型进行划分：原岩为火成岩的变质岩为正变质岩；原岩为沉积岩的变质岩是副变质岩；原岩为变质岩的变质岩称为复变质岩。

变质岩记录了地球历史约 7/8 时间的发展和变化，它在地球演化过程中占据重要的地位。变质岩主要分布于两个区域：一为大陆前寒武纪的基底；二为造山带。我国华北克拉通的基底和秦巴-大别造山带就广泛分布各种变质岩。

变质岩中赋存有许多金属和非金属矿产，其中的铁矿尤为丰富，如鞍山式铁矿和大冶式铁矿等。另一方面，变质岩曾经历了结构、构造的变化而具有新的岩石学特征，这将影响岩石的强度和透水性，具有不同的水文和工程性能，需仔细研究。

（一）变质作用的方式

变质作用的方式是指使岩石发生变质的途径或形式。变质作用的方式是复杂多样的，主要有重结晶作用、变质结晶作用、交代作用和变质分异作用等。

1. 重结晶作用

矿物经过溶解并使其溶解的组分迁移，然后再沉淀结晶而不形成新矿物相的变质方式称为重结晶作用。岩石经重结晶作用后主要表现为矿物晶粒由小变大。一般来说，原岩的成分愈单一、粒度愈小，则愈易发生重结晶作用，如石灰岩转变形成大理岩。

2. 变质结晶作用

变质结晶作用是指在变质作用的温度、压力范围内，在原岩基本保持固态的条件下使旧矿物消失、新矿物形成的一种变质方式。这种方式是通过特定的化学反应来实现的，这种化学反应通常称为变质反应，变质反应的形式主要有矿物的同质多象转变和新矿物形成的反应。

红柱石、蓝晶石、矽线石之间的同质多象转变（图 4－1）：

$$Al_2SiO_5 \rightleftharpoons Al_2SiO_5$$

红柱石　　　　矽线石

当温度升高时白云母分解形成钾长石和红柱石(或矽线石)的反应(图 4-2)：

$$KAl_2[AlSi_3O_{10}](OH)_2+SiO_2 \rightleftharpoons KAlSi_3O_8+Al_2[SiO_4]O+H_2O$$

白云母　　　　石英　　钾长石　　红柱石(或矽线石)水

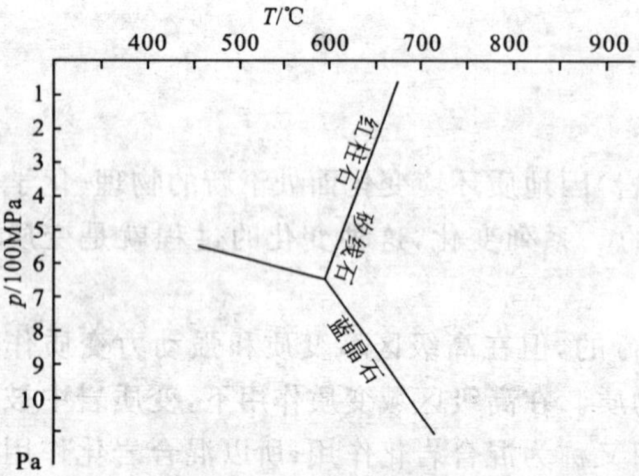

图 4-1　Al_2SiO_5 的多形转变平衡曲线

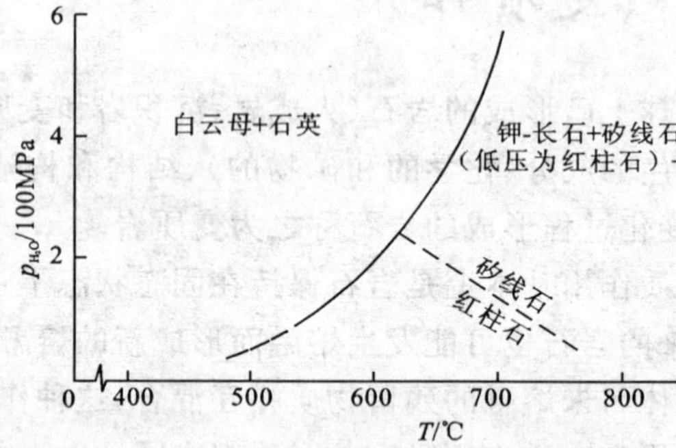

图 4-2　白云母分解成钾长石和 Al_2SiO_5 矿物相的平衡曲线

3．交代作用

交代作用在变质过程中是广泛存在的，它是因流体的运移使固态岩石中的活动性组分与外界环境产生复杂的物质交换，从而改变原来岩石总体化学成分的一种变质方式。如反应：

$$Na^+ + KAlSi_3O_8 \rightleftharpoons NaAlSi_3O_8 + K^+$$

(带入成分)　钾长石　　　钠长石　(带出成分)

变质过程中的交代作用具有一定的深度和广度，而且伴随着物质的带入和带出。实验还表明，在干的环境中交代作用很难进行，而在有流体相参与的情况下才能使交代作用表现明显。在岩石中局部矿物被其他矿物交代也属交代作用范畴，但它不同于变质作用中大范围改变原岩性质的交代作用。

4．变质分异作用

在变质作用过程中原来均一的岩石变为矿物排列和聚集不均一的现象，这种作用称为变质分异作用。如角闪质岩石中出现以角闪石为主的暗色条带和以长英质为主的浅色条带；磁铁石英岩内出现透辉石的结核等。变质分异现象的出现主要是原岩自身某些组分在间隙溶液中扩散而又不均匀聚集的结果。

5．变形作用

变形作用是岩石在应力条件下产生的一种变质作用，它包括两种变形方式。岩石或矿物所受的应力超过弹性限度时产生的变形称为塑性变形作用，该作用使岩石和矿物基本保持原来的连续性，无破碎现象，当应力消失后，岩石和矿物不能恢复原来的状态。它多形成于地壳的深部。

在地壳的浅部，当岩石和矿物所受应力超过一定的强度限度时，岩石和矿物便会发生破裂、碎开和碾细，这种作用称为脆性变形作用。

(二)变质作用的因素

变质作用的因素是指在变质过程中起作用的外部因素，它包括温度、压力、化学活动性流体和变质时间。

1. 温度

温度是热力的标志，是变质作用得以进行下去的能量来源，所以也是变质作用最主要和最积极的因素。大多数变质作用是在温度升高时完成的，此时称为进变质作用；有时变质作用处于相对降低的温度条件，该变质作用则为退变质作用。引起温度升高的热能来源主要有以下几方面：

地热　地热总是随深度加大而增高的，所以通常以地热增温率来描述。不同构造背景区的地热增温率是不同的，其变化范围为 7～60℃/km。据此平均推算，向下每增加 30～50m 便使其温度升高约 1℃。例如我国北京房山地区大致是每向下增加 50m 温度升高 1℃；大庆地区则是向下每增加 20m 就会升温 1℃。需注意的是，地热增温率是现在测量到的数据，它并不能代表地质时期的地热增温状态。

岩浆热　岩浆体侵入和火山喷发也会携带大量的热，从而使围岩受到岩浆热的影响。

构造摩擦热　这种热能仅产生于构造活动带，在有限的范围内甚至会导致岩石熔化。

相转变释放热　地球内部相转变的形式有多种，仅地球内壳—幔边界辉长岩与榴辉岩间相转变所释放的热能就达 1.6×10^{4}J。

放射性蜕变热　岩石中所有的放射性元素都是十分微量的。有人计算，1g 花岗岩一年因其内放射性元素蜕变所释放的热能为 3×10^{-5}J，若以地壳内花岗岩厚度为 20km 计，则花岗岩释放的总能量为 10^{19}J，该能量要比百万吨级核爆炸能量大 250 000 倍。

从上介绍可知，地球内部相转变和放射性元素蜕变释放的热能应该是变质温度升高的主要因素。温度升高对变质作用的影响是多方面和明显的。

第一，引起重结晶作用。在温度升高时，岩石内部质点活动能力增大，促使其在原有矿物晶格基础上继续有序规则排列，变成更大的晶粒，表现为同一矿物颗粒由小变大、由细变粗，例如沉积岩中的石灰岩在温度升高时会转变成大理岩。显然，变质的大理岩中的碳酸盐矿物的粒径要比石灰岩中的该矿物粒径大得多。

第二，促进矿物之间变质(化学)反应进行。原矿物之间的这种变质反应导致形成新矿物，如沉积岩中的泥质岩在温度升高时会变成红柱石这种新的变质矿物，其反应为：

$$\underset{\text{泥质岩中的高岭石}}{Al_4[Si_4O_{10}](OH)_8} \rightleftharpoons \underset{\text{变质岩中的红柱石}}{2Al_2[SiO_4]O} + \underset{\text{石英}}{2SiO_2} + \underset{\text{水}}{4H_2O}$$

第三，有利于变质岩中低熔点的长英质物质熔融。这种方式形成的熔体还会与变质岩中未熔融的残余的镁铁质固相矿物为主的岩石混合，所以温度升高有助于混合岩化作用发生和进行。

2. 压力

岩石发生变质作用不仅需要有一定的温度，还要具备一定的压力条件。压力类型可根据作用的方式和性质划分为静压力、粒间流体压力和应力三大类。

(1)静压力(p_L)

静压力又称均向压力，它主要由上覆岩石荷重引起，岩石承受的静压力随所处深度增加而加大。若根据岩石的平均密度约 2.7g/cm^3 计算，每加深 1km 静压力增加 28MPa。静压力对变质作用的影响有以下几方面：

岩石孔隙度变小，质地均匀坚硬。这虽不属变质作用范畴，但对岩石物性影响很大。

形成密度增大、分子体积减小的矿物。如红柱石(密度 3.1g/cm^3)在压力加大时会转变为蓝晶石(密度 3.6g/cm^3)；又如钠长石在高压条件下会形成硬玉和石英，其反应式和各种参数为：

$$NaAlSi_3O_8 \xrightarrow{p\text{增大}} NaAlSi_2O_6 + SiO_2$$

	钠长石	硬玉	石英
分子体积(分子量/密度)	100	61.7	22.7
密度(g/cm^3)	2.61	3.24～3.43	2.65

影响变质反应的温度。若变质反应是吸热化学反应，压力增大将会提高变质反应的温度。如上述钠长石分解的反应，当静压力为 500MPa 时，该变质反应在常温下就可进行；若压力增加到 1 400MPa 时，此变质反应形成硬玉和石英则需要 400℃左右。

(2)粒间流体压力(p_f)

粒间流体压力指存在于岩石颗粒之间、岩石显微裂隙和其毛细孔中的流体，它的组成主要为 H_2O、CO_2 和 O_2 等，它们的存在会对周围的物质(矿物或岩石)以及顶、底和壁赋与一定的压力，这种压力就是粒间流体压力。不同状态下的流体压力具有不同的表征。

在地壳浅部，裂隙发育，因岩石的密度大于流体，则有流体压力小于静压力，即 $p_f < p_L$。

在地壳深部，裂隙不发育，上覆岩石的负荷压力全部传导给流体，故流体压力等于静压力，即 $p_f = p_L$。

在封闭的条件下，若有岩浆体上侵提供了较高的热能，流体中的分子的运动强度增大，这时在一定范围内会出现流体压力大于静压力的情况，即 $p_f > p_L$。

流体总压力等于流体中各组分的分压之和，即

$$p_{f总} = p_{H_2O} + p_{CO_2} + p_{O_2} + \cdots$$

流体压力对涉及有流体参与的变质反应的温度具有一定的影响(图 4-3)，如反应：

$$CaCO_3 + SiO_2 \rightleftharpoons CaSiO_3 + CO_2\uparrow$$

方解石　　石英　　硅灰石

从图 4-3 明显可知，随着 p_{CO_2} 的增大，其变质反应的温度也增加，这是因为 p_{CO_2} 加大，会阻止反应式中 CO_2 的逸散，故必须提高变质反应的温度。此外，流体压力还可以促进重结晶作用而使矿物颗粒粒径加大。

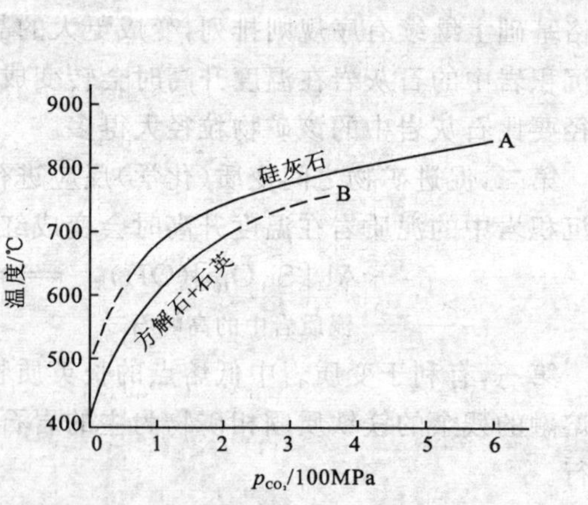

图 4-3　方解石与石英反应形成硅灰石的变质反应曲线

(转引自游振东和王方正，1989)

A 据哈克等测定；B 据巴尔特计算

(3)应力

应力即为定向压力，也是一种侧向压

力。应力的分布不均一，它通常与地质构造背景及岩浆上侵活动有关。

在地壳的浅部，静压力不大，温度较低，岩石具脆性，在较大的应力作用下，会使岩石破碎，甚至使刚性矿物晶粒破裂和碎粒化，使塑性矿物发生变形或晶格滑移。

在地壳的深部，静压力和温度偏高，矿物和岩石具韧性，在应力作用之下它们表现为：①使组分（矿物）定向排列，其排列方向垂直于应力方向；②影响变质反应的进行。在地壳浅部岩石处于刚性状态时应力的垂向分力可以叠加到静压力之上，这一部分压力称之为构造超压，该压力增加了原来静压力的强度，起着静压力同样的作用，从而影响变质作用。

3. 化学活动性流体

岩石的裂隙和毛细孔内及矿物颗粒之间存在有流体，它们的含量约占岩石总量的1%～2%，其主要成分除 H_2O、O_2 和 CO_2 外，还有少量的硼酸、盐酸和硫化氢等。它们各自具有较强的化学性，倘若处在较高的温度和压力条件下，这种流体达到气、液之间无明显分界和区别的超临界状态，此时流体的化学性还会进一步增强。具有化学活动性流体对变质作用的影响是很明显的。

(1)间接影响变质作用

流体可以起着溶剂的作用，作为介质又可以将溶解的有效物质搬运迁移和带进带出，从而有利于变质作用发生。

(2)直接影响变质反应

有些变质反应本身就有流体的参与，它们将直接影响变质作用中变质反应的方向和速率，尤其对于水化-脱水反应、氧化-脱氧反应和碳酸盐化和脱碳酸盐反应，这时流体中的 H_2O、O_2 和 CO_2 分别起着至关重要的作用。

如硅质石灰岩中的石英和方解石在达到一定温度时会形成硅灰石这种变质岩中特有的矿物（反应见前述和图 4-3）。该反应与温度（T）、流体压力（p_f）和流体中的 CO_2 摩尔分数（X_{CO_2}）的关系表明（图 4-4），当流体总压力（$p_{f总}$）固定时，随着流体中二氧化碳摩尔分数（X_{CO_2}）的增加，其变质反应的温度会逐渐升高。

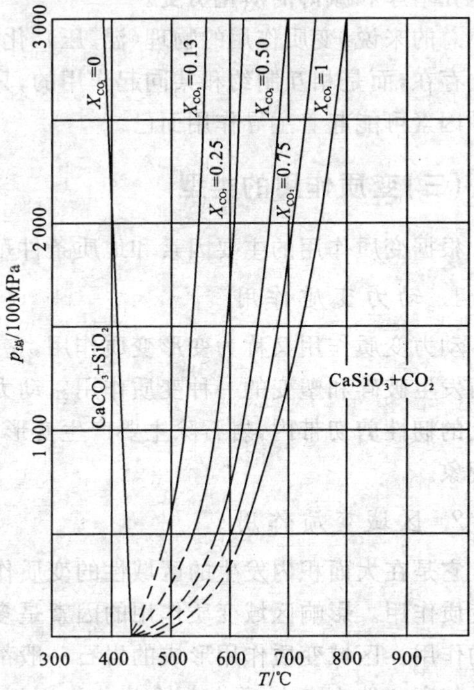

图 4-4 硅灰石形成的 $T-p_{f总}-X_{CO_2}$ 制约

（转引自游振东和王方正，1988）

(3)影响混合岩化作用

以水为主的流体相对于变质岩的部分熔融有一定的影响。一般来说，岩石的熔点随岩石含水量增加而降低（图 4-5）。该图显示，若含水达 8%时，花岗岩的熔点为（640±20）℃；当不含水为干的条件下，花岗岩需在 950℃左右才开始熔化。这种熔点不同的变化势必影响混合岩化作用，因为混合岩中的长英质组分形成于部分熔融阶段。所以说，流体相的加入有助于混合岩化作用。

化学活动性流体在变质作用中虽然重要，但在一般情况下它并不是变质作用中的独立影响因素，只有在温度和压力的参与下它的影响才会显现，尤其是温度升高时，这种因素起的作用才会更加明显。

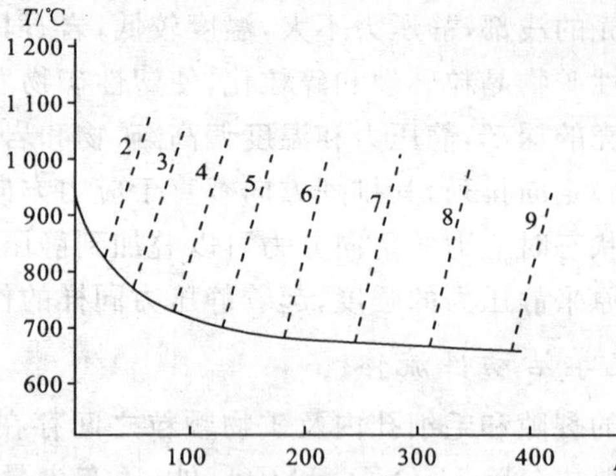

图 4-5 标准花岗岩样品的固相浅温度与水含量关系

（转引自乐昌硕，1984，略有修改）

图中数字为含水量（%）

4. 时间

变质作用的时间需从两个方面来认识：一为变质作用发生的地质年代；二为变质事件持续进行的时间。变质作用发生的年代是利用变质岩形成时间确定的，它用百万年（Ma）或 10 亿年（Ga）为计量单位。一般来说，不同地质年代变质作用的特点是不同的。我国扬子克拉通前寒武纪结晶基底就经历过不同程度的变质作用，其中古老的太古宙岩石（近 30 亿年）变质程度深，形成斜长角闪（片）岩；而较年轻的新元古代（10 亿年左右）岩石变质程度较浅，多为千枚岩、片岩。变质作用持续进行的时间往往被人忽视，有些变质作用看来很难理解，实际上，它是漫长时间施以作用的结果，如变质岩结构、构造和岩石的变形都是这样形成的。此外变质地质学家还将变质作用持续时间研究用以指示造山带内与碰撞和伸展事件对应的地壳增厚和减薄的演化历史。

总的来说，变质作用的物理（温、压）、化学（化学活动性流体和岩石成分）和时间因素并非孤立存在，而是相互制约和共同起作用的，只是在不同的地质条件下和不同的变质时期内，某一种因素可能起着主导作用而已。

（三）变质作用的类型

根据变质作用的主要因素和地质条件可将变质作用分为以下几种类型。

1. 动力变质作用

动力变质作用又称为变形变质作用，它是在构造运动产生的定向压力（应力）的作用下使岩石发生破碎和塑变的一种变质作用。动力变质作用形成的岩石一般分布于断层破碎带附近和大的韧性剪切带内，岩石除主要产生变形、破碎外，还常有轻微的重结晶、变质结晶和局部熔融现象。

2. 区域变质作用

它是在大面积内发生的区域性的变质作用，是地壳活动带伴随强烈造山运动所发生的一种变质作用。影响区域变质作用的因素是多样的，温度、压力和具化学活动性的流体都起着重要的作用。区域变质作用形成的岩石一般都遭受强烈变形或片理化，它们主要分布于古老的结晶基底和造山带中，常与混合岩化作用相伴生。随着变质作用研究的深入，人们把一部分大范围内原岩因被深埋而引起的低温区域变质作用称为埋藏变质作用，形成的岩石多无片理化。

3. 混合岩化作用

这是在区域变质作用的基础上，由地壳内部热流升高而使变质岩局部熔融形成的熔体经过渗透、交代、贯入变质岩形成混合岩的一种变质作用。混合岩化作用实际上是区域变质作用进一步深化的结果，故它常与区域变质作用伴生，这属区域混合岩化。倘若火成侵入体的围岩为区域变质岩，侵入体的组分也会沿变质岩面理贯入，这种侵入体周围发生的混合岩化又称为局部混合岩化。

4. 接触热变质作用

在火成侵入体侵入到围岩时由于岩浆体的高温对围岩烘烤的影响而使岩石发生的重结晶和变质结晶作用。接触热变质作用形成的岩石一般围绕岩浆岩体或在岩体附近分布。

5. 交代变质作用

具有化学活动性的热水溶液和气体以及活动性元素对岩石进行交代而使岩石发生化学成分和矿物成分改变的一种变质作用称为交代变质作用。交代变质作用分为气-液交代和接触交代。

气-液交代变质作用的主要因素为化学活动性流体，其次为温度。使岩石变质的气体和热水溶液可来自岩浆的挥发分；也可来自地壳内与岩浆无关的区域性分布的热水。变质前后原岩的化学成分发生明显的变化，其变质作用的方式主要为交代作用。接触交代变质作用是火成侵入体与围岩之间因成分的浓度差引起的元素迁移和扩散的一种交代作用。

随着板块学说的发展和海洋地质学、月岩学研究的深入，人们提出洋底变质作用和冲击变质作用。前者是一种发育于大洋中脊处的基性、超基性火山堆积物由于较高的热流而引起的变质作用。后者为陨石冲击地球和月球在极短的时间内产生极大的压力和很高的温度致使岩石迅速变质的作用。各主要变质作用在 $p-T$ 图中的位置见图 4-6。图中的深熔作用下限即进入混合岩化阶段。

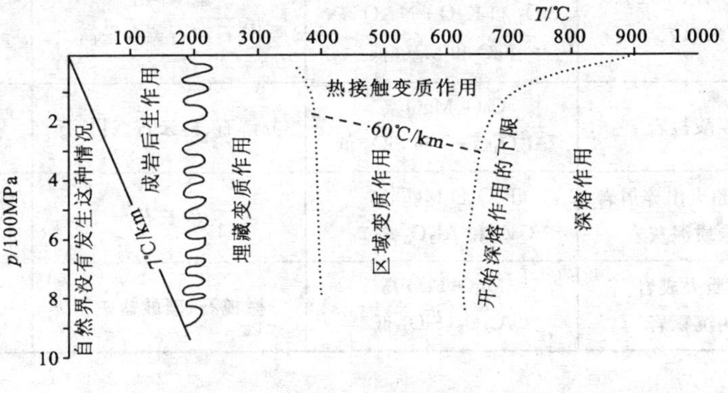

图 4-6　变质作用和成岩后生作用、深熔作用的温度、压力范围示意图

(转引自乐昌硕，1984)

另外，有的变质岩不是只经受一次变质作用，而是经受不同变质阶段，即多次叠加的复变质作用，这种作用又称二次变质作用。复变质作用常根据其矿物组合的变化又分为进变质作用和退变质作用，原来比较低温的矿物组合变质后被较高温的变质矿物组合所代替的变质作

用称为进变质作用；相反，即称为退变质作用。

二、变质岩的基本特征和分类

(一)物质成分

1. 化学成分

变质岩是由不同原岩变来的，故变质岩化学成分兼有火成岩和沉积岩的特点。对于由火成岩变质形成的正变质岩，其化学成分的变化范围较小；若为副变质岩，其化学成分范围较宽。在变质作用中，常有物质带进和带出而发生交代作用，这种作用会进一步加大变质岩的化学成分变化。为此，我们把变质过程始终岩石化学成分基本保持不变的岩石系统称为封闭体系，而把存在有交代作用的岩石系统称为开放体系。

变质岩化学成分的表示同于火成岩，也是用 SiO_2、TiO_2、Al_2O_3、Fe_2O_3、FeO、MnO、MgO、CaO、Na_2O、K_2O、P_2O_5、H_2O^+ 和 H_2O^- 等 13 项氧化物的质量百分数($w_B\%$)进行研究。根据化学成分的特点可将变质岩划分为五大化学类型(表 4－1)。

表 4－1　各变质岩化学类型的化学成分及其矿物组成

化学类型	原岩	化学成分特征	出现的矿物	
			常见的	特征的
泥质	粘土岩、页岩	高铝贫钙 $Al_2O_3/(K_2O+Na_2O)$高 $K_2O>Na_2O$	长石、石英、云母、绿泥石	蓝晶石、红柱石、矽线石、石榴石、堇青石
长英质	砂岩、粉砂岩、中性长英质火成岩	基本同上 SiO_2 和 K_2O+Na_2O 高， FeO 和 MgO 低	基本同上 长石和石英含量高	基本无
钙质	各种碳酸盐岩	CaO、MgO 高 Al_2O_3、FeO 和 SiO_2 低	方解石、白云石、斜长石	硅灰石、透闪石、透辉石、石榴石
基性	基性火成岩和火山碎屑岩、硅质白云质泥灰岩	FeO 和 MgO 高 CaO 和 Al_2O_3 较高	斜长石	绿帘石、绿泥石、阳起石、角闪石、透辉石、紫苏辉石
镁质	超镁铁质火成岩 高镁的沉积岩	MgO、FeO 高 Al_2O_3、SiO_2 低	橄榄石、碳酸盐矿物	滑石、蛇纹石、透闪石、菱镁矿

封闭体系的变质岩研究十分深入。在封闭体系下，变质岩的研究无外乎从两个角度来进行，一为具同样化学成分的原岩在不同物理环境(温度和压力等)下形成一系列不同的岩石，这些岩石的不同点是矿物组合不同，这种不同和变化是在原岩总体化学成分不改变的前提下完成的，让其变化的原因是变质作用的外部因素温度和压力，我们把这种岩石系列称为等化学系列。另一为在相同的外部物理条件(温度和压力等)范围内，不同化学成分的原岩形成一系列不同的岩石，这些岩石的不同也同样是矿物组合的不同，这种变化不是外部条件而是原岩自身

化学成分不同造成的，为此称这种岩石系列为等物理系列。

2. 矿物组成

变质岩中常见的造岩矿物较之火成岩和沉积岩要复杂得多(表 4-2)。

表 4-2　三大类岩石中出现的造岩矿物特征

变质岩中出现的	火成岩中出现的	沉积岩中出现的	三大类岩石中均出现的
阳起石、透闪石、硅灰石 蓝晶石、红柱石、矽线石 堇青石、十字石 绿帘石、绿泥石 蛇纹石、滑石、石墨	白榴石、透长石 霞石 易变辉石 玄武闪石 金刚石	蛋白石、玉髓 粘土矿物 海绿石 煤	石英 钾长石、斜长石 角闪石、辉石 黑云母、橄榄石、 黄铁矿、碳酸盐矿物

(1)变质岩中矿物类型划分

稳定矿物　在变质条件下原岩经变质结晶和重结晶作用形成的矿物，它可以是原岩中已有且在变质作用中仍然存在的，也可以是原岩中不存在但以后经变质作用新形成的。前者如大理岩中的方解石；后者如硅灰石大理岩中的硅灰石。

不稳定矿物　又称残余矿物，它是指在一定的变质条件下，由于变质反应不彻底而保存下来的原岩矿物，如云英岩中的残余的钾长石。

特征变质矿物　是仅稳定存在于很小的温度和压力范围内的矿物。它对外界的变质条件的变化反应很灵敏，所以常常成为变质岩形成条件的指示矿物。如蓝晶石形成于泥质岩经较高压力条件下的变质作用，矽线石则形成于同一原岩较高温条件下的变质作用。此外还有十字石、红柱石、硅灰石、透闪石、阳起石等。

贯通矿物　是指能在一个较宽的温度和压力范围内存在的矿物，如石英、方解石等。

(2)变质岩矿物组成的特点

出现特征变质矿物。该类矿物往往是沉积岩和火成岩中不会出现的矿物，可以说，岩石中发现的特征变质矿物是识别变质岩的标志。

出现较多的一向和二向延长的矿物。变质岩中广泛发育纤维状、针状、长柱状的闪石类矿物和鳞片状和板状的云母类、绿泥石类矿物。这可能与变质作用的应力因素影响有关，故使其矿物的生长取向与应力方向协调一致起来。

多出现密度大、分子体积小的矿物，如石榴石。

制约变质岩矿物组成的因素有二：一为原岩化学成分，就像硅质石灰岩中只可能出现硅灰石而不能形成红柱石那样，因此原岩的化学成分是变质矿物产生的内在因素；一为变质条件，同样是硅质石灰岩，当变质的压力为常压而温度小于 470℃时，只有石英和方解石的矿物组合；当压力不变而温度在 470℃以上时，则会形成硅灰石和石英(SiO_2 过剩)、硅灰石和方解石($CaCO_3$ 过剩)和只有硅灰石(SiO_2 和 $CaCO_3$ 均适度)三种不同的矿物组合。

(二)结构

变质岩的结构比较复杂，它除了变质结晶作用形成的结构外，还包括原岩中因变质不彻底而部分保留下来的原岩结构，除此以外，变质作用导致岩石变形而产生的结构也是变质岩结构的重要部分。变质岩结构据此可分为变余结构、变晶结构和变形结构三大类,变质岩结构研究具有重要的意义:第一,有助于恢复原岩。如我国鄂西黄陵地区崆岭岩群小鱼村岩组的细粒斜长角闪片岩具有变余斑状结构,其变余斑晶为斜长石和辉石,由此说明该斜长角闪片岩的原岩为玄武质的熔岩。第二,可以作为变质岩的定名依据。如在接触热变质作用中,具组成分布均一、质地坚硬致密的岩石结构称为角岩结构,这种岩石命名为角岩。第三,有助于判别变质作用的类型。如岩石为糜棱结构时,可以确定此岩石经历了动力变质。第四,为地质工程和寻找地下水提供基础性资料,如具碎裂结构的岩石无论是储水性质还是其抗压强度都会有所降低。

1. 变余结构

由于变质作用进行得不彻底,原来岩石的矿物成分和结构特征被部分地保留下来而形成的结构称之为变余结构。变余结构常见于变质程度较浅的变质岩中,但在较深程度的变质岩中,当 p、T 分布不均匀时也可出现变余结构。变余结构是恢复原岩的重要证据。变余结构的形成与原岩性质有一定的关系,一般地说,原岩的粒度愈粗,矿物成分愈稳定,愈易形成变余结构。变余结构的命名可在原岩结构之前加前缀“变余”二字。

(1)原岩为岩浆岩的变余结构

变余斑状结构　基性喷出岩经变质形成互相镶嵌的角闪石和斜长石,原岩中的斜长石或辉石斑晶虽有某些变形或碎裂,但已被角闪石、绿帘石、绿泥石、绢云母、方解石等矿物集合体所代替,且仍保留斜长石或辉石的斑晶外形。又如石英斑岩、流纹岩等较酸性的喷出岩发生变质后,其基质中的矿物成分可能已完全变为石英、绢云母、明矾石、绿泥石等,但石英斑晶仍然较好地保存下来。

(2)原岩为沉积岩的变余结构

原岩为砂、砾岩等的变质岩中,常保留砾石或砂粒的外形,但胶结物已变为绢云母、绿泥石等矿物或有明显的重结晶,这种结构称为变余砾状结构或变余砂状结构。在某些变质砾岩中,有时虽经高温重结晶及强烈变形,砾石内部的物质成分可能有所改变,但砾石的外形轮廓往往仍清晰可见(图 4-7)。

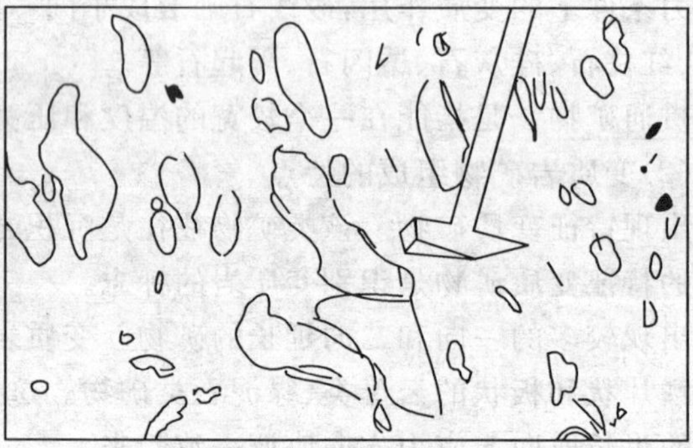

图 4-7　变余砾状结构

砾石为石英及燧石岩,胶结物已变为绿泥石和绢云母

河南卢氏(据程裕淇等照片转绘)

2. 变晶结构

是岩石在固态条件下由重结晶和变质结晶作用形成的变质岩结构。变晶结构在外貌上虽然与岩浆岩的结晶结构相似,但却有它自己的许多特点:①变晶结构的各矿物颗粒几乎是同时结晶的,包括变斑晶与变基质,甚至变斑晶比变基质还稍晚一些形成,这与岩浆岩中斑晶早于基质结晶显然不同;②变晶矿物中常含有较多的包体,特别是变斑晶中更是如此;③变晶结构中矿物的自形程度并不表示结晶的先后顺序,而是代表矿物结晶能力的大小。根据变质岩中矿物自形程度的高低而排列的顺序称为变晶系。在区域变质作用条件下,不同成分的原岩有不同的变晶系,但总的趋势大致相似,其顺序是:榍石、金红石、石榴石、电气石、十字石、蓝晶石、红柱石、绿帘石、辉石、角

闪石、磁铁矿、石英、斜长石、正长石、方解石。

变晶结构是变质岩中最常见的结构，可根据其晶粒大小、形状和相互关系作进一步划分。

(1)根据变晶矿物的相对大小划分

等粒变晶结构　主要的变晶矿物颗粒大小近于相等。

不等粒变晶结构　岩石中主要变晶矿物的大小不相等且呈连续变化。

斑状变晶结构　在细粒的矿物集合体中分布有较大的变晶矿物，它称为“变斑晶”。

(2)按变晶矿物晶粒的绝对大小划分

这是在岩石具等粒变晶结构前提下作出的进一步划分。

粗粒变晶结构　主要矿物颗粒的平均直径大于3mm。

中粒变晶结构　主要矿物颗粒的平均直径为1～3mm。

细粒变晶结构　主要矿物颗粒的平均粒径小于1mm。

变晶矿物的粒度一般随变质程度的增强而加大，但在相同的变质条件下，不同地段的变晶粒度也不完全相同，这主要与矿物的成核能力、生长速度有关。岩石在重结晶过程中水流体会抑制晶核的形成，增加扩散作用，使粒度增大。另外，原岩性质对变质反应的灵敏度也影响变质岩粒度大小。例如在一个原岩为砂岩、页岩和石灰岩组成的韵律层内，在变质过程中由于页岩和石灰岩对变质作用反应灵敏，很易形成较粗的晶粒，而砂岩对变质作用反应不灵敏，变质后粒度增长很少，甚至仍保持原来的粒度。

(3)按变晶矿物的形态划分

粒状变晶结构　又称为花岗变晶结构，变晶矿物近等轴状。

角岩结构　一些泥质岩石由接触热变质作用形成的隐晶质变晶结构。具这种结构的岩石呈灰黑色，质地均一致密、坚硬，呈块状构造，很似牛角质。

鳞片变晶结构　大部分变晶矿物为片状。因变质作用的类型不同，片状矿物可呈定向排列，如绿泥石片岩中的绿泥石。也可不具定向排列，如云英岩中的白云母。

纤状变晶结构　大部分变晶矿物为一向延长的纤维状颗粒，如矽线石、阳起石。若变晶矿物为柱状，则称为柱状变晶结构，如角闪石。

通常在一块标本上常常可以见到两种或两种以上的结构。为了表达岩石结构的全貌，正确描述岩石的多结构特征是很有必要的。

若岩石为等粒变晶结构，其描述的方式为：粒度＋次要矿物形态的结构＋主要矿物形态的结构。如某片麻岩的粒度为中粒，次要矿物黑云母为鳞片状，主要矿物石英、长石为粒状，其结构可称为中粒鳞片花岗变晶结构。

若岩石具斑状变晶结构，其描述的方式为：基质为××结构的斑状变晶结构。如基质具角岩结构的斑状变晶结构，或基质具鳞片变晶结构的斑状变晶结构等。

3. 变形结构

岩石受到机械破坏而产生的结构称为碎裂结构；而岩石经历韧性变形的结构称为糜棱结构。前者可进一步划分为：

角砾状结构　当原岩为细粒时，若岩石受轻微破碎，则形成角砾状的岩石碎块，这种结构在张性应力条件下形成。

碎裂结构　岩石中的多数矿物或细粒的岩石具裂纹或遭受破碎，边缘被碾细，但仍保留矿物原形，有的矿物边缘呈不规则的锯齿状、棱角状。具挠性的矿物(如黑云母)发生扭曲(图 4－8)。

碎斑结构　当岩石破碎较强烈时，在粉碎了的极细的颗粒中，还残留着较大的矿物或岩石碎块，很像火成岩斑状结构中的“斑晶”而称为碎斑。碎斑具锯齿状撕碎的边缘并具碎粒化，其内发育不规则裂纹。被粉碎的细粒部分很像火成岩或沉积岩中的基质，故称之为“碎基”。

糜棱结构　当应力十分强烈时，矿物颗粒几乎全部破碎呈微粒状，微粒因具定向性而表现出似流动的构造，其间残留少量稍大的刚性矿物(如石英)颗粒，但常被剪切作用改造，形成眼球状，其眼球长轴与流动方向一致。

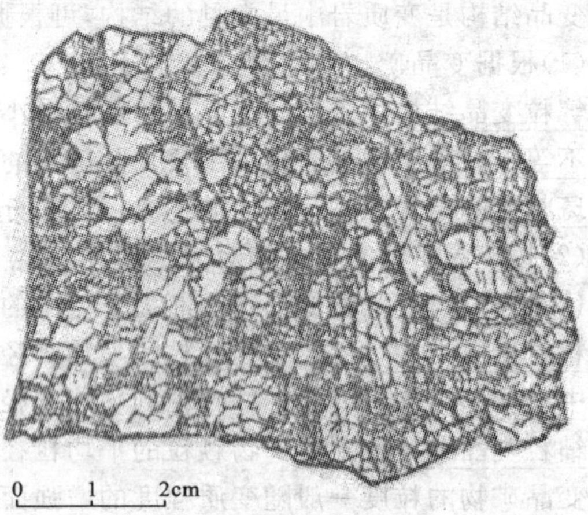

图 4－8　碎裂结构

碎裂花岗闪长岩(北京周口店，亓利建绘)

4. 交代结构

在变质作用中，由于化学性质活泼的流体相的作用导致物质成分的带入和带出，使原有矿物被溶解的同时被新生矿物所代替，这样形成的结构称为交代结构。

交代假象结构　交代过程中原来的矿物被化学成分不同的另一种新矿物所替换、但仍保留原矿物的晶形，如石榴石的绿泥石化、橄榄石的蛇纹石化等。

交代斑状结构　交代过程中有时能发育形成相当大的斑晶，这种成因的斑晶称为交代斑晶。在混合岩化或花岗岩侵入体的边部，碱质溶液活动的地带都有可能出现钠长石或钾长石的交代斑晶。它们与火成岩的斑晶及变质岩变斑晶的不同之处在于：交代斑晶在岩石中分布不均匀，大小也不等；常与类似成分的交代脉伴生；往往切割围岩的片理或其他早期构造；被交代的矿物有时呈残留体被包裹在交代斑晶内；挤开变质岩片理的现象不明显。

(三)构造

变质岩的构造是岩石更宏观的观察，它主要指变质岩中各组分在空间上的排列、分布和聚集的方式。变质岩的构造可以是继承性的，也即因变质作用不彻底而保留下来的原岩的部分构造，也可以是新形成的，也即变质作用形成的构造。

变质岩构造研究同样具有重要的意义。第一，是变质岩命名的主要依据，如具片麻构造的岩石称之为片麻岩。第二，为恢复原岩提供帮助，如变余层理构造证实原岩为陆源碎屑岩中的砂页岩。第三，有助于判别变质作用的类型，如具定向构造且为大范围分布的岩石肯定形成于区域变质作用。第四，为地质工程和寻找地下水提供资料，如片状构造的岩石具较好的隔水性，但在强度上却较差，尤其在其片理面产状较陡时易滑移，这不仅会给工程施工带来困难，重要的是它会引发滑坡、崩塌等地质灾害。

1. 变余构造

岩石经变质后仍保留有原岩部分的构造特征，这种构造称为变余构造。变余构造是恢复原岩的重要依据。

正变质岩常见的变余构造有变余气孔、变余杏仁和变余流纹等。

副变质岩常见的变余构造有变余层理、变余波痕和变余泥裂等。

2. 变成构造

由变质作用所形成的构造称为变成构造。

斑点状构造 岩石中由于某些组分聚集构成小的斑点,斑点常为碳质、硅质、铁质或堇青石、红柱石等矿物的雏晶聚集而成,随着温度的升高,这些斑点可以生长成为变斑晶。

板状构造 为一般泥质或硅质岩受应力后产生的一组平行破裂面。岩石呈板状剥离,板状劈理常与原始层理斜交。岩石可伴有轻微的重结晶,但肉眼分不出矿物颗粒,其表面光滑平整。

千枚状构造 岩石中各组分已基本重结晶,而且矿物已初步有定向排列,但结晶程度较低而使得肉眼尚不能分辨矿物,仅在岩石的自然破裂面上见有强烈的丝绢光泽。此外,岩石发育小的褶皱和挠曲,在手标本上有时明显可见。

片状构造 这是变质岩最常见、最典型的构造。其特点是岩石中含大量片、柱状矿物且均呈平行排列,它是岩石组分在定向压力下产生变形、转动或受应力溶解、再结晶而成的。岩石中各组分全部结晶、而且肉眼可以分辨出矿物颗粒,这一点是与上述定向构造不同的(图 4-9)。

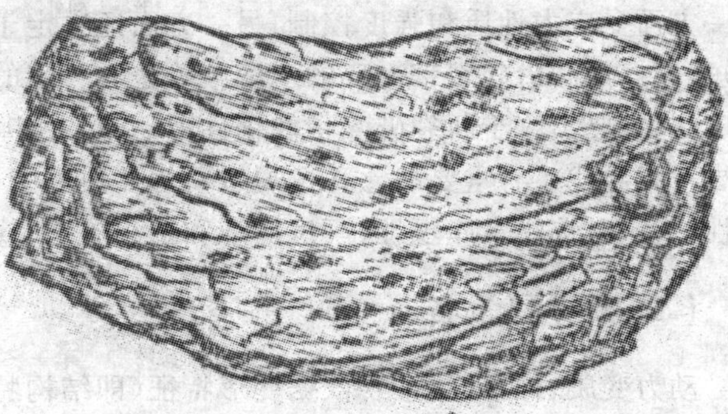

图 4-9 片状构造和斑状变晶结构

(山西繁峙,介利建绘)

石榴石十字石二云母片岩,变斑晶为石榴石、十字石

片麻状构造 岩石具显晶质变晶结构,以粒状矿物为主,片、柱状矿物呈断续定向排列,这是因片、柱状矿物含量较少而使得彼此不连接并被粒状矿物(长石、石英)所隔开。

条带状构造 岩石中成分、颜色或粒度不同的矿物分别集中,形成平行相间的条带即为条带状构造。

眼球状构造 在具定向构造的岩石中,刚性的矿物颗粒(长石、石英)呈透镜状、扁豆状单晶或集合体沿定向构造平行排列。这种构造称为眼球状构造。

块状构造 岩石中的矿物均匀分布、结构均一、无定向排列,这种构造称为块状构造。

对于岩石的变成构造观察最好要遵循一定的步骤:首先观察岩石中各组分是否具有定向性,若具定向性再根据重结晶程度和颗粒的肉眼分辨程度依次确定斑点、板状、千枚状、片状、片麻状等构造。若岩石不具定向构造,则可直接确定为块状构造。

(四)分类

本书变质岩分类完全按变质作用类型划分,我们将接触热变质作用形成的岩石专作一类讲述,而将接触交代变质作用形成的岩石和汽-液变质岩类统归为交代变质岩类。由此划分出动力变质岩、区域变质岩、接触热变质岩、混合岩和交代变质岩 5 大类。

三、动力变质岩

(一)概述

由动力变质作用形成的岩石称为动力变质岩。在动力变质作用中岩石的变形、破碎是主要的。但是在断裂带的某些局部应力集中的地段或在某些韧性剪切带上,由于强烈错动产生了较高的温度,或伴有溶液的活动,则温度和溶液会促使碎裂的岩石部分或全部重结晶。

对于机械性质不同的岩石施加应力可产生不同的结果。当不同方向应力作用于刚性岩石并超过其抗压强度时,其内的矿物将发生晶格位错,矿物或岩石破裂,甚至颗粒搓碎等。当应力作用于柔性岩石或者在高温下作用于刚性岩石时,将发生塑性变形,岩石产生流劈理以至片理及复杂的褶皱,矿物形成滑动双晶。应力作用有时还有助于某些化学作用的进行,如使某些不稳定的矿物发生溶解和破坏,同时伴有某些低温矿物形成,最典型的是绢云母和绿泥石,如湖南衡山花岗闪长岩岩体中沿断裂带形成约 0.5m 厚的绿泥石化带。总之,动力变质岩的形成一方面受应力性质和强度控制;另一方面还决定于岩石的物理性质。同时,变质作用的时间长短,摩擦热和沿碎裂带循环的水溶液等也有一定的影响。动力变质岩的数量不多,但分布却较广泛,主要出露于断裂破碎带和韧性剪切带,并伴有热液蚀变和成矿作用,所以研究动力变质岩对指导找矿有重要的意义。通过动力变质岩的研究可以确定断裂带的存在和判断断裂带的性质,这对选择水库坝址、厂房厂址和工程施工、找水、预测地震等方面都有重要的意义。

(二)分类和命名

动力变质岩的分类主要依据变形特征(即结构特征),因为它往往能反映动力变质作用的性质,在某种程度上也反映了动力变质岩的变质程度深浅。动力变质岩的命名原则如下:

1. 以变形的结构、构造特征确定基本岩石名称

如构造角砾岩、碎裂岩、糜棱岩、千糜岩、假熔岩等(表 4－3)。

表 4－3　动力变质岩的分类和命名

<table>
<tr><th>分类</th><th colspan="2">变形特征</th><th>岩石名称</th></tr>
<tr><td rowspan="2">碎裂的
(块状构造)</td><td colspan="2">具破碎角砾结构</td><td>构造角砾岩(破碎角砾岩)</td></tr>
<tr><td>具碎裂结构或碎斑结构</td><td>碎基含量＜50％
碎基含量＞50％</td><td>碎裂××岩*
碎裂岩</td></tr>
<tr><td>糜棱的
(定向构造)</td><td>重结晶物质的含量(％)</td><td>＜10
10～50
50～90
＞90</td><td>糜棱岩和超糜棱岩
千枚糜棱岩或千糜岩
糜棱千枚岩
糜棱片岩或片岩</td></tr>
<tr><td>玻状的</td><td colspan="2">由玻璃和隐晶物质构成</td><td>假熔岩或玻化岩</td></tr>
</table>

* ××代表原岩名称。

2. 根据原岩和矿物组成进一步命名

动力变质岩如果能恢复原岩,则在基本名称之前冠以原岩名称,如灰岩构造角砾岩、花岗闪长岩构造角砾岩等。

碎裂岩根据碎基含量分为两类：一类为碎基含量小于50%者，其原岩是可辨的，故称碎裂××岩，如碎裂花岗闪长岩、碎裂闪长岩；另一类碎基含量大于50%者，其原岩难以恢复时，仅称碎裂岩即可，如能恢复原岩，则将原岩名称作形容词，如花岗闪长碎裂岩、辉长碎裂岩等。

糜棱岩如能恢复原岩，进一步命名则将原岩名称冠于前面，如黑云母花岗糜棱岩；如原岩不易恢复，则可根据碎斑矿物来命名，如斜长石石英糜棱岩等。

千糜岩的命名主要根据矿物成分，如长石绿泥石绢云母千糜岩。

(三)主要的岩石类型及其特征

1. *构造角砾岩(破碎角砾岩)*

构造角砾岩是指断裂带中原岩受应力破碎成棱角状碎块，在剪切或重力的影响下发生过一定的位移，大多数碎块的粒度在2mm以上，并被细小的碎基及部分外来溶解物质胶结成岩。根据应力性质和角砾形态可分为：

1)构造角砾岩碎块呈棱角状，角砾大小悬殊，排列杂乱无章，胶结物多为次生的铁质、硅质、碳酸盐等，主要是在张应力作用下破碎形成的。

2)构造砾岩碎块经过一定程度的圆化，多呈次棱角状、次圆状，角砾大小一般差别不大，角砾的长轴有时略具定向，胶结物主要为受力过程中碾得很细的碎基及粒状矿物，其他次生胶结物很少。显然，在形成过程中角砾曾发生了扭动或曾受到剪切应力的作用。

3)压扁角砾岩碎块被压扁、拉长，大小比较相近，胶结物主要是原岩的碾碎物质，其角砾具明显的定向排列。

构造角砾岩，通常见于断裂带，其出露宽度取决于破碎的强度和性质，有时可达数百米，延伸数十至数百千米。

2. *碎裂岩*

碎裂岩是指具碎裂结构或碎斑结构的岩石，它是在较强的应用作用下岩石或矿物受到挤压破碎形成的。碎裂岩的原岩常破裂成大小不等的碎块(碎斑)且分布在被粉碎的细粒基质(碎基)中，构成碎裂结构或碎斑结构。碎裂岩以碎裂程度较高而区别于构造角砾岩。

碎裂岩多在粒度较大的刚性岩石中发育，在长英质岩(如花岗岩和砂岩)中常见。岩石或矿物除产生裂缝和机械破碎外，常发生解理面、双晶结合面的破裂和位错；片状矿物和柱状矿物的弯曲扭折；石英呈成不规则状，并被细粒的碎基围绕。这些现象在手标本上有时可以见到。碎裂岩中还可见到少量新生矿物，如绢云母、绿帘石、方解石等；有时可见石英微粒聚集、重结晶成较粗晶粒，微粒间有铁质的浸染痕迹。碎裂岩一般都能根据野外残存的岩石和矿物的特征来推断原岩。

由火成岩变成的碎裂岩易辨认其原岩，在室内可根据碎斑矿物的含量推测，在野外只需向垂直于碎裂岩走向方向追索便可以确定了。但是火成岩岩体内的破碎带很难识别，这是因为它没有标志层，因而其碎裂岩也常被忽视，故需认真仔细工作。

不少碎裂岩是由沉积岩变来的。在碳酸盐质岩石中，方解石极易发生韧性变形，因此一般片状大理岩中方解石的拉长弯曲变形比破碎现象多见。在由砂岩、凝灰岩等岩石变来的碎裂岩中可以看到石英碎屑有颗粒化，而周围被破碎的碎基所围绕。

碎裂岩在断层带经常可见，如河南桐柏有碎裂花岗岩、碎裂斜长角闪岩，北京密云有碎裂片麻岩，山东泰山有碎裂花岗闪长岩等。碎裂岩常呈带状分布，如北京房山碎裂花岗闪长岩。

3．糜棱岩

具糜棱结构和定向构造的岩石统称为糜棱岩。它是原岩经过强烈研磨作用的产物，往往分布在深大断裂带两侧和韧性剪切带内。糜棱岩具有许多特点。

(1)由极细的碎基和眼球状碎斑组成

碎基中有时夹有原岩中尚未破碎的残余部分(眼球体)，这些残余眼球体的长轴平行于由碎基定向排列的流动方向。破碎的残余颗粒一般小于0.5mm。

(2)岩性坚硬致密

岩石坚硬致密。这是因为动力变质岩易硅化；或是因形成糜棱岩的压力较大，以致破碎的细小颗粒彼此能够紧密连接。

(3)具流状构造和眼球状构造

这是通过岩石的组成和颜色等特征反映出来的，因为在挤压研磨过程中物质组成发生流动、变形、重结晶，其新生矿物在应力作用下也呈定向排列。

(4)常见的刚性矿物颗粒为石英和长石

虽然也有由基性火成岩、超基性岩等原岩遭受糜棱岩化的实例，但糜棱岩中最常见的矿物乃是石英、长石等，因为这些矿物在很宽的温度、压力范围内比较稳定，而在有孔隙溶液存在时，它们还具韧性。

(5)可以出现新生矿物

新生矿物主要为绿泥石、绢云母、白云母、绿帘石、滑石和蛇纹石等低温变质矿物。

糜棱岩原岩恢复比较困难，需注意野外的追索。糜棱岩带一般较窄，向两侧压碎程度迅速减弱，以至变为原岩。江西永平县铜矿区糜棱岩分布广泛，根据残余体结合野外追索，分出了花岗糜棱岩和片麻糜棱岩等。山东桃科出露有花岗闪长玢岩质的糜棱岩带；四川康定见有花岗糜棱岩；云南哀牢山红河断裂带可见宽达1km的糜棱岩化带。

4．千糜岩

这是在强烈挤压的应力作用下形成的千枚状糜棱岩。在矿物成分和结构构造上与千枚岩很相似，但其成因与产状不同。与坚硬致密的糜棱岩有明显不同，它具有以下特征：含有大量绢云母、绿泥石、钠长石、绿帘石等新生矿物，并有很多重结晶的石英、长石微粒，这说明它在动力变质作用过程中不仅是破碎，而且经历了一系列的化学反应；片理发育，肉眼可见一组或几组片理，有时还可见有紧密的小褶曲；岩石中刚性矿物具压碎、变形(碎裂化和糜棱化)特征，这些压碎的刚性矿物常聚集成透镜状条带；常见与新生的错动纹理或片理斜交的原岩面理残余。

千糜岩手标本具千枚状构造，沿新生的片理面可见强烈的丝绢光泽。四川灌县混合花岗岩的断裂带中可见花岗千糜岩分布，并与碎裂岩、糜棱岩伴生。此外如河南桐柏见有石英角斑质千糜岩等。

5．假熔岩

这是一种不常见的黑色的有时为棕色的玻璃岩石，多呈不连续条带或条纹夹于糜棱岩中。它是动力变质作用过程中，摩擦产生的高温使原来岩石局部熔化并迅速冷却凝固形成的岩石。主要见于剪切和压性剪切的断裂带中。经X光研究和薄片研究证明，这种岩石多是隐晶质的，是岩石高度压碎的产物，并未经过真正的熔化。

(四)野外识别标志

动力变质岩往往分布在断裂带，在野外具有如下特征：

1)常呈带状分布，宽度和延长变化很大，常常斜切地层。

2)在断裂带内的岩石常具碎裂结构、碎斑结构、糜棱结构和条带状构造、眼球状构造等。

3)断裂带内岩性变化复杂，具有各种类型的碎裂岩，颜色变化也多种多样，如绿色、紫色、黄绿色、黑色等。有时还具这些颜色的混合杂色，有人称之为动力色。

4)断裂带内岩石的次生节理、劈理、各方向的擦痕、“断层泥”等均较发育，破碎较为明显。

5)由于沿断裂带常有水及其他溶液的活动，所以常出现硅化和形成一些次生矿物，如绿泥石、绿帘石、方解石、葡萄石、叶腊石、滑石等，并有铁染现象。

6)由于断裂带往往穿过不同的岩层，在地貌上常构成陡崖或似岩脉状，或成负地形。

7)由动力变质作用形成的绿色片岩、蓝闪石片岩等往往突然出现又突然消失，与围岩的岩性很不协调(甚至在附近很难找到这样的岩性)。

8)在岩体中往往出现岩相带突变的现象，如北京周口店房山侵入体中就有这种明显的现象，致使岩相带位移。

四、区域变质岩

(一)概述

区域变质岩是原岩经区域变质作用形成的岩石，它是变质岩中分布最广、变质作用过程持续时间最长的一类变质岩，如太古宙的大陆陆核和显生宙的造山带均为区域变质岩。虽然区域变质作用涉及的区域极广，但较之其他变质作用而言，其内部的组成在变质作用前后基本保持不变，即使在区域变质作用中存在化学活动性流体因素，也发生过交代作用，但它们都是在有限的范围内起作用和完成的。相对于我们研究的整个区域大系统而言，并未与外界环境发生成分的交换，大系统内部的总成分也未发生改变，故变质岩石学家认为，区域变质作用应是在封闭体系下进行的。

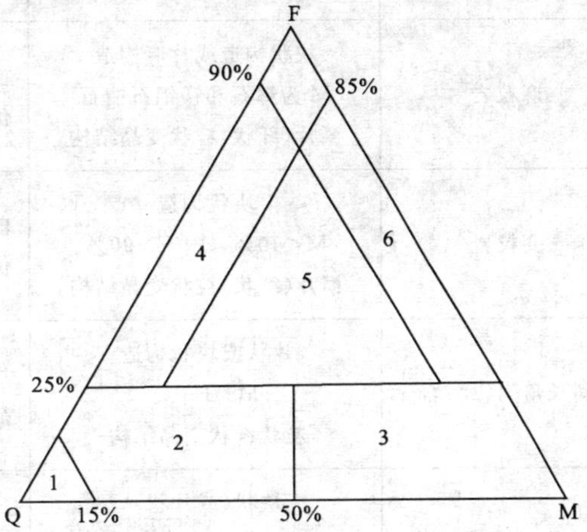

图 4-10　区域变质岩的 Q-F-M 定量矿物定名
(据王仁民，2009，简化)

Q. 石英；F. 长石；M. 暗色矿物；1. 变质石英岩(石英岩)；2. 云母石英片岩；3. ××片岩(片状构造)或××岩(块状构造)；4. 变粒岩(未达到麻粒岩相)或麻粒岩(达到麻粒岩相)；5. ××⊗长片麻岩，其中××为暗色矿物名；⊗为长石种属，如“斜”或“钾”，若两种长石共存时用“二”；6. 斜长角闪岩(斜长辉石岩)

(二)分类和命名

区域变质岩的定名存在两种原则：一为按定量矿物定名；一为按构造定名。定量矿物定名是依据区域变质岩中矿物组成的含量来定名(图 4-10)，获得的岩石名称为基本岩石名，进一步的定名还需制定一些规则，该定名原则适用于室内薄片研究。它的问题是，矿物含量估计在野外较难准确测定而导致岩石定名不一；基本岩石名称与构造表征不一，如该命名原则中有"片麻岩"的岩石名，但该岩石可能并无片麻构造，所以这种定名就会出现片麻岩可能不具片麻构造，而具片麻构造的岩石有可能没有定名为片麻岩。区域变质岩按构造定名尤其适用于野外工作。如具板状、千枚状、片状和片麻状构造的岩石分别定名为板岩、千枚岩、片岩和片麻岩，非常方便和直观，但是也存在一些问题。第一，对于许多块状构造的岩石的定名势必还要另增一些规则，较为繁琐；第二，片麻构造的界定，若岩石中黑云母在石英颗粒间断续定向排列而构成片麻构造又如何定名；第三，许多岩石名称仅有文字注解（如变粒岩）而不易记忆和掌握。现将定量矿物定名和构造定名获得基本岩石名称之后进一步的定名细则列于表4-4。

表4-4　区域变质岩基本岩石确定之后的进一步定名细则

基本岩石名称	特征	进一步定名细则
板岩	板状构造 隐晶质结构	加原岩前缀（硅质、碳质、泥质）；加特征前缀（斑点、瘤状）；与千枚岩过渡的岩石（千枚状板岩）
千枚岩	千枚状构造 隐晶质结构	与板岩过渡的岩石（板状千枚岩）
片岩	片状构造 $M>50\%$ 粒状鳞片（纤状）变晶结构	加暗色矿物前缀，特征变质矿物优先在前，其后按少前多后排列
片麻岩	片麻构造 $Q+F>50\%$，$F>20\%$、$M<50\%$ 鳞片（纤状）粒状变晶结构	前缀加暗色矿物名，后加长石种属名，暗色矿物中以特征变质矿物优先在前
麻粒岩	块状构造或片麻构造 M为辉石和镁铝石榴石 鳞片（纤状）粒状变晶结构	前缀加暗色矿物再加长石种属名，暗色矿物中以特征变质矿物优先在前
变粒岩	块状构造 $M<10\%$，$Q+F>90\%$ 鳞片（纤状）粒状变晶结构	前缀加暗色矿物；后加长石种属，暗色矿物中以特征变质矿物优先在前
斜长角闪（片）岩	片状或块状构造 $M>F+Q$ 粒状纤状变晶结构	片状构造为斜长角闪片岩；块状构造为斜长角闪岩，若出现特征变质矿物要以此为前缀
大理岩（或钙质片岩）	块状（或片状） 碳酸盐矿物$>50\%$ 斑状变晶结构、粒状变晶结构	前缀加特征变质矿物
榴辉岩	块状构造 镁铝石榴石、绿辉石为主 粒状柱状变晶结构	前缀加除镁铝榴石和绿辉石以外的暗色矿物名
变质××岩	变余结构构造	××为原岩名称

所有的区域变质岩命名在其名称前加颜色的修饰。

(三)主要的岩石类型及其特征

1. 板岩

板岩是具板状构造的浅变质岩,它多由泥质岩、粉砂岩或中酸性凝灰岩经轻微变质作用形成。原岩的矿物成分基本上没有重结晶或只有部分重结晶,岩石脱水且硬度增高,其外表呈致密隐晶质,矿物颗粒很细,肉眼难以鉴别。在板理面上偶见有少量的云母、绿泥石等新生矿物。板岩一般可根据颜色和杂质的不同详细命名,如黑色碳质板岩、灰绿色钙质板岩等。板岩因具有板状构造,可沿板理面成片剥下,作为房瓦、铺路等建筑材料。我国北方滹沱群、南方的板溪群和昆阳群都有大量的板岩产出。

2. 千枚岩

岩石为具千枚状构造的浅变质岩。它也是由泥质岩、粉砂岩或中酸性凝灰岩经低级变质作用所形成,变质程度比板岩稍高。原岩矿物成分基本上已全部重结晶,主要由细小隐晶质的绢云母、绿泥石、石英、钠长石等新生矿物组成。当原岩中含 FeO 较多时,可出现硬绿泥石、黑云母。岩石的面理面上具有明显的丝绢光泽,并常发育小的揉皱和弯曲。千枚岩可根据颜色、所含主要变质矿物及杂质成分进一步划分和命名,如银灰色千枚岩、硬绿泥石千枚岩、黄绿色钙质千枚岩等。板岩和千枚岩之间的过渡类型,可以称之为千枚状板岩或板状千枚岩。

3. 片岩

这是分布极为广泛的类变质岩,其原岩类型复杂,可以是超基性岩、基性岩、各种凝灰岩和含杂质砂岩、泥灰岩和泥质岩经低中级变质作用形成。片岩多为显晶质的等粒鳞片柱状变晶结构,或基质为鳞片变晶结构的斑状变晶结构,片状构造。主要由片状矿物(云母、绿泥石、滑石等)、柱状矿物(阳起石、透闪石、普通角闪石等)和较少量的粒状矿物(长石、石英等)组成,有时也含有石榴石、十字石、蓝晶石等特征变质矿物的变斑晶。片状或柱状矿物至少大于30%。粒状矿物常以石英为主,可含有一定数量的长石,长石含量小于25%。变晶矿物粒度常大于0.1mm,肉眼可辨认矿物成分,这一点可与千枚岩区别。片岩根据矿物组成可进一步划分。

<u>云母片岩</u> 主要由黑云母、白云母、石英和中酸性斜长石组成,一般粒状矿物含量较低,并可出现某些高铝的特征变质矿物如铁铝榴石、堇青石、红柱石和十字石等,它们常呈变斑晶出现。云母片岩通常由粘土岩经中级区域变质形成,也可由酸性火山岩变质形成。根据主要矿物组合可给予不同名称,如黑云母片岩、二云母片岩、绿泥钠长白云片岩等。

<u>石英片岩</u> 此种岩石常为细粒鳞片粒状变晶结构,片状构造,主要由石英(>50%)和片状矿物、柱状矿物所组成。片状、柱状矿物含量在30%~50%。这种岩石常是粉砂岩、泥质砂岩或酸性凝灰质砂岩变质而成。

<u>绿(色)片岩</u> 绿片岩一般为细粒鳞片变晶结构,片状至千枚状构造,以外貌显绿色而得名。其主要矿物有绿泥石、绿帘石、黝帘石、阳起石、钠长石和石英,还可含少量绢云母、方解石等;副矿物有榍石、磷灰石、锆石、磁铁矿等;暗色矿物含量一般大于40%,长石含量小于20%。命名时,通常以最多的一种矿物作基本名称,其他含量相对多的矿物取一种或两种作为形容词。如某片岩主要矿物为绿泥石,其次为绢云母,则可称绢云绿泥片岩;如次要矿物为绿帘石则可称绿帘绿泥片岩,等。

绿片岩一般为中性至基性的火山岩、火山碎屑岩及泥灰岩等经低级区域变质作用形成。绿片岩在我国分布广泛，如祁连山、秦岭、四川龙门山等都有广泛出露；山西繁峙也产绿泥石片岩，它主要由绿泥石和少量滑石组成；四川青川、彭县产有绿帘钠长阳起片岩和绿泥钠长阳起片岩。

角闪片岩　原岩成分与绿片岩相似，由基性岩和泥灰岩在高温条件下变质形成，岩石具细针(柱)状变晶结构，片状构造，主要矿物为角闪石，其次为石英、斜长石。由于原岩成分的差异，经常出现较明显的暗色和浅色成分相间的条带。

蓝闪石片岩　蓝闪石片岩的特点是具有含钠的角闪石和含钠的辉石，其他常见矿物有白云母、绿泥石、石榴石、石英、钠长石等。主要由基性岩和砂岩变质形成。自从板块构造学说提出以后，蓝闪石片岩受到格外地重视，认为蓝闪石片岩(蓝片岩)是高压低温变质的产物，分布于板块俯冲带。造山带中蓝闪石片岩的存在可说明在某一地质时代曾发生过两个板块相撞，故应是高压变质的产物。我国学者王嘉荫认为，蓝闪石的形成与压剪应力有关，在断裂带的剪切应力作用下，经错动和褶皱之后可出现蓝闪石，例如陕西商南秦岭断裂带中的细粒蓝闪石石英片岩。此外，蓝闪石也可通过直接交代更长石形成。尽管蓝闪石成因说法不一，但都认为区域变质岩中的蓝闪石片岩是在高压和相对低温的条件下变质形成的。

蓝闪石片岩可与绿片岩、榴辉岩等共生。例如分布于环太平洋褶皱带的日本、印尼苏拉威西、新西兰；美国加利福尼亚州及智利；欧洲的阿尔卑斯山脉；俄罗斯的乌拉尔山脉等处均有发育。其时代以中生代和新生代为主，而在前寒武纪地区迄今尚未发现蓝闪石片岩。

4. 片麻岩

岩石具明显的片麻状构造，含长石、石英较多，粒度较粗(一般大于 1mm)，岩石中长石(钾长石、斜长石)和石英的含量大于 50%，长石含量一般大于 20%，当长石含量减少，石英增加时，则过渡为片岩。片状或柱状矿物可以是云母、角闪石、辉石等。有时可含矽线石、蓝晶石、石榴石、堇青石等特征变质矿物。片麻岩可根据所含长石的种类，分为钾长片麻岩、斜长片麻岩两大类，然后再根据暗色矿物和特征变质矿物前缀进一步命名，如黑云母斜长片麻岩、矽线石钾长片麻岩等。

5. 变粒岩

这是一种含长石、石英较多(>70%)，且长石大于 20%，云母或其他暗色矿物含量较少(一般少于 15%)，具细粒变晶结构(一般小于 1mm)的变质岩。暗色矿物可以是黑云母、普通角闪石、透闪石、透辉石、电气石等。变粒岩和片麻岩的主要区别是变粒岩的结构较细小，片麻状构造不清楚。变粒岩是粉砂岩、长石石英砂岩、中酸性凝灰岩及少量中酸性喷出岩经中级变质作用所形成。变粒岩可加上主要的片状、纤状矿物前缀进一步命名，如黑云母变粒岩、角闪石变粒岩。有人还把暗色矿物含量小于 10%的变粒岩称为浅粒岩。

6. 斜长角闪岩

这是一种主要由角闪石和斜长石组成的岩石。角闪石等暗色矿物含量不小于 50%，石英较少或无；矿物成分除角闪石和斜长石外，常见铁铝榴石、绿帘石、黝帘石和少量云母、透辉石等；具粒状柱状变晶结构，其中角闪石呈长柱状，斜长石呈粒状和板条状。斜长角闪岩为块状构造，或略具定向构造，其原岩主要为基性岩(侵入岩、喷出岩、火山碎屑岩)和富铁白云质泥灰岩，它是在中至高温区域变质条件下形成的。

斜长角闪岩的分布也很广泛。在区域变质岩发育地区，常见它与片岩、片麻岩伴生，如四川丹巴的斜长角闪岩。若角闪石含量小于50%，斜长石大于20%，具片麻状构造者则为角闪斜长片麻岩；若角闪石含量大于50%，浅色矿物以石英为主，具片状构造者则为角闪片岩；若角闪石含量大于85%，外貌呈绿黑或黑色，具块状构造者则称为角闪石岩。

7. *麻粒岩*

这是一种在高温和中压下稳定的区域变质岩，其特征是岩石中含水矿物(如角闪石、黑云母)均不稳定，一般含量很少或不出现。暗色矿物中主要为紫苏辉石、透辉石，浅色矿物中有长石和石英，石英显暗色，有时含石榴石、矽线石、蓝晶石、堇青石等。一般为中、粗粒粒状变晶结构，有的为不等粒变晶结构，多为块状构造。某些麻粒岩中含有拉长的透镜状石英颗粒或集合体，这样岩石略显定向构造。由于原岩成分不同，麻粒岩中暗色矿物含量大于30%时称为暗色麻粒岩或基性麻粒岩；若暗色矿物含量小于30%称为浅色麻粒岩或酸性麻粒岩。

8. *榴辉岩*

主要由绿色绿辉石和粉红色的石榴石(铁铝-镁铝榴石)所组成。典型的榴辉岩不含长石，可含少量石英，有时含蓝晶石、黑色辉石、金红石、尖晶石等。岩石一般为深色中粗粒不等粒粒状变晶结构，块状构造，以密度大(3.6～3.9g/cm^3)为特征。榴辉岩的产状和成因比较复杂，根据地质产状可分为三种类型：A型，呈包体产于金伯利岩和超基性岩中；B型，呈透镜体产于角闪岩相和麻粒岩相的岩石中；C型，呈透镜体产于蓝闪石-硬柱石片岩相的岩石中。它的化学成分和基性岩浆岩相当，一般认为它是在极高压力条件下形成的，但温度范围变化较大。在金伯利岩中呈包体产出的榴辉岩被认为是来自地幔的金伯利岩岩浆成分分凝结晶作用的产物。

9. *石英岩*

这是一种石英含量大于85%的变质岩，它由石英砂岩或硅质岩经区域变质作用或热接触变质作用形成。由于原岩所含杂质和变质条件的不同，岩石中除石英外可含少量长石、绢云母、绿泥石、白云母、黑云母、角闪石、辉石等。一般具粒状变晶结构及块状构造，有时可具条带状构造。石英岩分布广泛，是优良的建筑材料和制造玻璃的原料。

10. *大理岩*

这是一种碳酸盐矿物(方解石、白云石为主)含量大于50%的变质岩。它是由石灰岩、白云岩等碳酸盐岩经区域变质作用或热接触变质作用而成的。由于原岩含杂质和变质条件的不同，大理岩中可含少量蛇纹石、透闪石、透辉石、方柱石、金云母、镁橄榄石和硅灰石等特征变质矿物。一般具粒状变晶结构和块状构造，有时可具条带状构造。

五、接触热变质岩

(一)概述

接触热变质作用形成的岩石为接触热变质岩。它是岩浆体上侵定位后携带热能而烘烤周围岩石导致围岩结构、构造和矿物组成发生变化所形成的新岩石。接触热变质岩与原岩在化学成分上基本保持一致，故将这类变质作用也视为在封闭体系下完成的。

接触热变质岩完全围绕侵入体分布，这种呈晕圈状环绕侵入体分布的接触热变质岩称为接触热变质晕，侵入体与未变质的围岩之间在平面上的界线可以确定接触热变质晕的宽度。接触热变质晕的宽度差异较大，板状岩墙的接触热变质晕仅数厘米；而中等岩株的接触热变质晕可能达数千米。接触热变质晕的宽度取决于以下因素：①岩浆体(冷凝后为侵入体)的规模大小。一般来说，小的侵入体的接触热变质晕窄，大者宽，但是大规模的巨量花岗岩体却很少发育接触热变质晕。②侵入体与围岩接触面产状。接触面产状愈缓，其接触热变质晕愈宽(图4-11)；相反，接触面产状愈陡，其接触热变质晕愈窄。③侵入体的性质。一般来说，中酸性侵入体的接触热变质晕要宽一些，而偏基性的侵入体的接触热变质晕较窄。④围岩的性质。围岩颗粒细小、成分单一，其接触热变质晕宽，如沉积岩中的泥质岩和碳酸盐岩，而颗粒较粗大的火成岩则不会形成接触热变质晕。

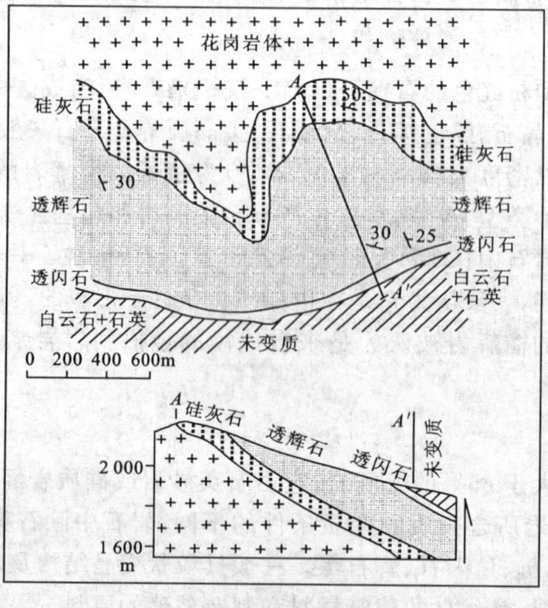

图 4-11　花岗质岩体及其接触热变质晕平面(上)和剖面(下)图

(转引自游振东和王方正，1988)

围岩为硅质白云岩(石英+白云石)

接触热变质作用的主导因素是温度，故岩石多为变晶结构和变成构造，仅在远离侵入体的接触热变质晕的外带可能发育变余的结构构造。接触热变质岩多为块状构造，但有时也会出现板状、千枚状、片状和片麻状等定向构造，这可能是岩浆体上侵定位时对围岩施以侧向压力的结果，也有可能是原岩定向构造继承下来的。

(二)分类和命名

接触热变质岩的分类命名基本上与区域变质岩相同(图4-10和表4-4)。但是，在接触热变质作用下，一些钙质和泥质原岩会形成一种质地均一、结构紧密的块状构造岩石，为此给此类岩石定名为角岩。角岩可为基质为隐晶的斑状结构，也可为等粒结构。角岩的进一步命名列于表4-5。

表 4-5 角岩类的特征变质矿物和命名

原岩	变质岩	出现的特征变质矿物	命名
泥质岩	角岩	红柱石、堇青石、矽线石、白云母、黑云母	特征变质矿物作前缀
钙质岩 碳酸盐物质＞其他物质 碳酸盐物质＜其他物质	 大理岩 钙硅角岩	 透闪石、透辉石、硅灰石 绿帘石、透闪石、透辉石 斜长石、钙铝榴石	 特征变质矿物作前缀 特征变质矿物作前缀

六、混合岩类

(一)概述

混合岩形成于混合岩化作用,而混合岩化又是介于变质作用和岩浆作用之间的一种地质作用和造岩作用。混合岩化最大的特征是有流体相熔体产生,而这种熔体又能进入固相变质岩之中发生熔体与固体的混合而形成新的一类岩石,这就是混合岩 。

混合岩化作用可分为区域性混合岩化和局部性混合岩化两种类型。区域性混合岩化是区域变质作用的继续,形成的混合岩分布于区域变质岩内。它是在高级区域变质的条件下地壳内部热流继续升高,已变成的区域变质岩中的低熔点的长英质组分因部分熔融而变为熔融的流体相,然后这种流体对未熔融的区域变质岩残留物进行渗透交代和机械贯入而形成混合岩。局部性混合岩化仅与区域变质岩形成后的晚期侵入体有关,该侵入体尚处于岩浆上侵阶段时,其内的流体相熔体沿区域变质岩面理贯入和渗透而形成混合岩,该混合岩仅分布于侵入体的边缘。

区域性混合岩化形成的混合岩分布较广泛,大别造山带、扬子古陆基底均有出露。局部混合岩化形成的混合岩分布较局限,在区域变质岩形成后的晚期侵入体周缘都有发育,我国宜昌黄陵花岗岩体周缘的中元古宙小鱼村岩组的斜长角闪片岩中见有这种条带状混合岩,其条带的浅色组分即为黄陵花岗岩,暗色组分则为区域变质的斜长角闪片岩。

(二)物质组成和构造

混合岩由两部分组成:一为脉体;一为基体。脉体是局部熔融过程中形成的熔体,它的主要组成为长石和石英,因为变质岩发生局部熔融时,长石和石英这类低熔点的矿物可转变为熔体。基体为部分熔融变质岩后留下的固态残留物,如片麻岩、片岩等。

混合岩的构造十分特征,它依据基体和脉体界线划分为三类(表 4-6)。

混合岩化程度有高低之分。混合岩化程度高低的识别标志有三:①基体与脉体的界线清楚与否,界线清楚者混合岩化程度弱,界线不清楚者混合岩化程度强;②脉体与基体的量比,脉体含量愈大,混合岩化程度愈强,反之则相反;③构造样式,这一点与前述标志基本是一致的(表 4-6)。

表 4-6 混合岩的构造类型和样式

构造类型	界线清楚型	界线模糊型	无界线型
构造样式	角砾状、眼球状 条带状、肠状 树枝状、巨斑状	阴影状 雾迷状 条痕状	片麻状 块状

(三)主要岩石类型及其特征

混合岩根据其基体和脉体的量比和构造特征可划分为混合岩、混合片麻岩和混合花岗岩三大类,各类岩石的基本特征列于表 4-7。

表 4-7 混合岩的分类及特征

分类	混合岩	混合片麻岩	混合花岗岩
脉体与基体的量比(%)	15～50	＞50	≫50
基体与脉体界线	清楚	较不清楚	不清楚
构造	角砾状、眼球状 条带状、肠状 树枝状、巨斑状	片麻状 块状 条痕状 阴影状	块状 片麻状 条痕状 阴影状

1. 混合岩类

这类岩石的特点是脉体含量较少,为小于 50%,基体中矿物受交代作用不强烈,脉体和基体之间有较明显的界线而使之黑白分明,浅色部分代表后来加入的长石石英质的脉体,暗色部分为区域变质原岩经部分熔融后保存的残余,如斜长角闪岩、黑云母片麻岩等。该类混合岩根据脉体含量可分为混合岩化的岩石(脉体含量＜15%)和注入混合岩(脉体含量 15%～50%)。混合岩化岩石命名是在"混合岩化"前缀后加变质岩的名称,如混合岩化斜长角闪片麻岩。注入混合岩中因常有一些特征的构造,则可以根据其构造特征进一步命名,常见有以下几种。

角砾状混合岩　是基体呈角砾状碎块分布于脉体中的混合岩(图 4-12)。具特征的角砾状构造。角砾通常是片理不发育或具块状构造而富铁镁矿物的岩石(如斜长角闪岩、角闪石岩、辉石岩等)。角砾状基体大小不等,脉体呈"胶结物"状,说明岩石碎裂时是坚硬的,没有遭受塑性变形。角砾的边缘形状有明显的对应性,说明构造运动不十分强烈,但有时角砾受到拉长圆化或呈椭圆形,并有一定的方向性。该岩石脉体和基体界线一般较清楚,但随着交代作用的加强,角砾的轮廓渐趋模糊。

眼球状混合岩　具典型的眼球状构造(图 4-13)。基体岩石成分是富含黑云母或角闪石等具有良好片理的岩石(如片麻岩),脉体呈眼球状,这种眼球可以是单个碱性长石的交代斑晶或为扁平透镜状的长石或为长石石英集合体。眼球状或透镜状的脉体大致平行于基体的片理分布,当"眼球"含量增加时,能够逐渐连续过渡为条带状混合岩。眼球状混合岩为中等混合岩化程度的产物。

图 4-12　角砾状混合岩

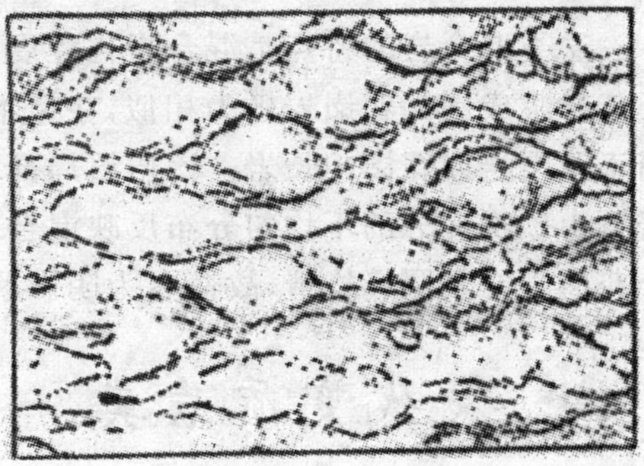

图 4-13　眼球状混合岩

条带状混合岩　该岩石具条带状构造(图 4-14)。它是脉体呈条带状平行分布于基体的片理中的混合岩。脉体的厚度比较均匀,而且延伸较远,基体的成分为片岩或暗色片麻岩,脉体成分为花岗岩质的岩石。若条带的厚度不均匀,延伸不远就尖灭,但仍平行基体的片理,这种混合岩称为条痕状混合岩。条带状混合岩代表混合岩化作用程度中等或较低的产物,这类混合岩较为常见。

肠状混合岩　花岗质或伟晶质脉体呈复杂的肠状揉皱分布于基体中(图 4-15)。此类混合岩常在其他类型混合岩中偶然发育,褶皱大小变化范围从几米至几十厘米,少数仅几厘米。脉体厚度愈大褶皱幅度也大,而且在一条褶皱肠体的各个部分厚度大致相等,由褶皱而引起脉体长度压缩率在 30%～50%,最强达 5/6。

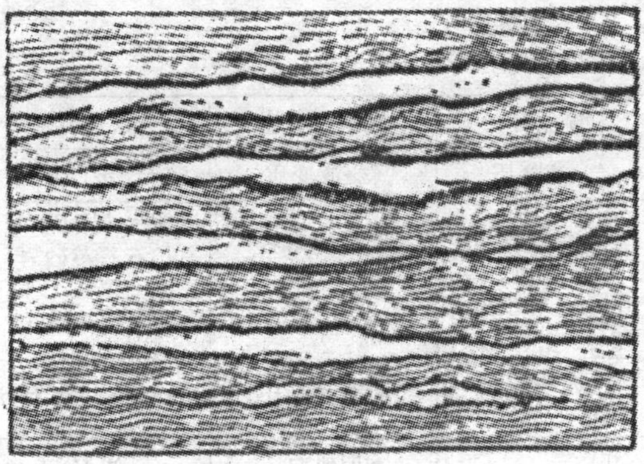

图 4-14　条带状混合岩

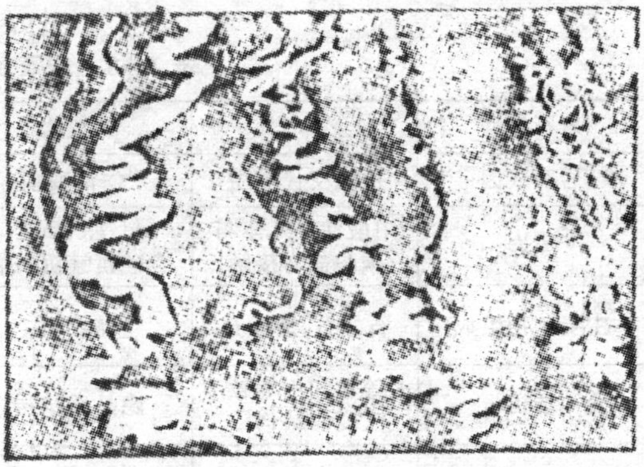

图 4-15　肠状混合岩

产于片麻岩中的肠状脉体往往是不规则的,而且常因受挤压而在小褶皱转折端形成尖锐的楔形,说明原变质岩在混合岩化阶段尚时处于柔性状态。

2. 混合片麻岩类

这类混合岩的特点是基体含量很少,脉体含量大于 50%,因强烈交代作用,脉体和基体也无明显的界线而形成一种较均匀的片麻状构造,其成分与花岗岩相似,但片麻构造还较明显,暗色矿物分布不均匀,其较集中部分有时能大致反映原岩的基本轮廓。

3. 混合花岗岩类

这类混合岩的特点是混合岩化程度最彻底，此时脉体和基体已经分离不出来了，其岩石特征与岩浆成因的花岗岩极为相似，在标本上甚至在露头中两者很难区别，岩石总的矿物成分相当于花岗岩或花岗闪长岩。该岩石局部会出现暗色矿物相对集中的斑点、条带、团块和阴影，岩石中矿物成分的不均匀分布反映混合岩经历了交代作用并保存有基体的交代残余，这种混合花岗岩常具阴影构造，故命名为阴影状混合花岗岩。

七、交代变质岩类

(一)概述

交代变质岩是接触交代变质作用和气-液变质作用形成的岩石总称，它们都是开放体系下完成的变质作用，在变质过程中原岩体系存在物质成分的带进和带出，形成的变质岩不仅在矿物成分和结构构造上发生改变，更重要的是，新形成的岩石在化学成分上也发生很大的变化。此类变质岩的分布比较有限，这是因为它与原岩的性质、产状和规模有直接的关系。即使原岩为广布的火山岩，交代变质岩也并非能完全继承火山岩的规模而分布广泛，其原因是导致变质的气-液介质不可能像火山岩一样普遍存在。这类岩石又称为蚀变岩，又因它常常分布于矿体的周围，故又称围岩蚀变。交代变质岩的岩石特征是，不等粒变晶结构、变余结构、隐晶质结构和块状构造，形成的矿物多为低温含水矿物。导致形成交代变质岩的热水溶液大部分来自岩浆，部分来自围岩和地下热水。该岩石的分类及其岩石特征列于表 4-8。

表 4-8　岩石类型、原岩和岩石特征

岩石类型	矽卡岩	蛇纹岩	青盘岩	次生石英岩	云英岩
岩石成因	接触交代变质	气-液变质	气-液变质	气-液变质	气-液变质
原岩	中酸性侵入体与碳酸盐岩接触	超镁铁质岩 含硅富镁沉积岩	中基性火山岩	酸性火山岩	酸性侵入岩、长石石英砂岩
主要矿物组成	石榴石、透辉石	蛇纹石	阳起石、透闪石、绿帘石、绿泥石	玉髓、石英	白云母、石英
结构	等粒和不等粒变晶结构	隐晶质结构	纤状、鳞状、粒状变晶结构	隐晶质结构	鳞片粒状变晶结构
次要矿物	方解石、斜长石	水镁石、滑石	钠长石	明矾石 叶腊石	萤石 电气石

(二)主要的岩石类型及其特征

1. 蛇纹岩

蛇纹岩几乎全由蛇纹石组成，此外可有少量滑石、菱镁矿、铬铁矿等。一般呈黑色、暗灰绿色至黄绿色，风化后呈灰色，其中常有很多细小交错的磁铁矿细脉，岩石多为隐晶质。新鲜的蛇纹岩具蜡状光泽，硬度小，岩石裂隙中常见有纤维状石棉分布，其纤维均垂直于裂隙侧壁生长。

蛇纹岩为由超基性(或富镁沉积岩)岩经气液交代作用使其中的橄榄石和部分辉石转变成蛇纹石形成的。

一般蚀变作用由轻微到剧烈,由个别矿物到整个岩石,由量变到质变,最后形成新的岩石类型。轻微蚀变者称为蛇纹石化岩石;蚀变彻底并使原岩全部转变为蛇纹石的岩石叫蛇纹岩。一般认为蛇纹石化作用主要是水解过程,也可能伴有部分 SiO_2 的加入和 CO_2 的影响,其变化可以下式表示。

$$5Mg_2SiO_4+4H_2O \longrightarrow 2H_4Mg_3Si_2O_9+4MgO+SiO_2\text{(水化)}$$

橄榄石　　水　　蛇纹石

$$\text{或 }3Mg_2SiO_4+4H_2O+SiO_2 \longrightarrow 2H_4Mg_3Si_2O_9\text{(硅化)}$$

橄榄石　　水　　蛇纹石

$$\text{或 }2Mg_2SiO_4+2H_2O+CO_2 \longrightarrow H_4Mg_3Si_2O_9+MgCO_3\text{(碳酸盐化)}$$

橄榄石　　水　　蛇纹石

蛇纹岩常伴有铬、镍、钴、铂以及滑石、石棉、菱镁矿等重要金属、非金属矿产,这种岩石在我国江苏北部、安徽大别山地区均有分布。此外,质地良好的蛇纹岩可作为低档玉石(岫玉)。

2. 云英岩

云英岩主要由白云母和石英组成(石英在50%以上,白云母40%～50%),此外尚有黄玉、锂云母、电气石、绿柱石等富含挥发分的矿物,一般为灰色、浅灰绿或浅粉红等色,块状构造,中粗粒鳞片粒状变晶结构。

云英岩主要是酸性侵入岩,特别是黑云母花岗岩受气-液变质作用形成。原岩中黑云母、斜长石、钾长石在气液作用下先后被交代,转变为石英、白云母等矿物。

云英岩是重要的找矿标志,经常伴有钨、锡、铋、钼及稀土元素等矿产。我国江西、广西、湖南等地有广泛分布。

3. 青盘岩

青盘岩是中基性火山岩及火山碎屑岩经气液变质作用形成外貌为绿色的块状岩石。岩石多呈灰绿、黑绿色,隐晶质,往往具变余斑状结构及变余火山碎屑结构,除具块状构造外还具有斑杂状、角砾状构造。矿物成分较为复杂,主要由阳起石、绿帘石、绿泥石、钠长石、碳酸盐等矿物组成。若蚀变程度较低,原岩的残留矿物大于50%,并保存原岩的结构构造者,则称为青盘岩化的岩石。一般认为青盘岩的成因有两种:一种是次火山岩通过火山携带的热水溶液直接作用形成的(自变质);另一种是火山岩受区域热液影响产生的。

与青盘岩有关的矿产有铜、铅、锌等多金属硫化物和金、金-银脉状矿床等,例如我国安徽庐江某些含铜石英脉附近的玄武安山岩可见蚀变为青盘岩。

4. 次生石英岩

次生石英岩是酸性和中性火山岩或火山碎屑岩在近地表的浅处受火山喷出的含硫热气或热液的交代蚀变而形成的岩石。岩石呈浅灰、暗灰及灰绿等色,致密块状,细粒到隐晶质。可见变余斑状结构、变余凝灰结构、变余流纹构造。主要矿物成分是石英、绢云母、明矾石、高岭石、红柱石、水铝石和叶腊石;次要矿物有刚玉、黄玉等。次生石英岩的形成过程主要是将原岩的 Na、K、Mg、Ca 等带出,而较稳定的 Al、Si 等相对富集,形成了石英和一些富铝的矿物组合。

与次生石英岩有关的矿产主要是非金属矿产,如明矾石、高岭石、叶腊石、水铝石、刚玉、红柱石等。我国浙江平阳、福建福鼎及安徽庐江的明矾石矿床和福建寿山的叶腊石矿床都是很著名的，这些矿床分布于酸性火山岩及凝灰岩蚀变的次生石英岩中。

5. *矽卡岩*

这是一种由石榴石、辉石(透辉石)为主要组成的岩石。它是在深度不大或中等深度的条件下碳酸盐岩(石灰岩、白云岩等)和中酸性侵入体接触时发生接触交代变质作用形成的。有时当侵入体侵入火山碎屑岩(凝灰岩)之中时也能形成矽卡岩类的岩石。

矽卡岩根据其中主要矿物的化学成分，可分为两类：一类为钙质矽卡岩，主要由石榴石(钙铝榴石-钙铁榴石)、辉石(透辉石-钙铁辉石)、符山石、方柱石、硅灰石等含钙高的硅酸盐矿物组成；另一类为镁质矽卡岩，主要由镁橄榄石、透辉石、金云母、硅镁石、硼镁石、硼镁铁矿等富含镁的硅酸盐矿物组成。自然界中常见的为钙质矽卡岩(或简称矽卡岩)，它的鉴定特征是颜色和外表特点变化较大，为暗绿色、暗褐色等，一般矿物晶形较好，具不等粒粒状变晶结构，块状构造或斑杂状构造，密度较大($3.3 \sim 3.9g/cm^3$)。有些隐晶质致密的矽卡岩，仅能根据产状(产于接触带)、颜色、硬度、密度等特点大致判断。

在矽卡岩形成的晚期，常有金属矿物的大量聚集而形成矿床，即通常所称的矽卡岩矿床。我国长江中下游地区花岗质侵入体周围的铁、铜矿床大多属于矽卡岩矿床类型，如湖北大冶铁矿、安徽铜官山铜矿等。

第五章　野外岩石学

一、岩石的观察和描述

（一）岩石观察和描述

在野外进行岩石学工作时，除了研究岩层、岩体的产状及其与相邻岩层的接触关系等特征外，还应对岩石的性质进行系统地观察和描述，其内容一般包括以下几方面。

1. *颜色*

颜色是岩石最醒目的特征，同时也是某些岩石的重要的鉴定特征和成因标志。观察岩石的颜色时，应尽可能观察新鲜的、干燥的岩石颜色。如果岩石遭受了风化，则应指出其风化后的颜色。当岩石颜色单一时，可用单一的颜色名称表示，如红色、黄色等；若岩石的颜色呈现多种色调，则用复合颜色名称表示，观察时须将标本置放在较远距离去宏观地评估，如黄绿色、灰紫色等。此时，岩石的主要颜色，放在颜色复合名称的后面，如主要颜色为绿色，次要颜色为黄色，即称为黄绿色。此外，对火成岩要估计色率，对沉积岩还应区分是继承色、原生色或次生色。

2. *构造*

无论是在大的露头上还是在手标本上均应注意岩石的构造特点，是均匀的块状构造，还是具层状构造、条带构造、斑杂构造、气孔、杏仁构造、片状构造、片麻状构造等。构造特征常是区分主要岩石类型的重要依据，有时也是决定岩石生成环境的重要标志。对于各种特殊的构造均应描述其形态、大小、在岩石中分布的情况以及显现的原因等。

3. *结构*

结构特征是岩石分类命名的重要依据之一，同时它们与岩石的水文地质和工程地质性质有密切的关系，故应当十分注意。观察岩石结构时，首先应确定岩石的结构类型，例如是碎屑结构还是结晶结构，碎屑结构中是陆源碎屑结构还是内源粒屑结构；是结晶结构还是变晶结构；是隐晶质结构还是玻璃质结构，然后再描述结构的特点。如果是陆源碎屑结构或粒屑结构，则应描述碎屑（或粒屑）的大小、形状、分选性、圆度以及胶结物或基质的结构特点。对于结晶结构或变晶结构，则应描述矿物颗粒的大小、形状、排列情况等。对于斑状结构或斑状变晶结构，应分别描述斑晶的特点和基质的结构特点。对于隐晶质结构，则应注意其断口特征。

4. *矿物组成和百分含量*

首先要确定岩石的主要矿物的种类和含量，然后再观察次要矿物、副矿物等的种类和含量。对具斑状结构或斑状变晶结构的岩石，则要首先描述斑晶或变斑晶的矿物种类、数量和特点，然后再描述基质的矿物种类、数量和特点。对具碎屑结构或粒屑结构的岩石，则应先观察碎屑颗粒的矿物种类和粒屑的类型、含量和特征，然后描述胶结物或基质的成分和含量。对于变质岩来说，尤应注意有无特殊的变质矿物，如蓝晶石、矽线石、红柱石等。

5. 其他特征

除上述四点外，对岩石的次生变化、破碎情况、裂隙、孔洞、矿化现象等都应注意观察和描述。

(二)岩石命名

在上述观察和描述的基础上，按各类岩石的命名原则对岩石进行正确的命名。前述各类岩石定名均为基本岩石名称，若确定全名则需加上岩石颜色、结构(粒度大小)和次要组成(矿物)的前缀。

(三)岩石描述实例

1. 火成岩描述实例

(1)花岗岩(北京杨坊)

岩石较新鲜，呈浅肉红色，中粗粒结构，块状构造。主要由钾长石、斜长石、石英及少量黑云母组成。长英矿物含量占90%以上，其中钾长石呈浅红色，板状，外形不规则，颗粒大小为2mm×3mm，含量约45%；斜长石为浅灰色，板状，自形程度较好，颗粒大小为2mm×2.5mm，含量约20%；石英呈灰色，半透明，它形粒状，含量大于25%，粒径为2～3mm。暗色矿物主要为黑云母，呈鳞片状，暗褐色，含量小于10%，有的已蚀变为褐色的蛭石或绿泥石。副矿物为榍石和磁铁矿，含量甚微，约小于1%。根据岩石各矿物含量投影于花岗岩的Q-A-P定量矿物命名图(图2-23)的3区，该岩石基本名称为二长花岗岩。

最后定名为暗褐色黑云母二长花岗岩。

(2)玄武岩(南京方山)

岩石呈灰黑色，具斑状结构和气孔构造。斑晶主要为伊丁石，红棕色，玻璃光泽，呈片状集合体，大小为1～2mm，系橄榄石氧化条件下的蚀变产物，含量约10%。次要为灰白色斜长长条状；具有解理反光平面，含量约5%。基质为隐晶至微粒结构，可见细针状灰白色斜长石微晶，在暗淡的基质中以其较强的玻璃光泽显现出来。气孔构造发育，多呈圆形或椭圆形，孔径为5～6mm，孔壁光滑。有的气孔充填有方解石，形成杏仁体，略呈定向排列。根据喷出岩(熔岩)斑晶为橄榄石(伊丁石化)和斜长石，故确定为玄武岩。

最后定名为灰黑色伊丁玄武岩。

(3)凝灰岩(河北宣化)

岩石呈灰绿色，块状构造，具凝灰结构，主要由灰绿色火山灰和部分晶屑、岩屑组成。岩屑成分不易分辨，黑色的可能为燧石，灰色的可能为灰岩，含量约5%；晶屑由无色透明的具玻璃光泽和清晰解理的透长石和烟灰色具油脂光泽的石英组成。偶见黑云母小片。晶屑呈不规则的棱角状，大小为1～2mm，含量约20%。岩石滴盐酸剧烈起泡，表明有次生的方解石。根据晶屑矿物种类可知该火山碎屑岩的岩浆成分为流纹质，且含较多的岩屑。

最后该岩石定名为灰绿色流纹质岩屑晶屑凝灰岩。

2. 沉积岩描述实例

(1)砂岩(河北唐山)

岩石为灰绿色,风化面为灰黄色。绿色是因岩石中含较多海绿石的缘故,故绿色为原生色。岩石标本上可见较清晰的平行层理,小层厚度 3～10mm,它是由于各小层中含海绿石数量多少不同而显现的,含海绿石较多者绿色显著。中粒砂状结构,颗粒大小较均匀,分选好,圆度中等。碎屑成分几乎全部由石英组成,含量在 98%以上,只有极少量的长石和燧石碎屑,含量估计不到 2%。石英为灰色,有的因氧化铁浸染而呈灰黄褐色。长石为灰色,有解理;燧石为黑色、隐晶质。胶结物为硅质和海绿石,硅质胶结物看来已全部结晶为碎屑石英的次生加大边,故在石英碎屑颗粒之间分不出碎屑物和胶结物的界线,但石英颗粒之间胶结得极为坚固紧密。除硅质外胶结物中还有海绿石,鲜绿色,呈不规则状充填于石英颗粒之间,在岩石中分布很不均匀,部分已遭受风化而成为褐铁矿,含量约 5%。硅质胶结物含量无法估计。岩石风化面因海绿石氧化成高价铁的氧化物并浸染碎屑颗粒而呈灰黄色。岩石坚硬,具较多的孔隙。

最后定名为灰绿色硅质海绿石质石英中砂岩。

(2)灰岩(山东张夏)

岩石为灰紫色,块状构造,鲕粒结构。粒屑组成主要为鲕粒,含量约占整个岩石体积的 60%,未见其他粒屑。鲕粒断面为圆状或椭圆状,大小均匀,一般为 1～2mm,紫红色,具明显的同心层状构造。鲕粒中心的内核为粗粒方解石晶粒,灰色,边缘较规则,可能为棘皮动物的碎屑。鲕粒的同心层部分由淡紫红色的泥(微晶)方解石组成,致密。胶结物为颗粒较粗的灰白色亮晶方解石,放大镜下可见晶粒轮廓,大小 0.03～0.1mm,亮晶方解石含量约 40%。

最后定名为灰紫色亮晶鲕粒灰岩。

(3)粘土(河北宣化)

浅红色或灰白色,断口不很细腻,略有滑感,块状构造,泥状结构。固结程度低,质较疏松。在水中易泡软并剧烈膨胀,膨胀后体积比原体积大 2～3 倍,其粘结性不强,可能为蒙脱石类粘土矿物。此外还有少量次生碳酸盐矿物,遇盐酸起泡,分布不均匀。

最后定名为灰白色蒙脱石粘土。

3. 变质岩描述实例

(1)角岩(北京周口店)

岩石为深灰色,块状构造,斑状变晶结构,基质为微粒变晶结构。变斑晶为红柱石,自形,长柱状,横断面为正方形,大小相近,长 5～10mm,因遭受风化后而光泽暗淡。在岩石的新鲜面上斑晶和基质不易区分,但在风化面上,因红柱石变斑晶比基质具更强的抗风化能力,故经差异风化后红柱石变斑晶明显突出,含量约 15%。基质颗粒细小不易鉴定,只能分辨其中有细小的黑云母,为暗褐色,珍珠光泽,呈小鳞片状。此岩石为泥质岩经热接触变质而成。

最后定名为深灰色红柱石角岩。

(2)片岩(山西繁峙)

岩石为灰白色,片状构造,斑状变晶结构,基质为鳞片变晶结构。变斑晶为石榴石,呈暗紫红色,粒状,大小为 5mm 左右,有的晶体可以见到完好的晶面,含量约 5%左右。基质由白云母和石英组成,白云母呈鳞片状,含量约 60%;石英为细小粒状,含量约 35%。由于基质中有大量的白云母,使岩石具明显的丝绢光泽。根据区域变质岩的 Q－F－M 定量矿物命名图(图

4-10)投影于3区,又结合片状构造特征应定名为片岩,再加之暗色矿物的前缀。

最后定名为灰白色石榴石云母片岩。

(3)黑云母斜长片麻岩(河北建屏)

岩石为灰白色,具明显的片麻状构造,中粒等粒变晶结构(花岗变晶结构)。主要矿物成分有斜长石(50%)、石英(25%～30%)、黑云母(20%)。斜长石为白色板状,石英它形,略有拉长状。黑云母为黑褐色,片状,与粒状长英矿物相间分布,使岩石呈现片麻状构造。有些斜长石可见绿帘石化而显现淡绿色。根据矿物含量投影于区域变质岩的Q-F-M定量矿物命名图(图4-10)的5区,又结合片麻构造故命名为片麻岩,再结合片麻岩的命名原则进一步定名。

最后定名为灰白色黑云母斜长片麻岩。

二、火成岩

(一)侵入岩

1. 矿物含量估计

矿物含量估计是侵入岩岩石定名的依据,它可以选择野外露头进行,也可以在手标本上观察完成。

岩石中矿物含量应指各矿物占岩石总体积的百分数,但在具体操作时常使用各矿物所占岩石表面面积百分数,有时为了较准确地测定矿物所占的面积百分数,还常使用线段百分比方法。虽然各矿物在岩石中所占的体积百分比、面积百分比和线段百分比数值并不完全相同,但我们把它们仍看作是近似地相等。岩石中各矿物含量估计的方法有很多,现一一介绍如下。

(1)经验法则

手标本或野外确定各矿物在岩石中的含量的经验法则需遵循一定的步骤。

第一步,估计暗色矿物(M)的含量。

暗色矿物的含量可用目估法、数点法和对比法来确定。目估法就是直接目估暗色矿物含量,这种方法对于初学者来说要进行一次目估后的校正,因为暗色矿物对人们的视觉反应灵敏,故要将目估的暗色矿物含量减掉5%才能获得正确的暗色矿物含量。数点法是在岩石手标本限定的区域内,数出总的矿物颗粒数,然后计数出暗色矿物的粒数,这两个数值的比值百分数即为暗色矿物含量。该方法局限在于要求岩石中的各种矿物的粒径大小是近相等的。所以说,这种方法更适用于镜下薄片研究。对比法则是将岩石光面上暗色矿物与已知黑点百分比图相对照(图5-1)获得其含量。该值是暗色矿物的总含量,若有若干种暗色矿物时,将它们在这个数值范围内再分配。

第二步,确定岩石中的石英含量。

直接确定岩石中的石英含量是十分困难的,需要借助肉眼和放大镜这两种鉴定工具来限定,因为这些工具的鉴定能力也大致反映岩石中石英的含量范围(表5-1)。值得注意的是,表5-1中的矿物含量估计的经验法则及其划定的界线恰好与岩石的Q-A-P分类命名图(图2-23)中石英5%和20%含量的水平线一致。这种吻合为我们较准确地确定花岗质岩石的种类提供了帮助。

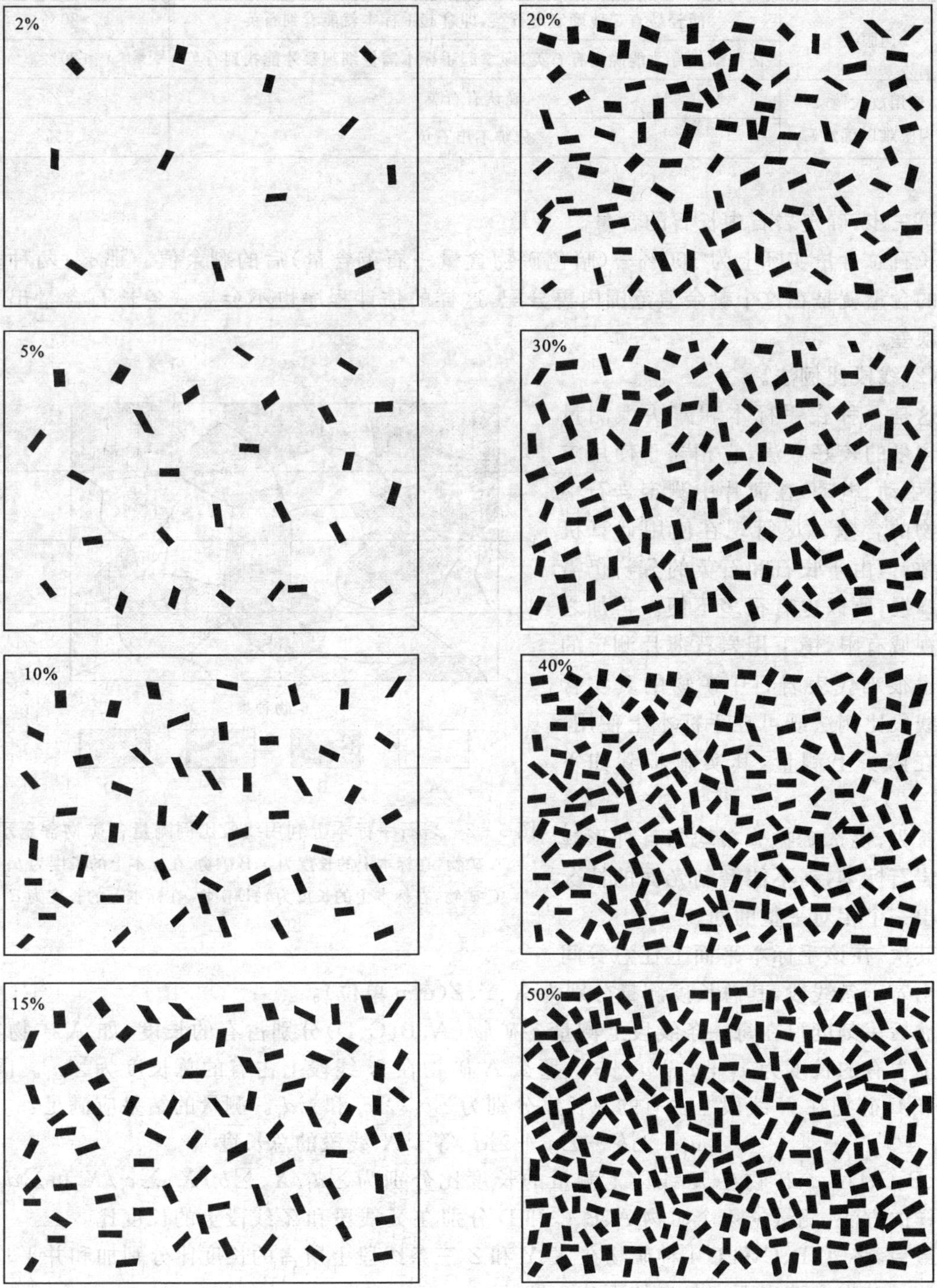

图 5-1　暗色矿物(图中黑点)含量比照图

表 5-1 肉眼观察手标本的石英含量估计经验法则

鉴定工具	鉴定能力	石英含量(Q)
肉眼	能轻易直观地确定出石英，即拿起手标本就能看到石英	>20%
	需仔细找寻才能确定有石英，即拿起手标本需仔细观察才能找到石英	<20%
使用放大镜（肉眼难以确定）	确认有石英	>5%
	分辨不出石英	<5%

第三步，确定岩石中长石的含量。

长石总含量实际上为100%－(暗色矿物含量＋石英含量)后的剩余值。那么，两种长石各自的含量就是在这个剩余值范围内再分配，这样的估计程序也不会导致各长石含量出现较大的误差。

(2)线段比例法。

这是一种在手标本和露头上测量矿物含量的较好方法，它相当于使用求积仪(手动、电动)在薄片中测定岩石中各矿物的含量。尽管现在使用计算机来计数，但由于长石和石英的分辨仍需人工掌握，所以也有很多不便。再加之薄片视域有限，镜下用岩石薄片测定的结果也很难代表岩石中矿物的真实含量。线段比例法既可在手标本上使用，也可在露头上测量，其实施步骤如下(图5-2)：

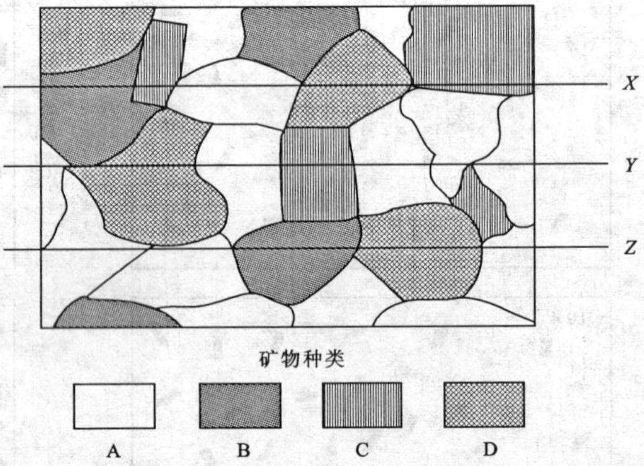

图5-2 岩石手标本上利用线段比例测量各矿物含量示意

A矿物，在标本上的长度为 a；B矿物，在标本上的长度为 b；C矿物，在标本上的长度为 c；D矿物，在标本上的长度为 d

首先，挑选矿物分布均匀且外形规则的岩石标本，在不能磨制光面的情况下找出一个相对平整的面。

其次，在该手标本平面上任意等间距画出若干条线段，其总长度测量分别为 X、Y、Z(mm单位)。

然后用刻度尺在每一条线段上测量各矿物(A、B、C、D)分别占有的长度，如A矿物在 X 线段上占有的长度为 $a_1+a_2+a_3+\cdots$，那么A矿物在 X 线段上占有的总长度为 $\sum a_i$。同理，B、C和D矿物在 X 线段上占有的总长度分别为 $\sum b_i$、$\sum c_i$ 和 $\sum d_i$。测量的结果应满足：

$$\sum a_i+\sum b_i+\sum c_i+\sum d_i \text{ 等于 } X \text{ 线段的总长度}$$

故A、B、C、D 4个矿物在 X 线段上测量的长度比分别为 $\sum a_i/X$、$\sum b_i/X$、$\sum c_i/X$ 和 $\sum d_i/X$。用同样的方法，测量这4个矿物A、B、C和D分别在 Y 线段和 Z 线段上的长度比。

最后，将A、B、C和D 4种矿物在 X、Y 和 Z 三条线段上所占的长度比分别加和并平均，即获得此4矿物在该岩石中各自的百分含量。

从理论上说，这是利用矿物的线段百分比换算获得面积百分比，最终我们把它当作体积百分比，这期间存在的误差我们就忽略不计了。从实际操作来讲，在手标本或露头上测量的线段密度愈大，也即在一定的范围内测量的线段愈多，则测量的结果会愈接近岩石中真实的矿物含量。

以图 5-2 为例列表度量各矿物(A、B、C 和 D)在测量线段(X、Y 和 Z)上的各自长度，列于表 5-2，并估算出这些矿物在岩石中各自的百分含量分别是：A=41%，B=16%，C=17% 和 D=26%。

表 5-2　据图 5-2 测量的各矿物的线段长度(mm)各自的百分含量估算

	X(60)	Y(60)	Z(60)	Σ(180)	(180^{-1})
A	15	32	27	74	41%
B	10	3	15	28	0.16%
C	20	10	0	30	0.17%
D	15	15	18	48	0.26%

2. 造岩矿物的手标本鉴定

造岩矿物的手标本鉴定也要遵循一定的程序进行，不然会胡子眉毛一把抓而一事无成。

第一步，确定是浅色矿物还是暗色矿物。

1)若是暗色矿物：

第二步，鉴定橄榄石。因为橄榄石的黄绿色、等轴粒状和无解理、有时具油脂光泽的断口等特征很容易区别于其他黑色的暗色矿物。

第三步，鉴定黑云母。这只需使用小刀在其上刻划出粉末即可，操作时最好将粉末落在一张白纸上，然后用肉眼或使用放大镜观察。若是鳞片状的粉末便可确定是黑云母，若是颗粒状粉末则不是黑云母而是角闪石或辉石。

第四步，区分角闪石和辉石。角闪石和辉石的区别如表 5-3 所示。但具体操作鉴定时仍需综合考虑。例如角闪石和辉石的结晶习性都是柱状，但在岩石标本上看到的是一个一个任意取向的断面形态，因此我们不能仅凭一个断面就下结论是短柱还是长柱。有时候，我们在标本上看到了较少的长柱状矿物颗粒，我们也可以确定岩石中的该暗色矿物是角闪石而不是辉石，这是因为长柱状矿物在任意断面出现短柱状或粒状的几率远大于长柱状的截面。

表 5-3　角闪石和辉石的区别

	角闪石	辉石
结晶习性	长柱状	短柱状
断面形态	长柱、短柱、粒状(菱形)	短柱、粒状(正方)
解理	光滑平整、阶梯状不明显、 两组解理夹角为 124°和 56°	具阶梯状、常显示立方块体的一部分、 两组解理夹角近 90°
光泽	丝绢光泽	一般的玻璃光泽
风化面	灰绿色	黑或金黄色

2)若是浅色矿物：

第二步，鉴定石英。因为石英具烟灰色和无解理而显现断口呈油脂光泽，极易与长石区别。

第三步，区分两种长石。钾长石和斜长石的区别总结于表 5-4。同角闪石和辉石的鉴定一样，也需综合考虑和积累经验。

表 5-4　钾长石和斜长石的区别

	钾长石	斜长石
颜色	肉红、灰黄	灰白、淡绿
结晶习性	平行于 X 轴的长条状	平行于 Z 轴的厚板状
断面	矩形、正方形	矩形
双晶	卡氏双晶	聚片双晶
解理	完全、阶梯状明显，有时显现立方体的一部分	完全、阶梯状不明显、解理平光滑平整
风化和蚀变	高岭石化、颜色变浅	绢云母化，具闪亮的小点；微晶高岭石化，淡绿色

在这里需要指出，表 5-4 中列出的两种长石不同的手标本颜色是两种长石共同出现和存在时作为鉴定依据才使用的，若岩石中仅有一种长石时则需慎用这一特征。因为钾长石独立存在于岩石中时可以呈现白色；而岩石中无钾长石仅有斜长石时其颜色可以是黑色。

第四步，鉴定方解石。方解石有时也出现在火成岩中。按道理，根据它的硬度小于小刀和具完好的多组解理可以很好地区别于石英和长石，所以在野外工作时必备小刀工具是很重要的(因为不可能携带盐酸出野外)。有时在露头和标本上常出现极细粒的白色矿物，我们不能用小刀刻划标本来鉴定，而是用标本的白色部位去刻划小刀，若在小刀上留下刻痕，则是长石或石英(利用前述方法区分长石和石英)；若在小刀上留下白色的粉末，则为方解石。

据上我们可以总结主要造岩矿物鉴定流程如图 5-3 所示，流程图中数值代表鉴定步骤。

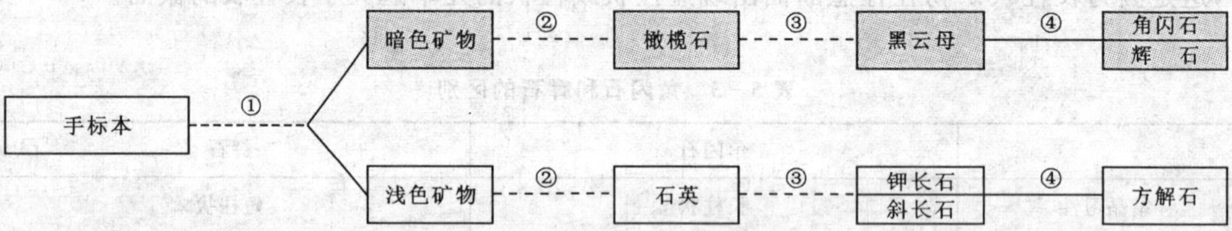

图 5-3　主要造岩矿物鉴定流程

3. 侵入体的相

相是物质科学领域常用的名词术语，它泛指在一定环境条件下形成的物质的外貌特征。岩石学研究引用相的概念已有百余年的历史了，它应定义为能反映形成环境条件的岩石或岩石组合特征。这种环境条件则是火成岩形成的地质背景和物理-化学条件，它们将制约岩浆定位后的热状态和冷凝结晶过程;火成岩的岩石外貌特征包括火成岩的矿物组成和结构构造等要素。显然,火成岩形成的环境条件决定了火成岩的外貌特征,而从认识事物的规律出发,人们又常通过火成岩的外貌特征来推演火成岩形成的环境。据此,火成岩的相研究主要应在野外工作阶段进行。

侵入体的相是指同成分的岩浆体上升定位后,在冷凝过程中因其内各部位具有不同的冷却历史而表现的岩性差异。侵入体的相一般划分为边缘相、过渡相和中央相,有些小型板状侵入体可能只能划分为边缘相和中央相。无论三分还是两分,各相间是渐变过渡而无明显的边界。从某种意义上说,这种划分是人为的,且不考虑外界化学因素的影响(如同化混染作用)。侵入体的各相在物质成分上基本相似,但在结构构造上具较大的差异(表 5-5)。

表 5-5　侵入体内按所处位置划分的相

相类型	侵入体所处的状态			侵入岩的外貌特征		
	与围岩距离	热状态	岩浆结晶速率	结构	构造	矿物特点
中央相	远	高热,过冷度(ΔT)值小;与围岩温差大,难以发生热传导	充分和缓慢结晶	粗粒结构 似斑状结构	块状构造 不含围岩捕虏体	原生矿物
过渡相	中等	高热,ΔT 值中等,与围岩温差大,适度的热传导	较快速结晶	中粒结构	块状构造 不含围岩捕虏体	原生矿物
边缘相	近	高热,ΔT 值大,与围岩温差大,快速热传导	快速结晶	细粒结构 隐晶质结构	流动构造 斑杂构造 含围岩捕虏体	原生矿物 它生矿物

按侵入体内所处部位划分的侵入体中央相、过渡相和边缘相在地表的出露并非完整,因侵入体的剥蚀深度会影响各相带的平面分布(图 5-4)。

有些侵入体从边缘到中央也表现岩性的逐渐变化,但这种变化不是结构构造的变化而是矿物成分的变化。显然这种岩性变化是特殊的岩浆分异作用(如对流)所致。如超镁铁-镁铁质侵入体从中央到边缘为橄榄岩-辉石(橄)岩-辉长岩,这时我们不能使用"相"的术语,而仅用中央、过渡和边缘的地理性名词为好。

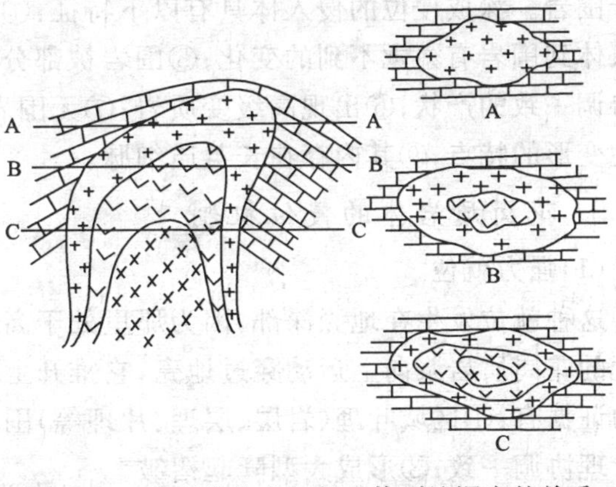

图 5-4　岩相带分布与侵入体剥蚀深度的关系

本书建议不使用传统的深度相的划分。这是因为侵入体肯定形成于一定的深度,可以有侵入深度的不同,但不要与"相"结合起来划分侵入体的相。在这方面还不如将侵入体的产状划分为大、中和小型来得更准确,因为大型侵入体肯定是深成的,至今也未有形成于地壳浅部的大型侵入体的报导就是证明。但小型侵入体就不一定全部是浅成的了,它也可以是深成的。如金伯利岩就应该是深成的;再如一些大型花岗质侵入体(肯定是深成的)内常分布有许多细粒和斑状结构的脉岩，它不可能是该大型深成花岗岩体固结形成后又上升到地壳浅部，然后再有该岩脉贯入。小型侵入体无论形成深浅都将具有矿物颗粒细小的结构特征，这是因为小型侵入体过冷度大造成的。

4．侵入体的形成深度

没有使用侵入体的深度相划分，但这不是说侵入体侵位深度不存在。在不同深度形成的岩石的确具有不同的岩石学特征（表5－6）。

侵位深度不同的侵入体在构造和岩石特征上是很不同的，对于同成分的花岗岩质岩体来说表现尤为明显（表5－6）。除此以外，还补充总结了不同深度侵入体的其他特征。

(1)超壳（浅部）侵位

围岩具脆性，这种侵入体具以下特征：①侵入体常侵入与自己有关联的火山岩之中；②围岩伴生有弯曲褶皱；③岩体具晶洞状孔洞；④热液蚀变明显；⑤常呈角砾岩；⑥石英脉发育；⑦自身易脆性破裂而无塑性流动；⑧具块状构造而无叶理；⑨与围岩间为明显的不协调接触。

(2)中深成侵位

中深成侵入体形成于区域变质作用的最高水平面，该平面又称转化面（transition level），一般为7～15km深。

其特点如下：①形成温度300～600℃；②侵入体边缘往往具原生的叶理；③围岩区域变质和接触变质共存；④侵入体有塑性变形特点；⑤因围岩温度较高而使侵入体无淬火边；⑥围岩若为片麻岩，则侵入体沿片麻理的面理贯入而表现局部混合岩化。

(3)构造基底（深成）侵位

深成侵位的岩浆源于两种作用：一为深熔作用（anatexis），这种作用熔化或分解地壳岩石形成花岗质岩浆和混合岩；二为再生作用（palingenesis），它发生于深熔作用之后，从而使花岗质岩浆原地从花岗质地壳中派生出来。就像底辟那样岩浆上浮是因为熔融的花岗质岩浆密度低于围岩。深成侵位的侵入体具有以下特征：①高温的条件足以满足部分熔融作用发生；②从侵入体到围岩有察觉不到的变化；③围岩被部分熔融；④存在混合岩带；⑤围岩与侵入体之间具协调一致的产状；⑥出现高级变质岩；⑦无围岩的接触变质或侵入体的淬火边；⑧侵入体具塑性变形的特点；⑨其内存在长英质细脉。

5．花岗质岩体的侵位机制

(1)强力就位

这种就位发生在地壳深部，因为那里处于高温高压环境，岩石具塑性状态，有助于相对低密度的花岗质岩浆向上运动穿过地壳，它推开上覆岩石到旁边而让围岩随其后充填。强力就位的证据有：①区域叶理（岩层、层理、片理等）围着侵入体包绕；②侵入体边缘带的叶理与围岩的叶理协调一致；③形成大型隆起褶皱。

(2)堵塞作用

这种作用发生在地壳浅部的脆性岩石中，是具向上力量的岩浆使围岩破裂，岩浆此后贯入这些裂缝之中并吞食大的围岩岩块。围岩的混染改变了岩浆的成分，并增加了岩浆的体积。堵塞作用的证据有：①围岩构造与侵入体接触带产状不协调；②岩体中有围岩捕虏体；③沿环状破裂发生堵塞作用。

表 5-6 不同侵位深度花岗岩体的构造和岩石特征

划分	侵位深度	侵位方式	总体构造	内部构造	岩体与围岩温度差	岩体与围岩接触关系	初始物理状态	包体性质	岩石类型	暗色矿物	碱性长石性质	侵位时与固溶体分离线（固相线下）的关系
浅成	0～9km	可允许的，被动的	环状岩墙与下面火山口下陷的侵入体相连	总体均匀构造	变化极大	接触热变质，岩体淬火边	熔体＋斑晶	包体少；一些棱角状围岩的偶然包体在接触带附近分布；同源包体不常见	闪长岩到花岗岩，包括正长岩和石英正长岩；理想的花斑岩具霏细和文象结构；石英含量高；很少为过铝质；花岗岩和正长岩富铁和过碱性；伟晶岩不多见	镁橄榄石、钙铁辉石、霓石和钠铁闪石见于花岗岩和正长岩之中	中度条纹长石	全溶均一相的矿物
中深成	7～16km	强力的	底辟	通常有火成岩叶理；局部叠加区域变质作用的花岗岩构造	变化大，从下到上增加	变化大，淬火一般不明显 沿断层分布千糜岩 接触变质带片岩 狭窄的局部混合岩化带	晶粥，可能有粗大的固相矿物	包体常见；不同来源的圆形同源包体加上接触带附近的围岩捕虏体	闪长岩到花岗岩，不包括正长岩和石英正长岩；石英含量低于理想花岗岩的较少，富硅的变种通常过铝；伟晶岩常见，局部自变质而导致云英岩化、电气石化和高岭石化	花岗岩中有白云母；堇青石之后形成块云母，两者都反映了过铝的条件	条纹质正长石或条纹质微斜长石	固溶体分离线下（固相线下）
深成	＞12km	流变调整	混合岩的早期底辟	趋向无序排列，前期构造被破坏		大范围的区域变质和局部混合岩化	具有初始硅酸盐熔体的固相	包体很多，为混合岩中的变质岩（基体）部分（残留体）	总体地说，不均匀，但局部又有均匀之处，总成分可变且难以确定；一般是过铝的	变质矿物，如石榴石、堇青石和矽线石等	微斜长石	达到相对低温的固溶体分离线下的平衡
		花岗岩化	原地混合杂岩体			区域混合岩按脉体含量划分						

(3)带状熔融

岩浆上升是熔融和同化顶部岩石同时进行所致，主要表现岩浆隐形的化学成分变化。

6．确定侵入体与变形事件的关系

(1)造山前侵入

造山(变形)前侵入具以下特点：①侵入体受所有的变形事件影响；②片理切割围岩和侵入体；③侵入体产状与变形事件无关；④矿物颗粒变形由张力影和花岗变晶结构指认。

(2)同造山(变形)侵入

该侵入体具以下特征：①侵入体的片理化程度比围岩低；②侵入体发育微褶皱的剪切偏移(offset)，且其褶皱轴与围岩相似；③侵入体沿叶理贯入形成轴面岩墙(图5-5)，构成间层注入式片麻岩与薄层的花岗质岩石及围岩层交替出现；该图中其褶皱劈理平行于岩墙产状，且平行于花岗岩中黑云母的排列方向，又平行于石英岩中的劈理。由此证明石英岩的变形与花岗岩侵入为同造山的；④同造山和造山前侵入体的矿物线理平行于围岩的线理；⑤经历过旋转的捕虏体为变质的围岩；⑥同造山侵入体长轴平行于褶皱轴；⑦岩墙和岩床中的片理平行于围岩的劈理。

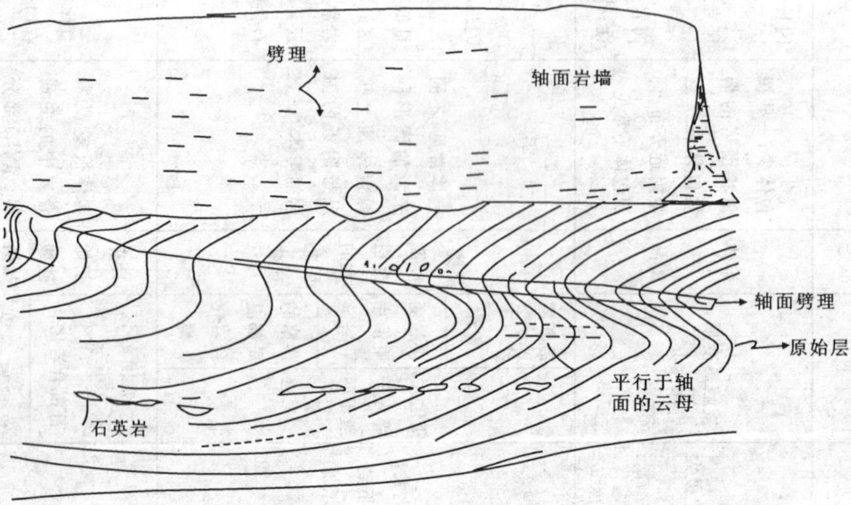

图5-5 沿劈理面侵入的轴面岩墙

(据 Maley，1994)

(3)造山后侵入

无变形的特征；与之伴生的岩墙和接触带与变质岩的叶理是不协调的。

7．原生流动叶理(primary flow foliation)

岩浆流动的印记一般见于全玻璃质岩石和流纹岩。它是不同颜色的玻璃、晶体和气泡相间排列而成的。在侵入体中同样发育有因岩浆流动留下的特征，它主要表现为矿物或包体定向排列，这些矿物为柱状的角闪石和辉石，以及板片状的黑云母和长石。一些人错误地把侵入体内的原生流动叶理与岩体韧性变形形成的叶理混淆一团。须知，前者为侵入体尚未固结时发生的变形，后者则为岩体固结后发生的变形。侵入体中的流动构造具以下特征：①黑云母和长石间的色差；②板片侵入体与晶体平行；③具有板条状晶体的流动层（析离体）与围岩中暗色和浅色矿物的聚集层排列方向一致；④侵入体内的包体和凝聚物的长轴平行于矿物的叶理。

侵入岩和喷出岩中的线理和板片流动构造都是常见的。原生流动叶理形成于岩浆完全固结之前。流线和线理构造一般与叶理面重叠。裂隙面是岩石表面因显微裂缝和排列齐整的小气泡破裂形成的，这种裂隙面的产状与岩石的线理和板理协调一致。

8. 复式侵入体与侵入体相带

侵入体相带是一次上侵的岩体因距离围岩远近不同而导致过冷状态不同所形成的不同外貌的岩石呈环带状分布，它往往被人为地划分为边缘相、过渡相和中央相，相邻岩相之间的岩性是渐变的。复式侵入体是若干有成生联系的较小岩体按一定的分布方式共生在一起构成的，显然复式岩体是多次岩浆上侵定位的综合产物，它也可具有不同的岩石类型，而且也可呈环带状分布。这样一来，环状复式侵入体和具相带的侵入体的区分是很有必要的（表 5－7）。

表 5－7　环状复式岩体与具相带岩体的区分

	环状复式岩体	具相带的单一岩体
岩浆上侵特点	多次上侵	一次性上侵
岩性	差异大	差异不大
共生的岩石	往往有辉长岩	绝无辉长岩
浆混包体变形程度	从岩体中央到边缘包体的变形程度无规律性	从中央相到边缘相 包体变形程度增加，逐趋扁长
浆混包体的排列	杂乱	按一个方向排列
原始流动构造	岩体内具不同产状的流线和流面， 且存在相互的交切	岩体内具一个方向的流线和流面， 或环绕岩体分布

教科书中多次提到的北京房山岩体曾被认为是相带划分的经典，其实它应为一近环状的复式岩体，其依据是：该岩体岩性差异大，具有辉长岩、闪长岩、石英闪长岩、石英二长闪长岩、花岗闪长岩和二长花岗岩等岩石类型；岩体中央和过渡带内浆混岩包体强变形，而边缘带内的浆混岩包体变形程度低；浆混岩包体的产状是杂乱无章的；辉长岩分布和出露十分有限，部分是因为变形作用而被改造了（官坻和山顶庙）；复式岩体内出现不同方向的流线且有明显的交切，表明有不同岩浆的多次上侵。这里需指出，前人用于说明侵位机制的许多暗色包体并非捕虏体或析离体，而是镁铁质岩浆喷射进入尚未完全固结的花岗质岩浆体发生机械混合形成的浆混岩包体。

9. 侵入体与围岩的接触关系

（1）侵入接触

后期岩浆侵入先期已固结的岩石之中，前者为侵入体，后者为围岩。此时侵入体常具淬火的冷凝边，也即侵入体边缘的矿物颗粒相对细小，或呈玻璃-隐晶质。对于围岩来说，只有沉积岩和火山岩才有较明显的变化，除其矿物颗粒因热烘烤变粗大以外，有时还使围岩发生接触变质（接触热、接触交代变质）作用而形成一些特征的变质矿物。侵入接触可以使侵入体中含有围岩的捕虏体,但在侵入体中有围岩捕虏体时并不一定能见到直观的侵入接触关系(图5-6)。

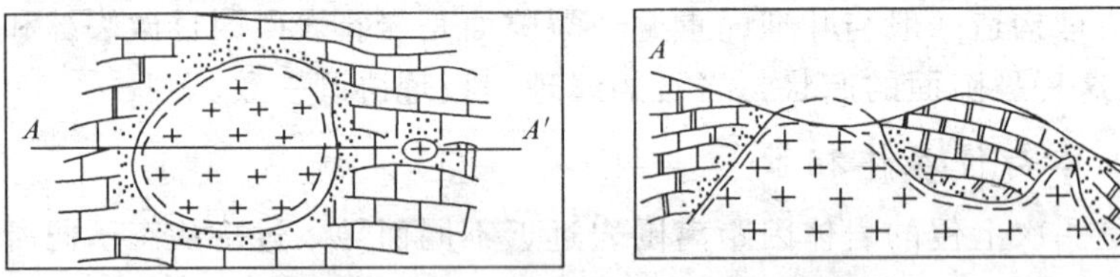

图5-6 花岗岩体与围岩的侵入接触关系

左为平面图;右为剖面图;围岩周围的黑点为接触变质晕圈

(2)断层接触

侵入体与围岩间为断层接触关系,两者间的接触界线截然而平直,在接触带上见有许多构造运动的标志,包括断层面两侧岩石的各种变形。断层接触只能用于判别侵入体和围岩之间构造定位的相对先后,而不能确定它们形成时间的早晚[图5-7(a)]。

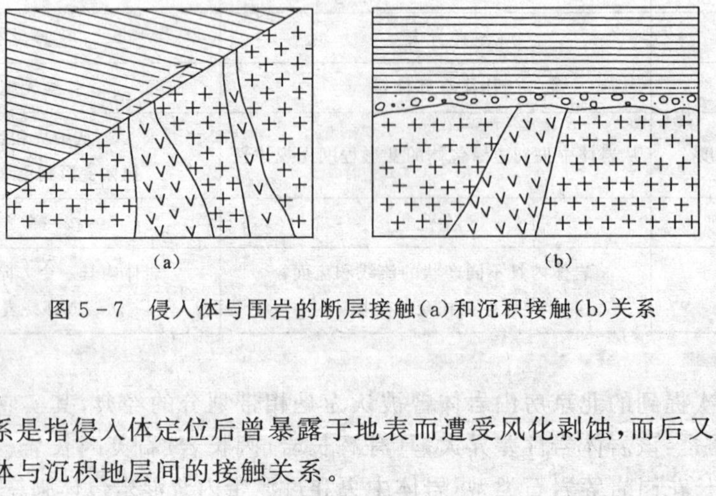

(a) (b)

图5-7 侵入体与围岩的断层接触(a)和沉积接触(b)关系

(3)沉积接触

沉积接触关系是指侵入体定位后曾暴露于地表而遭受风化剥蚀,而后又因地壳下降接受沉积的一种侵入体与沉积地层间的接触关系。

我国宜昌黄陵岩基与南华纪莲沱组盖层之间的接触关系即为沉积接触,它表现为花岗质侵入体被上覆沉积岩覆盖[图5-7(b)]。这种接触关系的识别标志是:①下伏侵入体出现古风化壳,其内又因氧化而常遭受褐铁矿化,又因上覆岩层静压力而使其发育微面理化,其面理大致平行于接触面;②上覆岩石多见底砾岩,其砾石磨圆度较好,砾石成分可以来自下伏侵入体,也可以来自其他物源。这种接触关系说明,侵入体形成之后经历过构造抬升并剥蚀后才接受沉积作用。我国腾冲花岗岩与其上的挽近系芒棒组地层之间亦为此种接触关系。

(4)两侵入体间的非侵入接触

这种接触关系多见于两岩浆体就位时间间隔较短的状态,此时难以观察到较明显的先后侵入关系,有人称之为涌动接触,其表现有以下几种形式:

1)突变对接。这是两种岩性的岩浆体呈直接接触,但又不见侵入的接触关系,它仅表现为岩性的不同。由此说明两岩浆体就位尚有先后,但它们又均处于未完全固结的状态,两者间实为一种软接触关系[图5-8(a)]。这种岩性的突变可以表现为:①矿物成分不同,如含角闪石的岩石变为不含角闪石的岩石；②结构不同，粗粒结构的岩石变为细粒结构的岩石；③色率不同，暗色矿物含量高的岩石变为暗色矿物含量低的岩石。

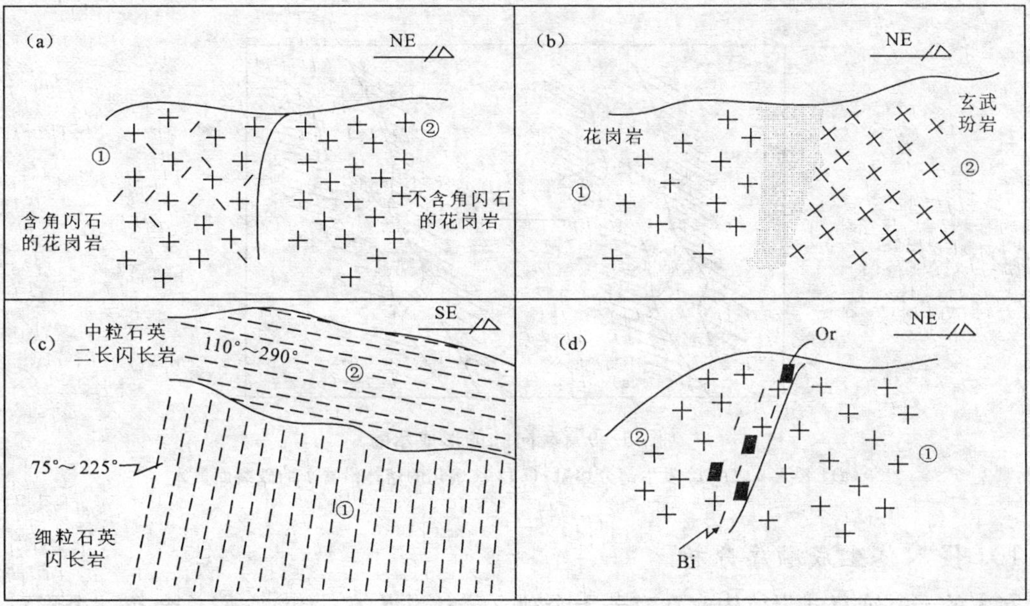

图 5-8　火成岩岩体之间的非侵入接触关系示意图(无比例尺)

(a)突变对接剖面图(安徽石台)；(b)渐变过渡剖面图(江西港边)；(c)隐蔽截切平面图(周口店官坻)；(d)矿物定向排列剖面图。图中①和②分别表示上侵时间早晚；产状表示线理走向；Or 为钾长石；Bi 为黑云母

2)渐变过渡。这是指两种不同岩性的侵入体之间有一岩性过渡带，该过渡带是两岩浆体先后就位而彼此接触时发生岩浆相互混合形成的，所以说，该过渡带实为岩浆混合带[图 5-8(b)]。该岩浆混合带的宽度除取决于两岩浆的化学性质差异外，主要还取决于两岩浆的物理性质差异。一般来说两岩浆的粘度小、温度差小，其岩浆混合带则宽[图 5-8(b)]。

3)隐蔽截切。在剖面或平面上早期上侵岩浆体的流动构造(流线、流面)被晚期上侵岩浆体的流动构造截切，导致早期岩浆体的流动被晚期岩浆体所限制，这不仅说明两者上侵的时间间隔较短，而且可推测两岩浆上侵的方向。北京周口店房山岩体官坻北 127.2 高地细粒石英闪长岩流线(走向 75°～255°)被中粒石英二长闪长岩流线(110°～290°)所截切。这也再次证实房山岩体是岩浆多次活动上侵形成的复式岩体[图 5-8(c)]。

4)矿物定向排列。晚期上侵的岩浆体边缘带常显矿物的定向排列，如黑云母面理、钾长石的长轴平行于接触面分布[图 5-8(d)]。

5)镁铁质微粒包体。这是热的镁铁质岩浆喷射进入相对较冷且尚未完全固结的长英质岩浆体中，导致两者发生机械混合，形成了镁铁质微粒包体(Didier and Barbarin，1991)。这些包体可能成群出现，有时因长英质岩浆体尚处流动状态而使软化的镁铁质微粒包体变扁拉长，众多包体排列的方向代表当时镁铁质岩浆喷射进入的方向，包体自身的扁平面则为长英质岩浆流面的方向。

6)反向脉。晚期镁铁质岩浆进入尚未完全固结的长英质侵入体时，镁铁质岩脉因淬火而形成若干横向裂纹；尚未固结的长英质围岩因镁铁质岩浆的供热而发生局部的再次熔化。这种再生的长英质熔融体会反过来沿着镁铁质岩脉的裂纹进入其内并切断了它的延续性，从而形成早期围岩侵入晚期岩脉的反常现象（图 5-9）。

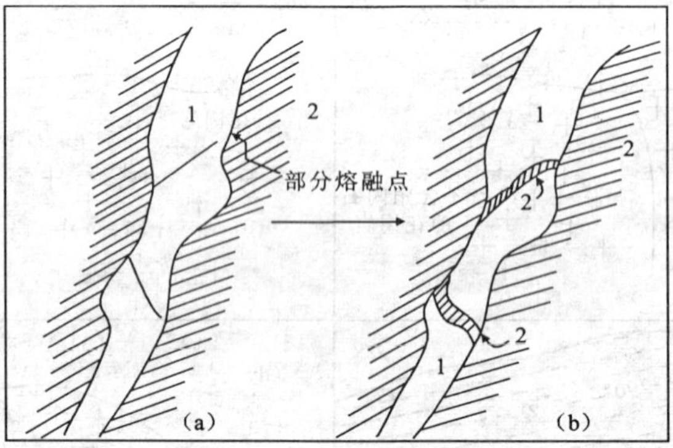

图 5-9 反向脉的形成示意

(a)1 侵入 2 之中，2 发生部分熔融；(b)2 被熔化的熔体沿着 1 的破裂面贯入

10. 侵入体生成顺序分析

在大的岩基或复式岩体内存在有若干个独立岩体共生在一起，它们总会有一个形成先后次序的问题。有些先后次序有明显的表现，有些则不然，这需我们借助其他方法来判断。

(1)地质依据

1)侵入关系，显然侵入体形成时间要晚于被侵入的围岩（也可以是早期的侵入体）。

2)捕虏关系，被捕虏的捕虏体所代表的侵入体形成时间要早于捕虏体寄居的侵入体。

3)冷凝和烘烤，晚期侵入体具淬火冷凝边；早期围岩具烘烤边。前者在接触带附近具有相对细小的矿物颗粒，甚至具玻璃-隐晶质的壳；后者则相反，近接触带处围岩会出现矿物颗粒相对粗大，且颜色变浅。

4)截切关系，早期岩浆流动构造表现的面理、线理或侵入体边界被晚期流动构造反映的面理、线理或另一侵入体的边界所截切。

5)岩浆混合关系，镁铁质微粒包体或具非均一构造的石英闪长岩，都说明镁铁质岩浆稍晚一些喷射进入长英质岩浆体内。虽说长英质岩浆体较早于镁铁质岩浆就位，但此时它仍处于尚未固结的部分结晶的状态。

6)中介岩脉，当两侵入体彼此接触并分辨不出先后次序时，两者间接触带处会出现断续分布的伟晶岩脉，该岩脉中长石和石英矿物的生长方向指向晚期形成的侵入体。

(2)结构依据

侵入体形成的时间从早到晚，其岩石的结构有粗粒等粒—中粒等粒—似斑状—细粒等粒—斑状的变化。

(3)岩性依据

这是利用岩浆分异的规律来分析侵入体形成的先后次序。研究表明，在封闭体系下岩浆分异时，从早到晚岩石逐渐向高碱、高钾和富 SiO_2 的方向变化，也就是说在一个由若干独立岩体共生的复式岩体内，早期形成的侵入体的岩石相对贫碱、贫钾和贫 SiO_2，此后陆续形成的侵入体的岩石应变得越来越富碱、富钾和富 SiO_2。这不仅可利用岩石的化学成分来研究，而且在 Q－A－P 定量矿物命名图上也有明显的表现(图 5－10)。从图 5－10 可知，侵入体形成时间从早到晚其岩石类型在命名图中有从下到上、从右到左、从右下到左上的变化。所以准确的岩石定名十分有助于分析复式岩体内各独立岩体形成或侵位的相对先后次序。在我国黄陵花岗岩岩基的分解研究中判别各独立岩体形成的先后次序除根据其接触关系外还需参考这一岩浆分异特点。

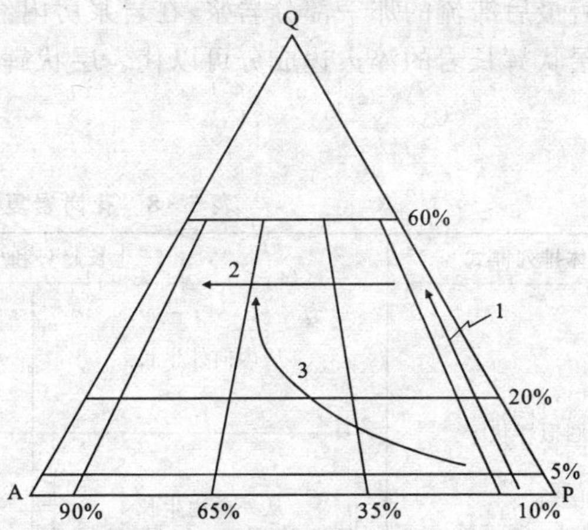

图 5－10　复式花岗质岩体各小岩体岩石的形成先后趋势
(箭头代表侵入体岩石从早到晚的形成次序)

在侵入体岩性相同时，我们还可借助岩石的色率以及暗色矿物种属来推测侵入体侵位的早晚。一般来说，岩石色率高的侵入体的形成时间要早于岩石色率低的侵入体；岩石中含辉石的侵入体要早于含角闪石的侵入体，更早于含黑云母的侵入体形成时间。因为暗色矿物含量高的岩石的结晶温度要高于色率低的岩石；在暗色矿物中辉石的结晶温度要高于角闪石，而角闪石结晶温度要高于黑云母。

11. 几种产状侵入体的特征

(1)岩体和复式岩体

这里需说明，除较小尺度的侵入体外，所有侵入体都应进行有效地分解，以探索侵入作用的规律和特征。对侵入体分解的最小单位称之为岩体，它代表一次岩浆上侵事件的产物。我们把具有成生联系且若干个小岩体共生在一起的大岩体称之为复式岩体，复式岩体多用于成分相近的各岩体的组合，如花岗岩复式岩体。复式岩体内各小岩体的排列和分布是多种多样的。在复式岩体内按形成时间从老到新各岩体依次排布趋势称之为复式岩体的生长趋势或生长线，生长趋势有时能反映岩体就位时的应力状态(表 5－8)。

(2)层状辉长岩和岩浆房

岩浆房顾名思义是指岩浆储存的场所。岩浆房底部有经分凝的新岩浆不断地补充；岩浆房上部因有破裂的口子而有可能向外输出岩浆；储存的原始岩浆因曾滞留于岩浆房而有可能结晶。显然，岩浆房内会发生分离结晶作用、岩浆混合作用和岩浆对流作用等一系列岩浆作用。

浅位长英质岩浆房产于地壳的浅部，它又称高位岩浆房，其内的岩浆会不断外溢。我们常通过地表长英质火山岩层的成分变化判断岩浆房内岩浆成分的纵向分带性，故又称这种岩浆房为带状岩浆房，其火山机构下的均一侵入体则是该岩浆房喷出火山岩后所剩的残余体。我国腾冲地区新生代火山岩之下的巨大花岗质岩体有可能是其岩浆房残余。

对于深部镁铁质的岩浆房(如洋中脊下或大陆裂谷内)，也会发生其内玄武质岩浆的外溢，直至下部无新的镁铁质岩浆补充，这种外溢岩浆的火山喷发才会最终停止。此时该岩浆房内的岩浆尚处于相对静态状态，其内会发生结晶作用和岩浆对流，从而最终形成具火成层状构造的层状辉长岩体，故人们常把这种层状辉长岩体也称之为岩浆房，它实际上是镁铁质岩浆房喷发终止后最后滞流的那一部分岩浆，在岩浆房内经历各种岩浆作用后固结而形成这种层状侵入体。层状辉长岩的淬火边成分可以代表层状辉长岩体总体成分，也代表原始镁铁质岩浆的成分。

表 5－8　花岗岩复式岩体的生长

岩体排列样式	生长趋势和生长线		应力状态
圆形环状	从内向外生长		拉张、伸展
	从外向内生长		挤压
串珠状	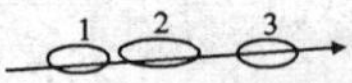		垂直于生长线挤压
椭圆半环状	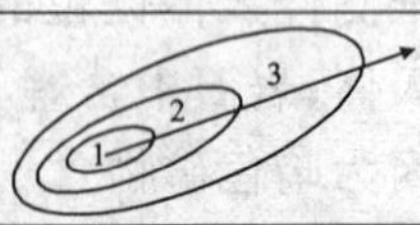		平行于生长线挤压
平行排列	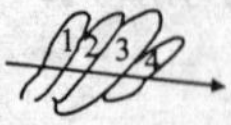		垂直于生长线挤压
无序排列	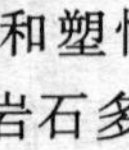		应力状态变化

表中数值代表岩体形成的序次。

(3)阿尔卑斯型橄榄岩体内的岩相分布

阿尔卑斯型橄榄岩体并非岩浆作用形成的。严格地说，它应是地幔物质经部分熔融作用后所剩的地幔残余，它的原始状态应是固相和塑性的，这种岩体经构造就位才到达地壳的浅部，而且往往无根。阿尔卑斯型橄榄岩体的岩石多为方辉橄榄岩或纯橄榄岩，这是因为原始地幔含富铝矿物相(斜长石、尖晶石、石榴石)的二辉橄榄岩在部分熔融时会发生按富铝矿物相、单斜辉石、斜方辉石、橄榄石的顺序依次进入熔体。在低度部分熔融时，可能会留下方辉橄榄岩的残余；在高度部分熔融时，则剩下纯橄榄岩的残余。因此阿尔卑斯型橄榄岩体中方辉橄榄岩和纯橄榄岩之间常呈斑块状分布而表现得十分不均匀，这是部分熔融程度不均匀造成的，绝非方辉橄榄岩岩浆侵入纯橄榄岩体之中而构成的复式超镁铁质岩体。

(4)板状侵入体(sheet intrusion)

板状侵入体是一个很大的家族(Gibb and Henderson，1992)，它可以产于层状围岩，也可以产于非层状围岩，前者又可分为整合协调和非整合不一致产状两类。板状侵入体一般被认为是浅成的，但它的岩浆来源却可下延至地幔。在野外调查中常见深成岩体和深变质地体中也发育有板状侵入体，显然该板状侵入体并非浅成的，只不过这种产状的板状侵入体处于过冷度非常大的结晶状态而已，在这一点上它与浅成板状侵入体十分相似，故这种"深成"的板状侵入体会形成与浅成板状侵入体相似的结构特征而表现为矿物颗粒细小。

板状侵入体常成群产出，它们的排列和分布样式也是深部构造或所处应力场状态的反映。区域性放射状排列的基性岩墙是地幔隆起（或地幔柱活动）的标志；区域性平行排列的长英质岩脉是两构造单元相互作用后处于伸展阶段的产物；破火山口周边常发育相互交切的环状和放射状排列的板状侵入体；蛇绿岩中的板状侵入体是大洋拉张的指示，而且它是岩浆房外溢大洋拉斑玄武质岩浆的通道；岩基或板块完全固结（克拉通化）后常有双峰式板状侵入体产出，它们的产状取决于张性裂缝的排布，如黄陵岩基中的晚期岩脉。板状侵入体只形成于围岩固结之后，因而可见明显的侵入关系，这种板状形态是受围岩裂缝形态制约的。若后续岩浆是在前期岩浆体尚未固结时喷射进入的则不受此限制了，这时两岩浆会发生机械混和形成浆混岩包体，该包体的形态取决于两岩浆的密度差、粘度差和流动性。显然，若密度差大、粘度差大，加之若前期岩浆体的流体性大，则会使岩浆混合包体形态趋于扁平拉长。若出现相反的情况，这种包体形态将是椭圆或不规则状。

单一的板状侵入体的尺度并不大，但其内的岩相分布仍是不均一的。造成这种不均一的原因有两种，一为外因；二为内因。外因是板状侵入体不同位置与围岩的温度差不同，也即板状侵入体不同部位具有不同的结晶过冷度条件，故形成不同的岩相呈带状分布。一般地说主要表现为岩石的矿物粒度变化，如基性的板状侵入体的边缘相为玻壳或为少斑玄武岩；过渡相为细粒辉绿岩；中央相为中粒辉长岩。而这种变化仅发生在1m左右的范围内。岩性不均一的内因是指板状岩浆体分异机理的不同，如重力分异、流动分异、对流分异等。

<u>重力分异</u>　多见于岩床和岩盆等产状的基性板状侵入体内，表现为纵向上从下到上岩相的不对称分布，下部多为含矿超镁铁质岩；中部为辉石岩；上部为辉长岩/斜长岩。这通常解释为早结晶的重矿物橄榄石和辉石下沉降至岩盆盆底，晚结晶的矿物斜长石上浮，从而形成这种纵向的分层（带）性。

<u>流动分异</u>　多见于岩墙。当这种板状岩浆体内岩浆还处于流动状态时，近围岩岩壁处早结晶的矿物因流动阻力大而聚集，而晚结晶的矿物多集中于岩墙的内部，这种分异会导致横向上岩相的对称分带性。

<u>对流分异</u>　多见于大尺度的岩床。这种板状侵入体上部处于相对低温、高密度状态，而其下部处于相对高温、低密度状态，从而造成该板状侵入体内部密度失衡和温度分布不正常，最终导致简单的对流，该对流单元即为岩床整体。这种对流分异会形成岩相的扁平状鸡蛋式分带，云南金平白马寨含铜镍矿的超镁-镁铁质岩床就是对流分异的典型实例。该侵入体内核为含矿橄榄石，内圈为辉石岩，外圈为辉长岩并伴生有显微文象交生体。这种分异机理形成的板状侵入体的岩相分布特点是，无论在纵向上还是在横向上都是对称的。

板状侵入体可分为两种类型：伟晶岩岩脉和玄武质岩墙。

伟晶岩岩脉是一种侵入体内常见的矿物粗大的板状侵入体。这种板状侵入体与寄主岩体成分有一定的联系，显然它是寄主岩浆体结晶结束后剩余的岩浆热液再凝结形成的。我国宜昌地区黄陵花岗质岩基中多见花岗质伟晶岩，在该地区邓村辉长岩体中见有伟晶辉石岩就充分说明了这一点。板状侵入体的形态取决于先期裂缝的形状。对于一些岩体的张性裂缝来说，它常常呈锯齿状或不平直，有时还断续延伸，因此这种充填物就不一定是规则的板状体了。所以，我们在黄陵岩基中看到的伟晶岩常呈囊状、瘤状，但它们的排列却是在近一条线上。花岗质伟晶岩的凝结温度相对较低，一般为 250～700℃。此外，花岗质伟晶岩还具分带性，这里总结如下：

外带：细晶结构，宽度小于 10cm。

中带：结晶颗粒较大，主要矿物有斜长石、条纹长石、石英、白云母、黑云母、电气石、磷灰石等，另外有可能发现绿柱石、石榴石和含 U、Th、Nb、Ta 及稀土的矿物。

内带：常见的矿物有白云母、石英、钾长石、电气石、黄玉和绿柱石，石英和钾长石常构成文象交生。另外，该带发育因气体逸散留下的孔洞，孔洞常沿伟晶岩脉中心线断续分布。

花岗质伟晶岩多产于花岗质侵入体的顶部，有时见于该侵入体的围岩之中。

玄武质岩墙又称基性岩墙，常见于深成岩之中，就像其他板状侵入体那样，它侵入深成岩体发育的裂隙之中。玄武质岩墙若处在地壳浅部温度较低的状态下，就有可能形成垂直于冷却面的柱状节理。由此可知，柱状节理并非只有喷出岩才发育，板状侵入体也同样存在这种景观。

(5)球状岩石(orbicular rocks)

这是一种寄存于板状侵入体内且具奇特构造的岩石，这种岩石目前在全世界仅发现 200 多处，所以应是少见的，我国黄陵花岗岩基内就有这种岩石存在。该岩石通常呈椭圆形岩块堆积在一起。每一个球状岩石都含有一个连续的外壳和一个内核，外壳由含量相对较少的暗色矿物(通常为黑云母或角闪石)和含量较多的浅色矿物(通常为斜长石)组成；内核常是板状侵入体的捕虏体(图 5-11)。现以美国爱达荷 Shoup 附近的球状岩石为例说明之。

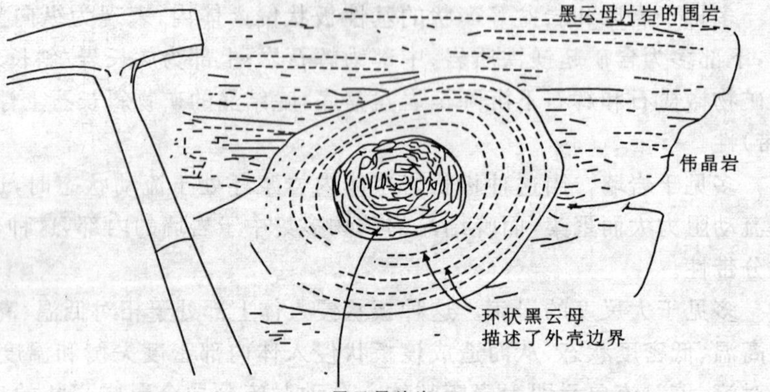

图 5-11　球状岩石的横断面(球体直径 20cm)

(据 Maley,1994)

外壳为黑云母(环状黑线)和斜长石(空白区)；内核为黑云母片岩捕虏体；球间基质为石英闪长岩

含有球状岩石的板状侵入体的形状不太规则，其周围有许多石英闪长岩岩墙相互穿插且不协调地侵入眼球状片麻岩之中。该板状侵入体总体积的 50%以上为椭圆形的捕虏体、捕虏晶和同源包体，捕虏体之间的基质为中粒石英闪长岩，在板状侵入体的剩余部分中，石英闪长岩要占 90%以上。原生流动构造的叶理和析离体使板状侵入体像似具片麻构造。球体内核多为眼球状片麻岩、黑云母片麻岩和黑云片岩，它们大小不一，形状各异。其中有些捕虏体来自围岩，如眼球状片麻岩，有些则不同于该地区周边的任何岩石，如黑云母片岩，显然这种捕虏体来自地壳更深处,它经历过长距离的搬运。

板状侵入体中的球体分布不均,常一窝一窝地聚集(图 5-12)。球体除核心外还有外壳。核心岩石以黑云母片岩最为典型;外壳是由斜长石和黑云母呈圈状围绕核心排列(图 5-11)。有些核心只有一层斜长石外壳包围,但大多数具多层黑云母和斜长石构成的外壳,有的多达 10 层之多,每圈层厚 3mm 到 10mm 不等。球体与寄主岩岩性不同,可明显分辨。球体的外形常取决于捕虏体核心的形态,当核心为捕虏晶时,这种依赖关系是不明显的,且核心和外壳的差异也变小得多。球体的外壳有时碎裂,这是捕虏体碰到寄主岩浆被爆裂,由此说明球体侵位时具脆性。但也有一些球体明显是在韧性条件下变形的,说明球体尚未完全固结,在碰撞挤压中调节彼此的接触关系。

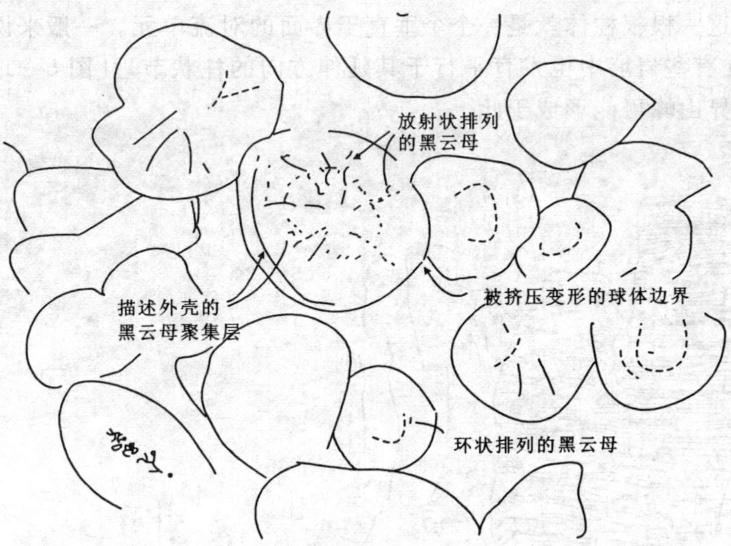

图 5-12 Buffalo Hump Mining(爱达荷)球状花岗岩的聚集

(据 Maley,1994)

黑短线为黑云母,呈圆状或放射状排列;球体内空白为斜长石;球体部分发生变形,球体间为石英闪长岩充填

显然,球状岩石形成经历了三个阶段。首先是成核作用,岩浆从深部或围岩中捕虏已固结的岩石和晶体;其次是结晶外壳,而且呈圈状围绕核心分布;最后是岩浆携带球体上升并进入裂隙而形成板状侵入体。当然,对于球体外壳形成的结晶动力学过程仍还需仔细研究;对于携带这么多球体的岩浆上升和侵位的动力学机理还需进一步探讨。

(二)火山岩

1. 火山岩的几种特征构造

(1)柱状节理

柱状节理是热的均一岩浆体经历冷却固结时在垂直于冷却平面方向从上向下具规则破裂而成的柱体。这种柱体的横断面应为具最低能态的正六边形,但有时因岩浆体的非均一性或冷却速度的变化,也可形成非六边形的柱体。

柱状节理多见于玄武质熔岩,但在流纹质火山岩、熔结火山碎屑岩中也有发育。柱状节理常在溢流相的喷出岩中出现，但在次火山岩相、火山口堆积相甚至不协调的板状侵入体（脉岩）中也可见到（图 5-13）。我国福建漳州牛头山发育的柱状节理就成为判断牛头山火山口的标志。柱状节理形成的柱体多因垂直于火山岩层面而直立排列，但也有呈扇状展开，甚至还有平卧的，如我国江西上饶横峰县黄源水库侵出相的流纹斑岩就发育近水平排列的柱状节理。有人误认为柱状节理仅发育于火山口，其实不然，在非火山口位置的火山岩也常见有柱状节理。我国内蒙集宁右后旗地区数十平方千米范围内分布的玄武质熔岩全部被柱状节理化，一根根长数米，直径约 1m 左右的柱体平行直立排列，非常壮观。这种大规模分布的柱状节理有人用“指状对流”来解释，也即当相对热且密度大的岩浆覆盖在较冷且密度小的岩浆之上时（这种情况是很少见的），岩浆体温度随其高度增加而增加，而密度也同样逐渐增加，该岩浆体处于密度倒置和温度分布不正常的状态[图 5-13(b)]。这就会出现垂直于界面的狭窄对流单元并穿过分界面，显然，这一根根柱体就是一个个垂直于界面的对流单元。一般来说，柱状节理多见于喷出熔岩，但在有些岩墙中也发育平行于其延伸方向的柱状节理[图 5-13(a)]，我国宜昌晓峰风景区的奇异山峰可能形成于此。

(a)

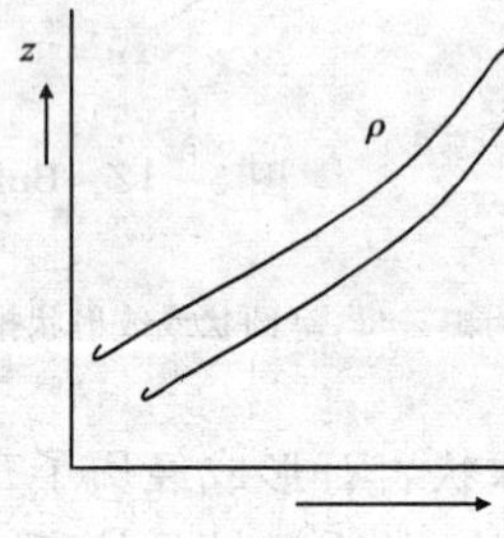

(b)

图 5-13　基性岩墙的柱状节理(a)和垂直界面对流单元的解释(b)

（据 Maley，1994）

围岩为凝灰质火山岩，图(a)中围岩凝灰岩与岩墙显示明显的差异风化，柱状节理垂直于冷却界面（水平方向）

一般来说，柱状节理柱体的长度多取决于均一火山岩的厚度。在较薄的火山岩中，其柱体长度较短，这时柱体易向球形风化转换。在我国广西涠洲岛南部沿海和云南腾冲就可见短的柱体与球形风化球体伴生的现象。柱状节理是陆相火山岩的标志。

(2)压力脊(pressure ridge)

压力脊是熔岩流动因岩流前端冷却而处于相对静态时，岩流后端继续向前移动推挤而成的层面微小凸起(图 5-14)。压力脊走向可有小的弯曲，但与压力脊走向垂直的方向代表岩流的流动方向。在压力脊中轴存在一条与压力脊走向完全一致的张性裂缝，这是岩流层下部挤压而上部脆性拉张形成的。压力脊多见于岩流的前缘。

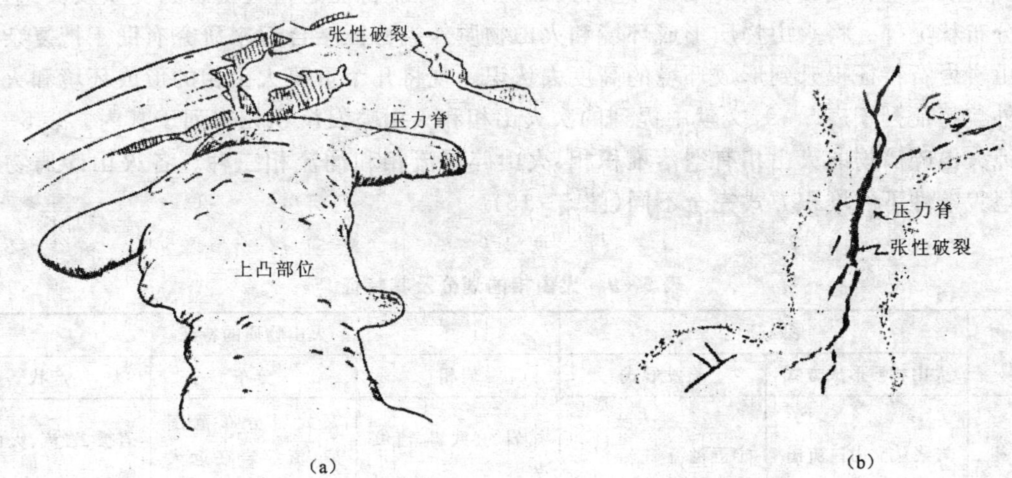

图 5-14　熔岩压力脊和张性破裂的立体图(a)和俯视图(b)
(据 Maley，1994)

(3)枕状构造

这是海相玄武质熔岩的重要标志。它是熔岩流喷出火山口后在一个较陡的海底斜坡的水体中分离而形成的椭球状实体。这种实体因淬火而表面玻璃化，有时这些表面的玻璃与实体脱落而形成橙玄玻璃。在野外，有人易把枕状熔岩的岩枕与球形风化的球体相混淆。须知岩枕具一定的内部结构和堆积特点[图 2-19(a)]。横切岩枕断面可以观察到，岩枕外壳光滑，且多为橙玄玻璃或隐晶质；岩枕内侧为橄榄石斑晶的玄武质岩石，并有细小的气孔环绕椭球体分布；岩枕核部多为多斑的玄武质岩石，而且常具一个大的空腔。在野外工作中，我们觉察不到这种断面，需借助以下几种方法来判断：

1)观察玻壳，外表光滑，而且难以见到结晶物质。

2)手测椭球体的密度大小，球形风化的球体密度大，而岩枕的密度相对较小，手感较轻。

3)调查伴生的构造，观察周边是否发育“X”节理，这种节理形成的岩块也易遭受球形风化。

4)沿走向观察熔岩的厚度变化，一般来说，发育枕状构造的火山岩层厚度较大，且较稳定。若玄武质熔岩层厚度较小，且厚度变化较大是难以发育枕状构造的。

5)观察枕状构造的堆积特征，岩枕一般按最紧密堆积法则堆积，而且上一层岩枕的漏斗状延伸指向下一层堆积的岩枕间的空隙[图 2-19(b)]。

在一些古大洋玄武质岩石发育的枕状构造中，其岩枕因变质变形而发生很大的变化。如我国桐柏刘山岩组地层中见到的岩枕已成铁饼状，其岩性已变质为角闪岩了。

在陆相玄武质熔岩中有时也见有枕状构造。同样的道理，这可能是陆上喷出的玄武质熔岩流流入水体(河、湖)之中形成的。枕状构造除能指示熔岩喷出环境外，还能帮助判别地层的上、下接触关系。

2. 火山相

火山相定义为在一定的环境下形成的火山物质外貌特征的总概括。这里所说的环境是指火山的喷发环境和火山物质的堆积环境；火山物质的外貌特征是指火山岩的类型及其组合、产状和分布状况等。将火山物质形成环境和火山物质外貌特征结合起来研究有助于把复杂多变的火山岩岩石特征提升到形成环境的高度去认识。现将几个重要火山相的形成环境和火山物质的外貌特征列于表 5-9，文献中提到的次火山相和火山喷发沉积相未列于其内。表 5-9 中涉及纯火山碎屑物的火山相有空落堆积相、火山碎屑流相和涌流相三种。各火山碎屑物相在相同地貌条件下的堆积方式完全不同(图 5-15)。

表 5-9 火山相的划分及其特征

火山相类型	形成环境		火山物质的特征		
	火山物质形成方式	喷发形式	岩相	分布	产状
喷溢相	岩浆从火山口流出	宁静溢流	熔岩、玄武岩、流纹岩	玄武岩分布范围广；流纹岩在近火山口分布	岩被、岩流、火山穹隆
空落堆积相	喷发的火山碎屑在重力作用下下落	强烈爆发	火山碎屑岩(集块岩、火山角砾岩、凝灰岩)	围绕喷发中心呈环状分布，火山碎屑内粗外细，分布范围较广	大型火山锥
火山碎屑流相	火山碎屑与热的气体构成的高浓度的密度流	强烈爆发	熔结凝灰岩和熔结程度不同的凝灰岩	主动侵位时大面积分布；被动侵位时充填于低洼沟谷呈流状	岩席
涌流相	含水体区火山爆发形成的低浓度的密度流	强烈爆发	细粒火山碎屑岩(凝灰岩为主)块状层、交错层理、斜层理	分布范围有限，喷发中心多有水体存在	凝灰岩环，凝灰岩锥
侵出相	粘度大的岩浆受内压力从火山口挤出	宁静挤出	火山碎屑熔岩 碎斑熔岩 流纹斑岩	仅见于火山口或火山口附近	岩针、岩柱、岩碑
火山颈相(火山通道相)	充填于火山通道的物质	未喷发	熔岩 火山碎屑岩 火山碎屑熔岩	仅见于火山口之下	岩管、岩颈

据邱家骧、陶奎元，1996，整理。

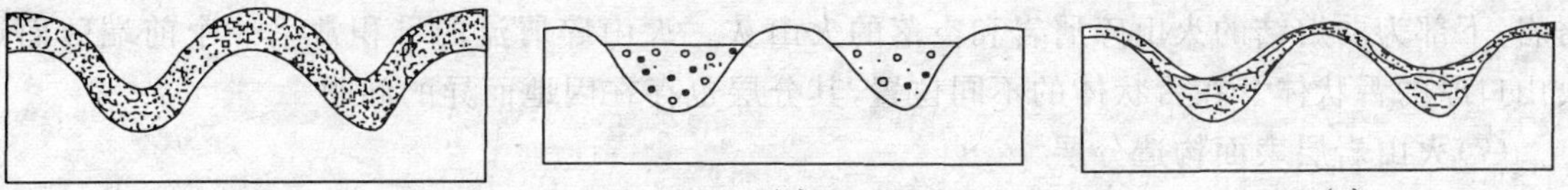

图 5-15　相同地貌条件下各火山碎屑物相的堆积

(a)空落堆积相；(b)火山碎屑流相；(c)涌流相

3. 火山岩的分层

火山岩多为层状，它是火山物质经搬运、堆积和固结形成的，同时，它也记录了火山喷发活动的特点。对火山岩地层进行分层是火山岩区一项基础野外地质工作，它有助于调查火山物质的性质和分布特征，并研究火山活动的规律性。火山活动虽是持续的，但其间也存在间歇，这一次次的火山喷发构成火山作用的全过程。我们把这一次喷发形成的火山岩作为火山岩地层划分的层。根据统一的分层原则，在同一剖面上的分层就不会因人而异。在火山岩地区，火山岩层的横向分布是有限的，所以不同火山机构堆积的火山岩地层的划分是不同的，即使是同一火山机构堆积的火山岩地层的划分也会因地而异。千万不要将沉积地层的横向对比用于此研究。以下简述火山岩分层的一些经验法则。

(1)岩石颜色分层

一般来说，一层岩石具一种一致的颜色。对于有一定喷发间隔的一层陆相火山岩层来说，常具红顶和绿底的颜色差异，这是因为这一层火山岩上部暴露于空气易氧化，故呈红、紫红等颜色；下部接触基面，处于相对还原的环境，故多呈绿色，因此这种具红绿两色的火山岩层只能划为一层。红顶绿底的分层适用于所有陆相层状火山岩，尤其是熔岩。对于海相火山岩或陆相火山岩中没有喷发间断的火山岩来说，红顶绿底分层的原则就不大适用了。

(2)熔岩气孔构造分层

理想的一次喷发的玄武岩层常常进一步分为顶部气孔带、中间致密层和底部气孔带 3 小层。顶部气孔带相对较厚，气孔小而密度大；底部气孔带较薄，气孔大而稀疏，且这 3 小层是渐变过渡的。研究玄武岩化学性质应取致密层玄武岩样品。在野外工作中有人习惯用构造命名岩石，这很有可能错误地将一次喷出的熔岩分为 3 层而误认为存在 3 次喷发了。对于海相喷发的玄武质熔岩，顶、底气孔带很难分辨，这是因为熔岩层的下一层顶部气孔带与上一层的底部气孔带是连续过渡的。在这种情况下，用一层气孔带与一层致密层共同当作一次喷发的熔岩层是可取的。

(3)岩性不同分层

(4)结构变化分层

火山岩斑晶、晶屑大小不同，含量不同均可分层。

(5)特征构造分层

对于含有火山泥球(增生火山砾)、石泡、岩枕、火山弹的火山岩层应独立分层；对于发育柱状节理的火山岩同样应分层。

(6)流动单元分层

用流动单元分层是火山碎屑流堆积的火山岩的分层方法，因为一个流动单元代表一次喷出的火山碎屑岩。在一个流动单元内其上部为未熔结的火山碎屑岩;中部为强熔结的火山碎屑岩;下部为弱熔结的火山碎屑岩和空落的火山灰。火山碎屑流的堆积常呈一个前端薄而近火山口厚的舌状体。在舌状体的不同位置,其分层也存在因地而异的问题。

(7)火山岩层表面构造分层

这一点尤其适用于熔岩,因为熔岩层定位后迅速冷却淬火,故表面常呈玻璃壳,具皮壳状和炉渣状。有些熔岩表面尚处于半固结状态而下部岩浆还在流动,则易形成绳状和压力脊;若熔岩表面已全部固结,下面的岩浆仍在流动,它会将表壳固结层冲碎撕开呈片状角砾,并被翻滚迁移而最终被下部岩浆胶结。我国五大连池老黑山附近的翻花石即为此种成因。

(8)沉积夹层分层

它是火山喷出间隙又接受正常沉积的一种标志,也是我们划分火山喷发旋回的依据。

(9)风化壳或不整合面分层

这是火山喷发出现大的间断或早期火山喷发终止、新的火山喷发开始的标志,其上、下应分别分层。

4. 灰流凝灰岩(含熔结凝灰岩)

灰流凝灰岩是一种非常独特的火山碎屑岩,因它与沉积岩极为相似而往往被误认。迄今,对于我国北海涠洲岛内的更新世湖光岩组的岩类归属仍存在较大的争议。灰流凝灰岩分布较广泛,广东湛江湖光岩、浙江景宁仰天湖和云南腾冲来凤山均分布有大面积的灰流凝灰岩。灰流凝灰岩的流体是一种炽热气水为主并含有火山灰、浮岩块和少量熔岩球的混合物,其内的固态物质在该流体中多呈悬浮状态。起初,这种流体携带的固态物质充填在原始地貌的低洼处;之后将像有相同厚度的薄饼(layer cake)一样一层层往上堆积。

灰流凝灰岩的成分多为流纹质到英安质(云南腾冲来凤山和浙江景宁仰天湖),但也有玄武质成分的(广西北海涠洲岛)。灰流凝灰堆积体具有较稳定的火山岩堆积层序(图 5-16),其中下部的具斜层理的微层状凝灰岩、中部的玻基少斑斑岩、中上部的熔结凝灰岩和顶部的气孔带尤为特征。灰流凝灰岩的成岩作用方式有压结、熔结、气孔的充填和结晶作用等。

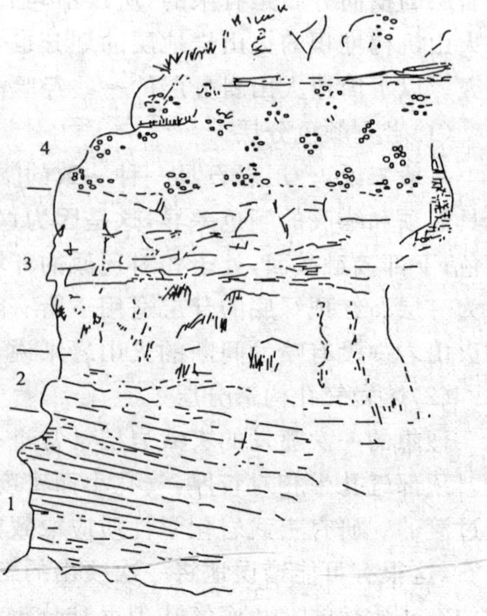

图 5-16　灰流凝灰岩的剖面和典型分带

(据 Maley,1994)

1. 纹层状凝灰岩(火山灰或基底涌流堆积);2. 玻基少斑流纹岩;3. 流纹质熔结凝灰岩(块状熔结带,具假流纹);4. 气孔带

5. 火山岩岩流流动方向的确定

严格地说,物质的流动方向不同于流动方位。流动方位表示一个流动质点的绝对运动方向。对于因流动而造成的流动线理来说,都存在两种可能的流动方位,如一个南北向流动线理存在 0°和 180°两种流动方位。流动方向是指整个岩流的运动模式,它应该是全部流动线理和

流动方位的综合。从这个意义上来说，每个质点的流动方位是固定不变的，而在一个岩流层中各个质点的流动方位可能有一定变化，其原因或是原始岩流呈散布状，或是岩流间相互混合和地形的突变而改变了原来层流的性质。

一些火山物质从火山口喷出后会按一定的方位紧贴承载界面流动。这种火山物质流动的状态主要取决于该流体的粘度和承载表面的高差起伏。一般来说，岩流都是从高处向低处流动。对于玄武质岩浆来说，其粘度小，流动速度快，分布范围广，但各岩流却因此而极易相互混合和干扰，故利用其内斑晶的排列来推测岩流的流动方位是较困难的。对于长英质岩浆来说，其粘度大，流速慢，移动距离不长，再加之其内结晶的一向延长的矿物斑晶既少又小，故也较难确定这种岩流的流动方位。对于长英质的火山碎屑流来说，它因含水气，具高温而处高能态，它的流动反而不受地形的影响而迁移很远的距离，这是比较有利于确定该岩流的流动方位的。以下总结火山岩岩流流动方位测定的办法。

(1)利用气孔形态

这种办法适用于玄武质熔岩。对于该岩流的上部气孔带的气孔，有时呈横卧的水滴状且其拖曳着细窄尾部。其大头一端指向岩浆的流动方位[图 5-17(a)]；在这种岩流的下部气孔带内，气孔常呈直立的管状，其上端弯曲的方向代表该层岩浆流动的方位。

(2)利用柱状节理

多数情况下，火山岩的柱状节理会形成从岩流顶层一直到底端的直立柱体，其中部不会弯曲和拐折，但在岩流流动速度缓慢时，节理柱体中部有可能发生拐折，其中部斜向柱体的倾斜方向代表岩流流向的反方向[图 5-17(b)]。

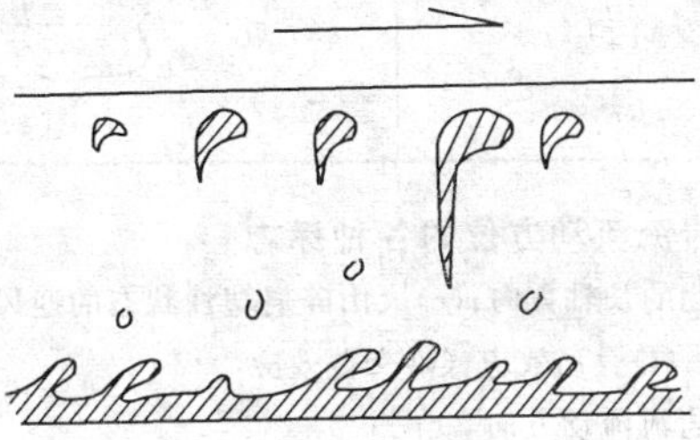
(a)

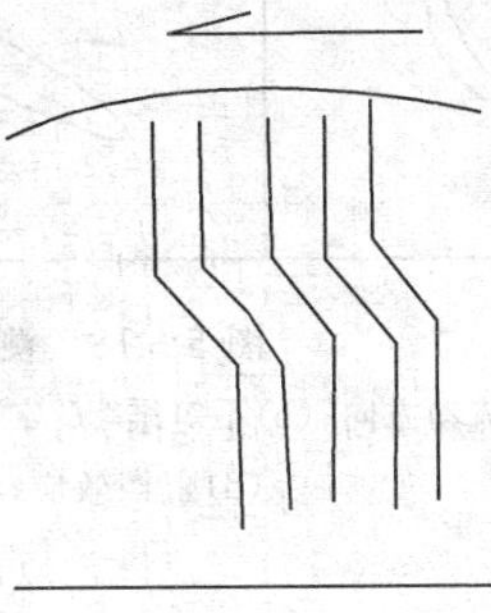
(b)

图 5-17 利用气孔形态(a)和柱状节理产状变化(b)判断岩流流动方位

箭头所指为岩流流动方位

(3)利用斑晶矿物

这是溢流相火山熔岩中常使用的测定流动方位的方法。一般来说，近火山口处熔岩中斑晶矿物多而大，而远离火山口处熔岩中斑晶矿物小而少。为此我们可以利用此现象来确定，同一层熔岩中岩流是从多斑、大斑处流向少斑、小斑处。

(4)利用熔结程度

这是火山灰流相的火山碎屑岩中使用的方法。在同一流动单元内，近火山口处的火山碎屑物(主要是凝灰)熔结程度强，流动构造更明显；远离火山口处其熔结程度弱，多表现为块状构造。根据这一点可以判断，岩流的流动方位是从强熔结火山碎屑岩流向弱熔结的火山碎屑岩。

(5)利用岩流的表面构造

这一方法尤其适用于玄武质熔岩流具绳状和压力脊等表面构造的情况。其绳状构造和压力脊弯曲突出的指向代表了该岩流的流动方位[图 5-18(a)]。

(6)根据火山碎屑物的形态

不等维的"Y"状火山碎屑:其长轴指向代表火山岩岩流的流动方位[图 5-18(b)]。

浆屑的迎面和背面形态:一般来说这种塑性碎屑在流动过程中迎面呈平滑流线状,而背面多为平整,两者相交处具有细长的拖曳[图 5-18(c)]。据此可明显判断岩流流动方位。

(7)利用火山碎屑物的排列形式

可分为:①阻挡排列[图 5-18(d)];②涡流状排列[图 5-18(e)];③叠瓦状排列[图 5-18(f)];④穿插排列[图 5-18(g)]。

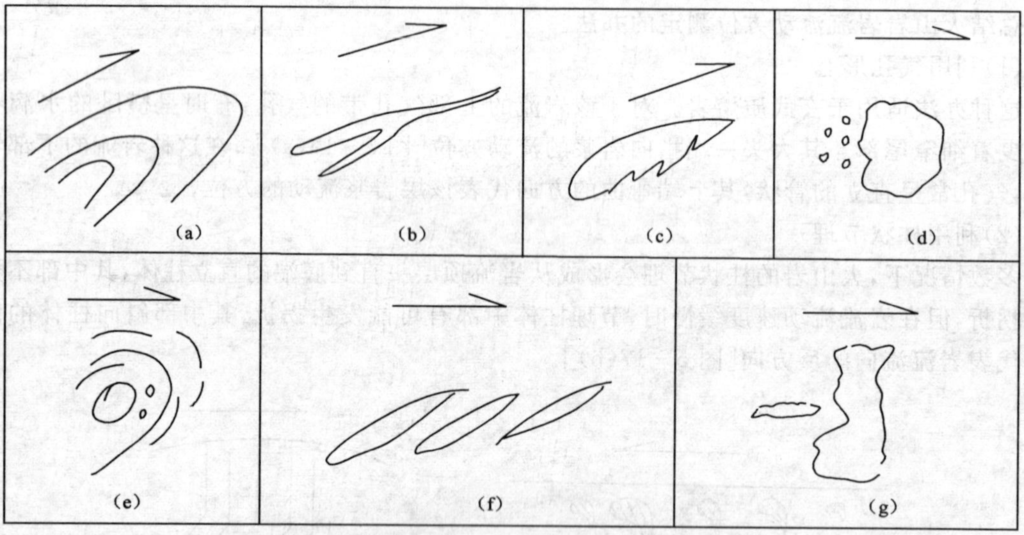

图 5-18 测定火山岩岩流流动方位的各种标志

(a)绳状熔岩流动方向;(b)不等维"Y"字形火山碎屑物的长轴方向;(c)火山碎屑塑性状态的迎风和背风面;(d)阻挡效应;(e)涡流效应;(f)叠瓦效应;(g)交截效应

箭头所指为岩流流动方向

6. 火山口的确定

在一个火山岩发育地区工作时,火山口的确定常常是很重要的,因为很多矿产都与火山口的分布有密切关系,甚而有些矿产就充填于火山口中或其附近。同时确定火山口并研究其分布特征,还可进一步确定火山喷发的类型,而火山口的判定标志如下。

(1)地貌特征

由航照和实地踏勘所见,火山口的地貌特征是很典型的,其中特别是那些新生代和现代的火山,如山西大同火山、黑龙江查伊河右岸火山和南京方山火山都有由不同火山物质组成的火山锥和内凹的圆形火山口。然而,古火山口往往由于遭到了不同程度的破坏(图 5-19),其地貌特征可能不清楚,

图 5-19 安徽南陵八道河破火山口

(据成都地质学院,1980)

这时就需要根据其保留的火山堆积物特点，采用趋近圈定来确定。

(2)火山碎屑岩粒度的变化

一般在火山口附近或其中堆积着较粗粒径的火山碎屑岩，如集块岩、火山角砾岩，远离火山口很快即为较细粒的火山碎屑岩—凝灰岩所代替。如宁芜铜井娘娘山古火山口和安徽庐江一些古火山口都有这一特点。

(3)熔岩厚度变化和流动构造

熔岩离火山口越近厚度越大，向四周会逐渐变薄；火山口附近的熔岩中还可伴有火山碎屑岩，而远离火山口处则不会出现；熔岩中的流动构造在火山口附近会逐渐较陡，而远离火山口的位置其产状较缓。安徽南陵八道河破火山口即为一近圆形洼地，其中有凝灰质火山角砾岩、集块熔岩岩等，并有晚期侵入的辉绿玢岩。洼地四周的流纹岩组成陡峭的半环状高山，其流动方向基本向四周延伸，远离火山口洼地则有凝灰岩、凝灰熔岩分布。

(4)火山岩的分布特点

中心式喷发的火山岩基本上成环绕火山口分布的圆形疙瘩状，而裂隙式喷发的火山岩则多呈条带状或沿一个方向产出。或喷发火山岩的流动构造往往具一向性或二向性，成分也常为基性熔岩，且面积分布很广，厚度和成分也比较均一，火山碎屑岩在近裂口处厚度大，向两侧则变薄。如峨眉玄武岩流总体在川西南厚达 2 000m，往四周则变薄。为此，许多学者曾制作出峨眉玄武岩的厚度等值线图，认为其最大厚度处应是峨眉玄武岩的火山口位置。河北张家口第三纪汉诺坝玄武岩流是裂隙式喷发的大面积熔岩流，流向为东北方，向东北方向厚度减小。

(5)岩性特征

除火山集块岩和火山角砾岩外，火山口及其附近堆积的火山岩十分特征，尤其是中酸性火山岩区尤为明显，如火山口附近会堆积真正意义的流纹岩、强熔结凝灰岩和熔结火山角砾岩。后者需打开两个岩石断面来确认，在垂直于面理方向可见拉长的假流纹构造，而在平行于面理的方向却显示出扁砾状的玻屑。此外火山口之上常见有侵出相的岩石，它们常是流纹斑岩、流纹质晶屑凝灰熔岩、碎斑熔岩和花岗斑岩等。

(6)产状特征

在中酸性火山岩区工作要十分注意火山岩流面面理的产状测量。一般在正常的古地貌状态下，远离火山口的火山岩的流面产状较缓，甚至接近 0°；愈靠近火山口处火山岩的流面产状变得较陡；而在火山口之上因常有侵出相岩石占据，其产状突变近直立。这种产状的变化(火山岩流面产状的不协调)可以帮助确定火山口的大体位置。

三、沉积岩

(一)陆源碎屑岩的工作方法

在野外工作中要仔细研究砾岩中砾石的大小、分选性、圆度、形状及表面性质。对砾石的大小，可用尺子量其长轴进行统计，同时还要研究砾石的成分，填隙物的成分和含量、胶结的紧密程度和胶结类型。对于砾石成分的研究最好是在研究砾石粒度的同时，按不同的粒级对砾石的成分作粗略的统计。若条件许可，还需进行砾石排列方向的测量和统计，以推断古水流的方向。此外还要注意研究砾岩层与下伏岩层接触面的特征，有无冲刷现象和长期的沉积间断。

最后应研究砾岩体的几何形态、共生岩层以及其纵向上的序列关系。这些资料对全面了解区域地质历史及岩石的水文和工程性能都具有重要意义。

在野外研究砂岩时，主要是对露头或岩心进行仔细的观察和描述，内容包括岩石的颜色、粒度、分选性、圆度；碎屑物的成分和含量；胶结物的成分、含量、结构和胶结类型、胶结的紧密程度；岩石的层理和其他构造特征；生物化石的种类、含量和古生态特征，并对岩石进行较为准确的命名。此外还应注意岩层的纵向和横向的变化及其和相邻岩层的关系，以便尽可能了解岩石的成因类型和砂岩体的形态。最后还应注意砂岩体中有无软弱的和不透水的泥质岩夹层的存在，因该岩石夹层的存在对水文和工程地质的性质影响很大，大大降低砂岩层的工程性能。在必要时应在适当的部位采取供室内研究试验用的标本。

砂岩体的形态也是重要的沉积相的标志，而且对岩石地层工作、水文地质工作和找矿工作都有很重大的意义。常见的砂岩体的形态可分两类：席状砂岩体和线状或条带状砂岩体。席状砂岩体的长、宽近于相等，分布面积大，可达数千平方千米，成层状，厚度较小，但稳定，多呈细粒砂状结构，为滨海或浅海成因。条带状砂岩体长比宽大得多，分布面积较小，但厚度较大，成透镜状或楔状。条带状砂岩体可表现为四种分布形式：荚状、细带状、树枝状和宽带状（图5-20）。条带状砂岩体主要有两种成因类型，一种是河流或三角洲砂岩体，其底面一般为冲刷面，砂岩体横切面为下凸上平的透镜状；另一种是平行海岸线分布的砂堤砂岩体，其形态特点为下平上凸的透镜状。

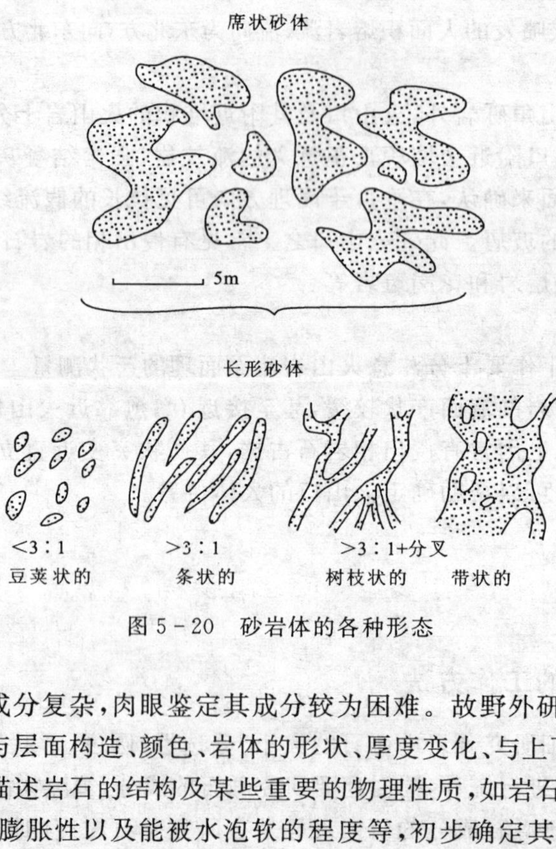

图5-20　砂岩体的各种形态

泥质岩颗粒细小、成分复杂，肉眼鉴定其成分较为困难。故野外研究泥质岩时首先应注意其宏观的特征，如层理与层面构造、颜色、岩体的形状、厚度变化、与上下岩层的关系、横向变化等；然后再仔细观察和描述岩石的结构及某些重要的物理性质，如岩石的固结程度、硬度、断口特征、滑腻感、吸水性和膨胀性以及能被水泡软的程度等，初步确定其中所含主要的粘土矿物成分和混入物的成分，给岩石以适当的命名。如果粘土的颜色较浅或泥岩、页岩的成分较纯时，也可以用染色法鉴定其主要的粘土矿物成分。

(二)特殊流体搬运沉积形成的岩石层序

特殊流体是指除牵引流以外的各种流体,如风暴流、浊流、冰川和泥石流等。形成的岩石分别称之为风暴岩、浊积岩、冰碛岩和泥石流。

1. 风暴岩

由风暴狂浪将先成的松散沉积物扰动形成一种紊乱性碎屑物密度流随扰动能量降低很快沉积形成的岩石。风浪扰动的最大水深界面称之为浪基面或浪底,风暴流的搬运距离不长,且以悬浮方式搬运。风暴流的垂向序列自下而上有由粗变细的变化,说明风暴流也存在机械沉积分异,但分异程度较低。如果风暴浪扰动碳酸盐岩软泥,这些软泥在塑性状态下沿底部涌动、推挤,使其中的砾屑呈放射状、倒“小”字形或不规则状、直立状排列(图 5-21)。

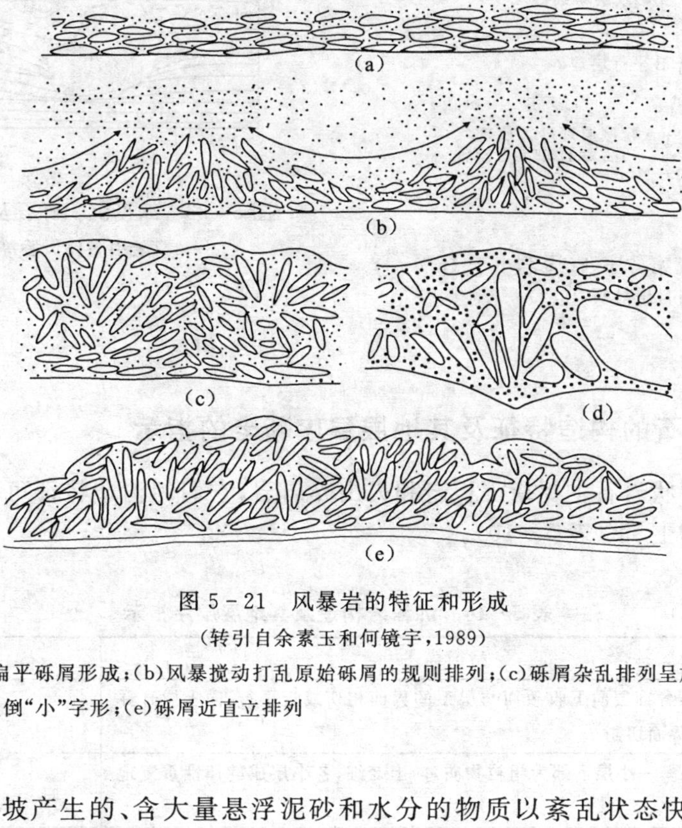

图 5-21 风暴岩的特征和形成
(转引自余素玉和何镜宇,1989)

(a)原始扁平砾屑形成;(b)风暴搅动打乱原始砾屑的规则排列;(c)砾屑杂乱排列呈放射状;(d)砾屑杂乱排列呈倒“小”字形;(e)砾屑近直立排列

2. 浊流

浊流是水下斜坡产生的、含大量悬浮泥砂和水分的物质以紊乱状态快速流动的重力流。浊流的沉积序列称之为鲍马序列(图 5-22)。

3. 冰川

它是高纬度和高山区被冻结的积雪因自身重力顺坡缓慢移动形成的冰流。在搬运过程中只有底部和其两侧颗粒的裸露部分发育冰川擦痕和磨光平面,因此在野外露头上少见有这种现象。冰川融化以后,被搬运的颗粒从中被解脱,它们通常是砾、砂、泥的随机混杂物。产在大陆地区的冰川沉积物称为冰碛物,成岩后称之为冰碛岩。当冰川融化汇集成冰水河湖时,冰碛物也常有不同程度的机械分异,也可发育纹层状层理。斜坡上的冰碛物还可形成重力流而具重力流的沉积特征。当冰川进入海洋时,被游离出来的冰山将以飘流方式搬运内部封冻的颗粒，这种搬运沉积称之为冰筏沉积，其冰筏沉积物可以有很大的分布范围。由冰筏解脱出的碎屑物质常会淹没在正常海水沉积物的主体中，这种情况有人称之为冰水沉积。冰筏携带的细粒碎屑与海水沉积物难以区分，只有粗粒碎屑（砾级）被解脱并“砸”进深海沉积物的表层时才能识别。它表现为粗粒碎屑坠落状埋于较细粒的粉砂岩和粘土岩中，并伴随引起其纹层变形（图 5－23）。这种冰水沉积也常含有具冰川擦痕的砾石。

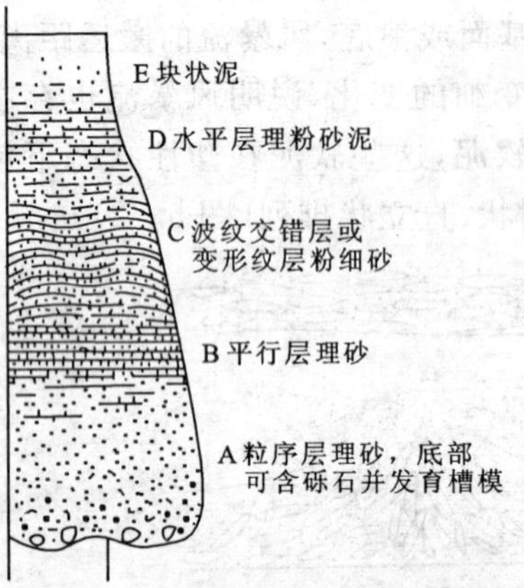

图 5－22　浊流鲍马序列（通常小于 1m）
（转引自乐昌硕，1984）

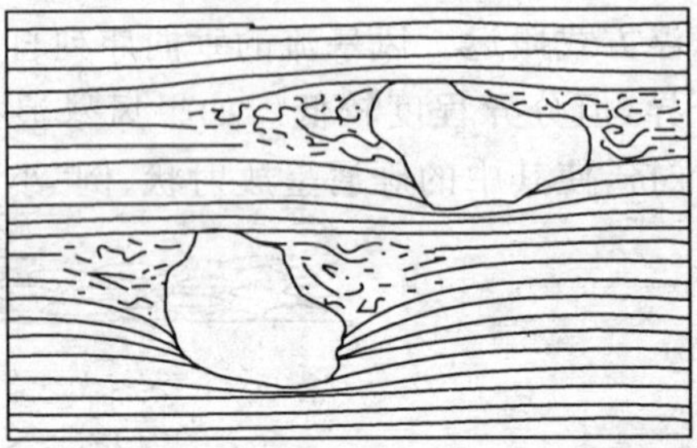

图 5－23　冰筏沉积砾石及泥质纹层的变形
（转引自路凤香等，2002）

（三）层状岩石的构造特征及其地层层序新老的指示

这里所说的层状岩石主要指沉积岩和火山碎屑岩，它们的构造特征可以用于判断复杂构造中的地层层序的上、下（表 5－10）。

表 5－10　沉积岩构造及其地层层序指示

类型	特征描述	图示
层理特征	交错层理：各细层向下收敛而与层系的界面相切或近平行，向上撒开并为其上部界面切割	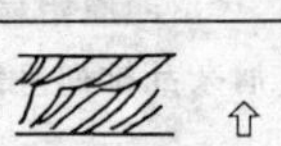
	递变层理：每一小层下部为粗粒物质，向上变细，各小层成韵律性重复地变化	
	色韵律层理：每一小层下部颜色较深，向上逐渐变淡，然后又出现另一小层色深物质	
层面特征	振荡波痕：弧形波谷分开棱角波脊，波脊指向层序变新方向	
	水流波痕：波脊和波谷都有同一形状，但重矿物或较粗的物质沉积在波谷中	
	泥裂：裂口尖朝下，上覆砂岩底板上形成向下突出的砂脊	
	层间冲刷面：下伏岩层顶面被冲刷而凹凸不平，在凹处的上部岩层中有较粗颗粒	

转引自房立民等（1991）。

四、变质岩

(一)动力变质岩的几个问题

1. 侵入体的碎裂岩识别

侵入体内的碎裂岩是侵入体固结后又历经后期构造活动导致的脆性变形产物。由于它不同于层状岩石表现有明显的位移和变形等识别标志而常被人们忽略。侵入体因脆性变形形成的动力变质岩具有以下特点。

(1)具动力色

动力色是侵入岩因构造活动改变原来颜色而呈现的杂色,它是由红、绿、黄、白、黑等诸颜色交织混杂形成的。红多是钾长石红化;绿为侵入体中暗色矿物绿帘石化和绿泥石化;黄多为析出的铁因褐铁矿化所致;白为长石的高岭土化或钠长石化;黑是动力变质岩中裂隙内含锰物质充填。

(2)硅化

岩石坚硬致密,有时可见石英网脉,在烟灰色的断面上可见油脂光泽,有时石英颗粒呈淡蓝色色调。

(3)具碎裂结构

在手标本上岩石的碎裂结构特点主要表现在长石类矿物方面:长石晶粒出现裂缝;长石外形不规则或呈棱角状;长石类矿物分裂形成碎斑(相对大的颗粒)和碎基(相对小的颗粒);碎基与碎斑分而不离,且能拼凑原矿物的规则形态。

(4)矿化

常出现重晶石化、萤石化、褐铁矿化。

(5)节理发育

常伴随一组较密集的破裂面。

侵入体的韧性变形则形成糜棱岩和糜棱岩化的岩石,它常表现为其面理具定向性;矿物颗粒呈眼球状或呈拔丝状;具流状构造。

2. 动力变质岩带的工作方法

在研究动力变质岩带时,经常采用沿走向追索和垂直动力变质岩带测制剖面的综合方法进行。其研究思路是由外到内,从宏观观察破碎带入手,以确定断裂性质。具体应注意以下几个方面的问题:

1)在野外进行岩石的统一分类和命名,这是工作的基础。

2)确定断裂带的主要走向、延长及主要结构面的性质,测量碎裂带的宽度,以及碎裂带与节理、岩脉、原生流动构造及附近断裂的关系,并进行一定数量的节理统计(100~200个)。

3)对断裂带内的各种碎裂岩的特点进行观察和研究;并观察其与原岩性质的关系及空间分布特点。在垂直断裂带走向的方向上根据岩性和结构构造的研究,尤其是其形变特征的观察来确定其形变序列和划分构造带。特别注意原岩性质的观察(刚性、韧性)、应力性质(压、张、扭)的分析,构造活动序次和强度大小的研究。最后还应采集一定数量的定向标本,以便更深入地研究。

4)注意观察破裂带的垂直方向(上下),尤其是纵向深部的变化。

5)绘制一定比例的平面图、剖面图和素描图。

6)了解不同岩石中矿物受应力作用的变化。

7)注意观察断裂带和石油、地下水的关系。断裂带有漏水(油)有害的一面;但在特殊情况下(如压性或压扭性断裂)可以形成封闭阻隔的条件,起到隔水层的作用,所以它又有不漏水(油)的一面,关键要看断裂带的力学性质。

8)还要注意断裂带与矿化的关系,因为破裂带往往是金矿溶液运移和沉淀的场所,在那些与动力变质作用有关的绿泥石片岩、滑石片岩地区,更应注意含金石英脉的存在。如河北金厂峪就曾发现含金石英脉沿构造裂隙充填,与之有关的围岩蚀变有绢云母化、绿泥石化和钠长石化等。

(二)变质岩的原岩特征

1. 变质沉积-火山岩系

(1)产状形态

通过走向追索和地质填图确定地质体的产状和延伸情况,并查明地质体之间的相互接触关系是确定变质岩原岩的基础。如当地质体为层状或似层状时,若层状岩石上、下之间呈整合接触关系,或呈连续过渡的变化,则该地质体大都是沉积岩或层状火山碎屑岩;若呈楔状体、透镜体、不规则块体产出,则原岩可能为熔岩类。

(2)岩层组合

有些变质岩有明显的沉积-火山岩的原岩特征,如大理岩、石英岩、磁铁石英岩和含石墨的变质岩,它们显然是由具层状构造的碳酸盐岩、硅质岩、含铁硅质岩和含碳沉积岩等原岩变质而成的。若这些变质岩与其他不可确认原岩的斜长角闪岩、片麻岩、变粒岩共生组合在一起,那么也可以推测这些不可确认原岩的变质岩原岩属沉积-火山岩系。

(3)变余结构构造

表5-11是一些常见的变余结构构造。

表5-11 常见的变余结构构造

变余沉积结构构造	变余火山结构构造
变余层理构造	变余杏仁构造
变余粒序构造	变余气孔构造
变余韵律构造	变余枕状构造
变余斜层理构造	变余流纹构造
变余波痕构造	变余凝灰结构
变余砾状结构	变余晶屑结构
变余砂状结构	变余斑状结构
变余泥质结构	

(4)特征变质矿物

石墨、刚玉、电气石、堇青石、红柱石、矽线石、蓝晶石、石榴石和硅灰石等均为沉积岩原岩经变质形成的特征变质矿物;斜长石与角闪石为主要矿物的岩石多为基性熔岩的原岩经变质作用形成。

2. 变质长英质侵入体

(1)野外宏观特征

野外有时可见保持原始状态和轻微变形状态的较均一岩石,如块状英云闪长岩和花岗闪长岩,它们常渐变过渡到具片麻构造的长英质片麻岩。在一定的范围内侵入体表现出不同的组构,它们并非原始的不同岩性层,而是同一岩石遭受不均匀变形或多期变形叠加的结果。

在片麻状侵入体中有时还保留不同期次侵位的不同岩石之间的切割关系;晚生成的片麻状岩石单位含有早生成片麻岩的捕虏体,片麻状侵入体具表壳岩系捕虏体;不同的捕虏体在空间上成带分布。

(2)矿物组成特征

变质长英质侵入体主要由斜长石和石英组成,钾长石含量相对较少,其含量小于5%,色率较低,约为5左右,主要暗色矿物为黑云母、角闪石(角闪岩相)和辉石(麻粒岩相)。

(3)结构构造

粒状变晶结构为主,柱状和片状变晶结构为次。片麻构造普遍,但有些地区的太古宙灰色片麻岩很少变形而具块状构造。

(三)变质相分析

1. 变质相的概念

变质相是指在同一温度、压力范围的条件下,不同类型的原岩经变质形成的一套岩石组合,这些岩石的矿物成分和数量取决于原岩的化学性质。所以说,变质相又是一个等物理系列,它在 $p-T$ 图上具有一定的区域范围。

变质相划分遵循两个原则:①既能包罗广泛的变质环境和条件,又能明确表示变质程度上的差异;②变质相的界线要能得到一致公认,所以它是由明显的变质反应曲线来决定的,而这些变质反应多用泥质原岩的实验条件控制。据研究,变质作用划分出11个变质相(图5-24)。各变质相是以基性岩原岩在该变质条件下形成的岩石名称命名。

不同原岩在主要的区域变质相中的特征矿物及其矿物组合列于表5-12。

2. 变质相分析

(1)确定矿物共生组合

天然岩石系统是在一定温度、压力条件下达到化学平衡的若干组矿物集合体,其内共存的各组矿物称为矿物共生组合。因此,变质岩内矿物的共生组合是该岩石化学组成和变质作用的物理化学条件的反映。从这个意义上说,研究变质岩的化学系统,进而表示矿物共生组合的样式,是能够获取该变质岩形成条件的信息的。这里,确定矿物共生组合是关键,其确定标志是:①矿物间彼此相互接触;②各矿物形成于同一世代而无交代关系;③共生矿物种类不超过5~6种;④共生矿物只考虑种类而不计含量。

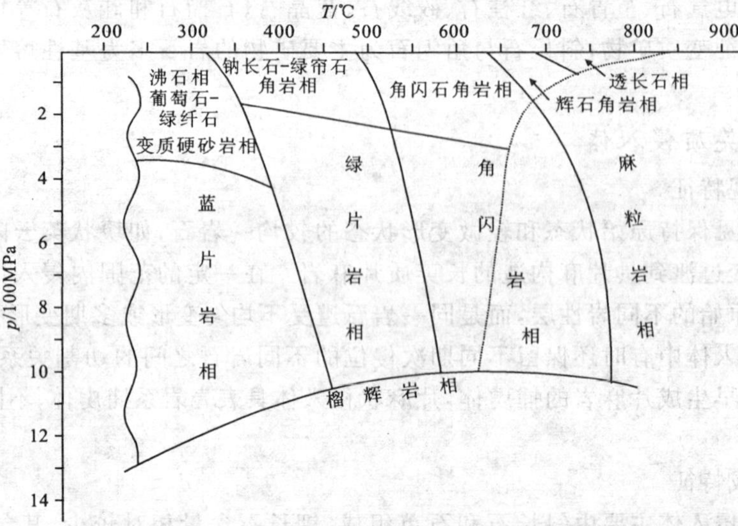

图 5-24　$p-T$ 图中的变质相划分

图中点线为花岗岩始熔线

表 5-12　不同变质相中特征矿物及其共生组合

相系	原岩	低绿片岩相	高绿片岩相	低角闪岩相	高角闪岩相	麻粒岩相
低压型	泥质岩	红柱石、黑云母、绿泥石	红柱石	红柱石、堇青石、石榴石	矽线石、堇青石、石榴石	矽线石、辉石、堇青石
	基性岩	阳起石 、黑云母、绿帘石、白云母、绿泥石	普通角闪石、黑云母	普通角闪石、透辉石、黑云母	普通角闪石、黑云母、透辉石、石榴石	辉石、矽线石、橄榄石＋斜长石
中压型	泥质岩	绿泥石	硬绿泥石、石榴石	蓝晶石、十字石、石榴石	矽线石、石榴石	矽线石、辉石、粉红石榴石
	基性岩	阳起石、多硅白云母、绿帘石、黑云母、绿泥石	普通角闪石、黑云母、绿帘石、石榴石	普通角闪石、黑云母、透辉石、石榴石	普通角闪石、黑云母、透辉石、石榴石	辉石＋斜长石、石榴石(粉红色)
高压型	泥质岩	硬柱石、硬玉＋石英、多硅白云母	普通角闪石、绿帘石、石榴石	蓝晶石、十字石、石榴石	矽线石、石榴石	矽线石、辉石、蓝晶石、石榴石(粉红色)
	基性岩	蓝晶石、绿纤石、蓝闪石、多硅白云母、硬柱石、阳起石、绿帘石	普通角闪石、黑云母、绿帘石、白云母、透辉石、石榴石	普通角闪石、白云母、辉石、黑云母	普通角闪石、辉石、黑云母	辉石、粉红石榴石

表中石榴石除注明外均为褐色。

(2)制作成分-共生图解

利用岩石系统的化学成分特征来表示矿物共生组合样式的图解称之为成分-共生图解。一般来说，一个岩石系统选取三组分来表示其化学成分特征，根据戈尔德施密特矿物相律：

$$P \leqslant C$$

P 为共存矿物的相数；C 为独立组分数。前述选取三组分表明 $C=3$，则共存矿物的相数为 3、2、1。如果用一个三顶点为三组分的大三角形来表示岩石系统的主体化学成分，那么该大三角形内可按矿物成分比例获得该矿物的投影点，各投影点的连线即为两矿物的共生线，由共生线构成的小三角形上的各端点的矿物则是共生的(图 5-25)。

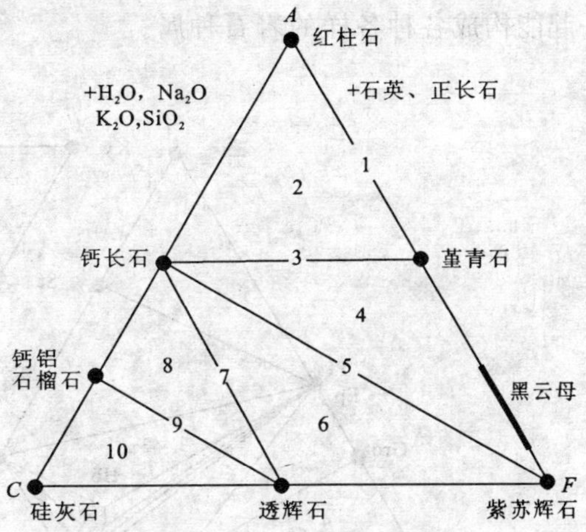

图 5-25　ACF 成分-共生图解

岩石系统化学成分用 A、C 和 F 表示；其内的矿物投影点、共生线和共生小三角形均依据奥斯陆地区角岩实际矿物共生情况；图中数值为矿物共生组合的类型

成分-共生图解可根据原岩特点和研究要求自行设计三组分，一般地多用 ACF 和 $A'KF$ 图解进行研究，这里 A、C、F、A'、K 都是用全岩氧化物质量百分数(w_B%)换算成分子百分数再进行计算：

$$A = Al_2O_3 + Fe_2O_3$$
$$C = CaO$$
$$F = FeO + MgO + Mn$$
$$A' = Al_2O_3 + Fe_2O_3 - K_2O$$
$$K = K_2O$$

计算的结果需满足 $A+C+F=100$，$A'+K+F=100$

这里特别需要指出的是，共生线是不能相交的。出现相交的情况，或是因两两矿物呈反应关系，而且正处在平衡的状态；或是我们的矿物共生组合分析出现错误。

(3)比照已知 ACF 和 $A'KF$ 图解

实际上，各变质相的 ACF 和 $A'KF$ 图解是前人已经制定好了的，也就是说每一个变质相都有一个经典的 ACF 和 $A'KF$ 图解，一般的变质岩研究不必再去制作这种图解了。我们只须利用被研究变质岩的矿物共生组合去比照已知的 ACF 和 $A'KF$ 图解，找寻哪一种变质相的 ACF 和 $A'KF$ 图解中的小三角形端点矿物与该岩石实际矿物的共生组合相同。当然，对于一个地区相同变质条件下由不同原岩形成的一套变质岩来说，会出现若干种矿物共生组合，而这些矿物组合都应在同一变质相的 ACF 和 $A'KF$ 图解中可以找到一一对应的小三角形。这样，我们就能确定该变质岩形成的变质相类型，然后就可以利用该变质相来反推变质岩形成的温度和压力范围以及原岩特征。现仅以低温角闪岩相(十字石带)的 ACF 和 $A'KF$ 图为例说明(图 5-26)。图中显示：十字石是该变质相最典型的造岩矿物；富铝矿物只出现蓝晶石而不是红柱石和矽线石；石榴石族矿物会出现铁铝榴石或钙铁(铝)榴石而不能出现镁铝榴石；钾长石是微斜长石而不可能是正长石；含水暗色矿物黑云母、角闪石和白云母可以大量存在；富铝矿物和钾长石类矿物(蓝晶石和微斜长石)不能共生等。据上述矿物不同的共生关系并组合在一起能构成各种各样的岩石种属。

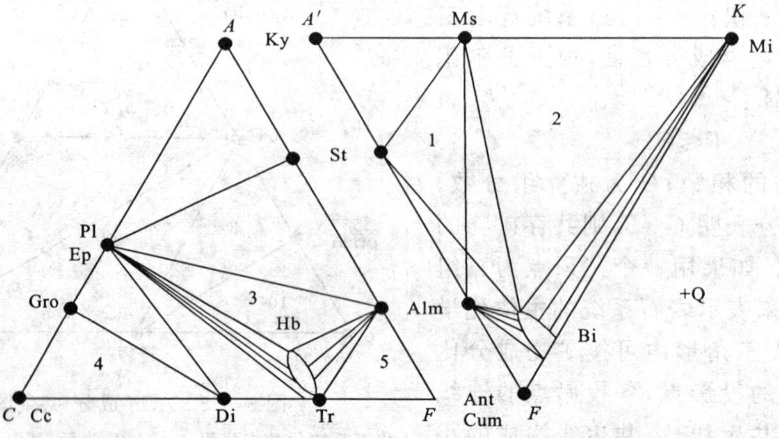

图 5-26　中压型低温角闪岩相(十字石带)的 ACF 和 $A'KF$ 图

Ky. 蓝晶石;St. 十字石;Pl. 斜长石;Ep. 绿帘石;Hb. 普通角闪石;Alm. 铁铝石榴石;Tr. 透闪石;Di. 透辉石;Cum. 直闪石;Ant. 叶蛇纹石;Cc. 方解石;Gro. 钙铁(铝)石榴石;Ms. 白云母;Bi. 黑云母;Mi. 微斜长石;Q. 石英;1 为泥质 Al_2O_3 过剩的原岩;2 为泥质 K_2O 过剩和长英质原岩;3 为中基性原岩;4 为钙质原岩;5 为镁质原岩

(四)变质层状岩石的野外研究

1. 真、假沉积构造识别

在变质岩区,原岩为沉积岩的层状岩石经受变形变质后与构造作用形成的层状构造极易混淆,有必要认真地区分原生沉积构造和次生假层状构造(表 5-13)。

2. 标志层的确定

变质岩地区的沉积-火山岩系因面理构造置换而表现不出完整的原始层状岩石的特性,因此在野外测制的剖面实际上是一条构造地层剖面。为了恢复构造形式的纵向延伸和横向展布,有必要在同一剖面上和不同剖面上用岩性标志层进行对比,所以识别标志层是变质沉积-火山岩系研究的重要基础。变质沉积-火山岩系标志层的岩石类型及其特征列于表 5-14。从该表可以看出,几乎所有的沉积-火山岩均可以作为标志层。其实,在野外地质工作中要想真正确认标志层是比较困难的,这需要结合其它特点予以补充证实。

1)在产状上,标志层在剖面中的厚度较薄,在横向上追索也比较稳定。在野外工作中若发现厚度变化大且断续出现的岩层,除不能作为标志层外,还应注意断裂构造的影响。

2)在岩性上,标志层的岩性一般比较单一,矿物成分较简单,如大理岩、石英岩。有时可能出现另类岩石的透镜体和条痕,这可能是原岩含有杂质和韵律性造成的。

3)在结构构造上,有些标志层尚能保留原层状岩石的特征,具明显的变余结构和变余构造,如变余层理、变余波痕、变余泥裂、变余气孔、变余杏仁等构造和变余斑状、变余砂状等结构。

表 5－13　沉积构造和再造层状构造的区别

特征　类型 内容	沉积作用产生		构造作用产生	
交错层		由各细层交错而显示，并向下收敛与下层不相切	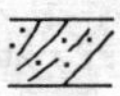	由劈理折射或不同劈理产状相交而形成假交错层理
递变层	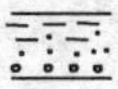	由颗粒粗细或化学成分（Si、Fe）的过渡连续变化而显示，在底部有突变面	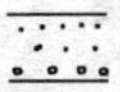	由构造作用形成的假砾石岩，在垂直 *X* 轴切面上形成由假砾石构成的“韵律”，或由变质作用使矿物重结晶形成假递变层
层理	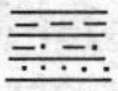	由多种成分层显示，呈不对称分布，延伸稳定，与 S_1 可平行、斜交或直交	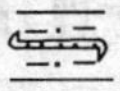	由单一成分，呈对称分布，延伸不稳定，往往成钩状消失，与 S_1 平行
透镜体		三维空间内均相变尖灭，不伴生有面理和拉伸线理，透镜体内往往包含有矿物晶体或出现晶簇晶洞		三维空间内一端尖灭，一端撇开，伴生有劈理和拉伸线理。垂直鞘褶皱轴成分层呈封闭环状
相变		陆源碎屑或碳酸盐岩系中，沿走向方向出现由岩层性质所显示的变化		由紧密褶皱所形成的叠褶层，沿 S_1 方向所显示的岩性变化，S_1 与成分层相交
砾岩	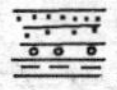	砾石成分不均、大小差异，砾岩层延伸稳定，并显示一定的沉积旋回		由单一成分的“砾石”组成，局限于某一构造部位，上下地层不显示沉积旋回，并见有钩状、棒状等砾石
不整合	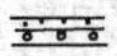	根据底砾岩、沉积旋回和构造序列差异所确定的地层间断为不整合		根据构造假砾岩及不同岩性层的突变面（滑断面）和片岩带（构造岩带）所确定地层间断实为构造界面

据房立民等，1991。

表 5－14　变质沉积火山岩系标志层岩石类型

变质岩类型		变质矿物组合	构造特征	原岩
硅质	磁铁石英岩	磁铁矿、石英	条带状、条痕状	含铁硅质岩
	石英片岩	石英、透辉石、透闪石	片状	硅质岩
碳质	碳质板岩	炭、隐晶质	板状	含碳泥质岩
	石墨××片岩	石墨、暗色矿物	片状	含碳泥质岩
	石墨××长石片麻岩	石墨、长石、暗色矿物	片麻状	含碳长英质砂岩
钙镁质	石墨大理岩	石墨、方解石、白云石	块状、条痕状	含碳石灰岩、白云岩
	大理岩	方解石、白云石透闪石、透辉石	块状、条带状	石灰岩、白云岩
泥质	板岩	隐晶质	板状	泥质岩、粉砂岩、凝灰岩
	云母片岩	云母、暗色矿物	片状	泥质岩、粉砂岩、凝灰岩
火山岩质	绿片岩	绿泥石、绿帘石、阳起石	片状	基性火山岩
	斜长角闪岩	斜长石、角闪石	块状、片状	基性火山岩
	石英角斑岩	石英、角闪石、斜长石	块状、片状	中酸性火山岩

4)在矿物成分上，标志层的矿物要么简单且含量极高，如石英和碳酸盐矿物；要么含有特征的矿物，如石墨、十字石、蓝晶石、矽线石等。

5)在组合上，有些标志层是以标志层组合形式出现而非单一岩层，如大洋玄武岩与硅质岩或碳酸盐岩构成的上部洋壳层。在剖面上很可能出现绿片岩与石英岩(大理岩)或斜长角闪岩与石英岩(大理岩)的标志层组合，如我国宜昌黄陵崆岭杂岩内元古宙蛇绿岩剖面中就存在后一种标志层组合。

3. 层状岩石的面理置换

(1)切层面理置换

因强烈变形作用使先期面状构造被后期新产生的面理改造，也即一种面理构造(如层理)被另一种面理构造(褶皱轴面劈理)改造或代替的现象称为面理置换。

由褶皱产生的面理通常与岩石的平均韧性和岩石组合的韧性差有着密切关系(图 5-27)。若岩石的平均韧性较小(地壳较浅部)，而两岩石的韧性差较大时，常出现强度大的岩石(砂岩)或产生稀疏的破劈理或不产生劈理，强度小的岩石(泥质岩)形成密集的板劈理或折劈理(S_1)。这种劈理往往呈正扇形或倒扇形[图 5-27(a)中的千枚理 S_1]，其中正劈理扇的发散方向指向岩层的上层面，倒劈理扇的收敛方向同样指向岩层的上层面。其次，岩层的厚度也同样影响面理的分布样式[图 5-27(b)]。薄层粉砂岩的劈理密集程度较之泥质岩更加大，而薄

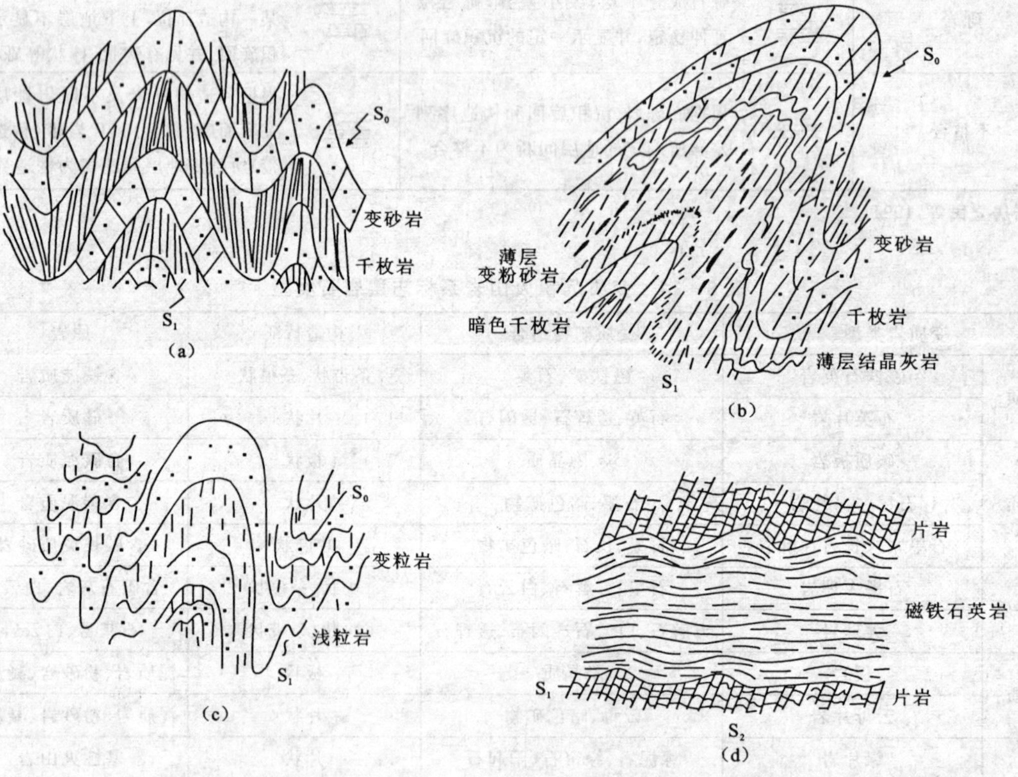

图 5-27 与褶皱伴生的面理与岩层韧性程度的关系

(据房立民等，1991)

层灰岩仍保持岩层的连续性而表现为次一级的小揉皱。当岩石平均韧性增高，岩石组合中的韧性差减小时（地层较深部），则形成平行轴面的板劈理或片理[图 5－27(c)]。若在第一期褶皱面理(S_1)产生之后又发生第二期褶皱，这时会出现 S_1 被新的褶皱面理(S_2)所置换[图 5－27(d)]。

(2)顺层面理置换

顺层面理是指劈理或片理(S_1)平行或近平行岩石的原始层理(S_0)的一种面理。这种面理存在几种成因可能：一为变余层理的发展；一为构造作用形成的平卧褶皱或同斜褶皱所致，因为除转折端外，其他部分的岩性层理和轴面面理平行[图 5－28(a)]；此外，在顺层滑脱构造带或析离构造带中也出现顺层片理[图 5－28(b)]；在浅变质岩区非强干层中的劈理常呈似平行原始层理[图 5－28(c)]；在一些岩性单一的岩石中，非强干层易形成强化顺层片理带[图 5－28(d)]；在单一岩石中，强干层有时可形成平行层理的糜棱面理或条带、条纹[图 5－28(e)]。同样地，岩性也影响顺层面理的发育，泥质岩中顺层面理发育，而在有些岩石中表现为新生片、柱状矿物构成顺层面理。

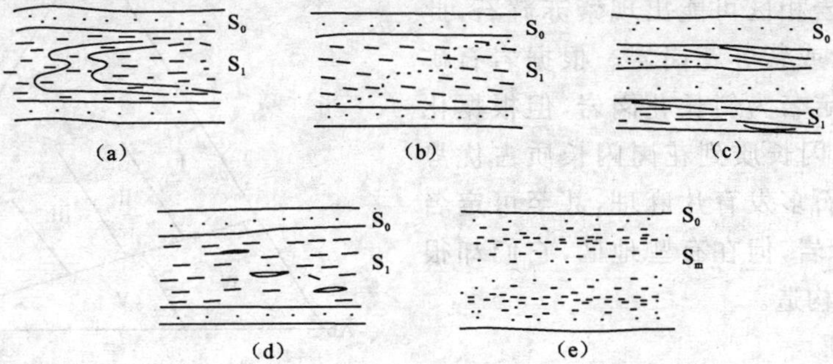

图 5－28　构造成因的几种顺层面理

（据房立民等，1991）

面理置换和顺层面理研究具有很重要的意义，除了有助于大构造的研究（大褶皱、顺层滑脱、析离）外，最重要的是能帮助确定变质岩区层状岩石的原始层面(S_0)产状。

4. 变质岩中条带构造的成因机理判别

在变质岩的条带构造中，尤其是在条带状混合岩中常出现两种成因解释：一为变质分异说；一为脉体层间贯入说（图 5－29）。

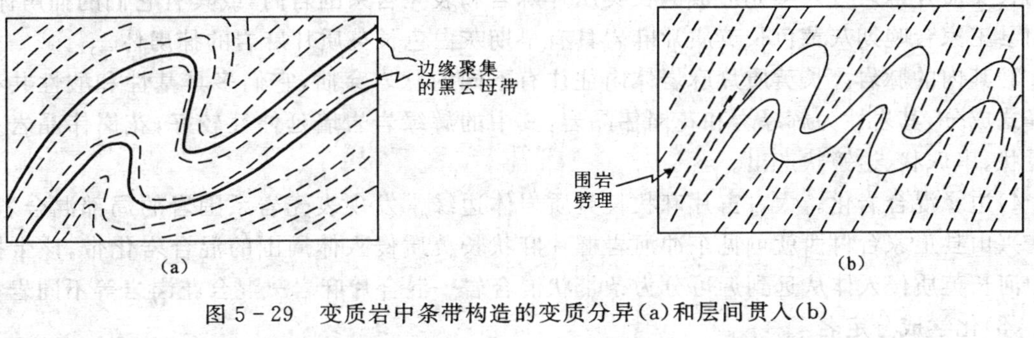

图 5－29　变质岩中条带构造的变质分异(a)和层间贯入(b)

从图 5-29 可以看出，条带状构造的变质分异成因与层间贯入成因的表现是有明显不同的。图 5-29(a)中可见长英质条带被褶皱，且与片状围岩的片理产状十分协调一致。关键是其长英质条带的边缘有一富黑云母层，而且认为，在变质分凝时这些黑云母从长英质条带中析出并位于其边缘聚集。层间贯入的条带状构造[图 5-29(b)]是花岗质脉体顺着围岩的劈理层贯入，因此该花岗质的条带存在有云母片平行于围岩走向的次级叶理而显示均匀的片麻构造，且条带边缘不具富云母层。

(五)变质侵入体的野外研究

1. 变质长英质侵入体

(1)基本特征

变质长英质侵入体主要由斜长石、石英和少量钾长石组成，另含有暗色矿物约 5%左右，有时甚至更少。后者在角闪岩相区为角闪石、黑云母；在麻粒岩相区可能出现紫苏辉石，此时为酸性麻粒岩或紫苏花岗岩。根据岩石矿物成分，野外多定名为斜长花岗岩，但根据化学成分多为英云闪长质到花岗闪长质占优势(图 5-30)。岩石多发育片麻理，甚至可定名为××斜长片麻岩，但在有些地区，它们却很少变形而具块状构造。

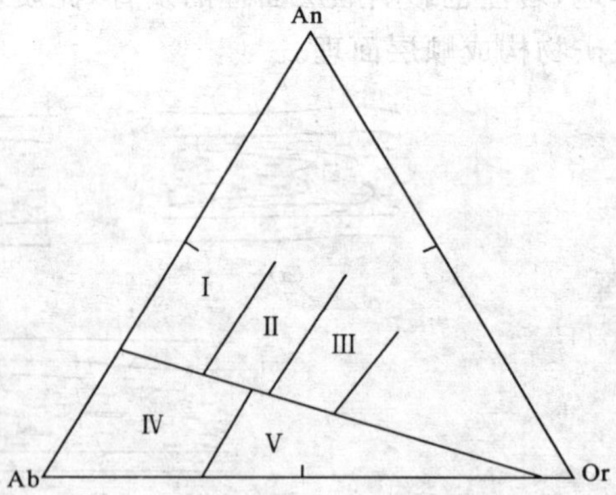

图 5-30 灰色片麻岩之原岩恢复的 An-Ab-Or 三角图

An. 标准矿物钙长石；Ab. 标准矿物钠长石；Or. 标准矿物钾长石；Ⅰ. 英云闪长岩；Ⅱ. 花岗闪长岩；Ⅲ. 石英二长岩；Ⅳ. 奥长花岗岩；Ⅴ. 花岗岩

(2)宏观特征

主要从组构、接触关系、其内的脉岩等方面来描述。

1)组构。岩石为均匀块状构造的斜长花岗岩，可渐变为具片麻构造的长英质片麻岩或条带状片麻岩。条带状片麻岩的条带由块状的斜长花岗岩和片麻状的斜长花岗岩组成，条带的宽度仅以厘米计。不要误认为这种条带状片麻岩是不同的岩性层，而是长英质侵入体遭受不均匀变形或多次不均匀变形的结果。

2)接触关系。在灰色片麻岩中同样存在因岩浆侵入而表现出来的交切、包裹关系，晚期形成的长英质片麻岩侵入早先形成的长英质片麻岩和表壳岩系围岩内，或具有它们的捕虏体，如兴山县王家台晚期灰黄色长英质片麻岩具有早期灰白色长英质片麻岩的捕虏体。

3)其内的脉岩。长英质片麻岩体内往往有不同的脉岩穿插，它们多具基性和酸性共存的双峰式成分，其岩性为辉绿岩和花岗伟晶岩，其中的辉绿岩岩墙延伸性较好，花岗伟晶岩有时呈囊状、串珠状、透镜状产出。

4)边缘混合岩化。太古宙片麻状长英质岩体边缘常发现表壳岩系围岩的局部混合岩化，如在兴山县王家台村西就可见东冲河岩群片麻状长英质侵入体周围的混合岩化带，该带按距东冲河长英质侵入体从远到近可分为条带状混合岩—混合片麻岩—混合花岗岩等不同岩相。

(3)化学成分定名

古老的长英质侵入体(灰色片麻岩)的定名是利用其全岩化学成分经标准矿物计算，后将估算出 An、Ab 和 Or 的摩尔百分数，投影于 An-Ab-Or 三角图获得的(图 5-30)。图中岩石名称简写是取英文岩石名的第一个字母大写，如英云闪长岩 Tonalite(T_1)、奥长花岗岩 Trandhjemite(T_2)、花岗闪长岩 Granodiorite(G_1)和 Granite(G_2)，G_2 包括二长花岗岩和正长花岗岩。故又称灰色片麻岩为 $T_1T_2G_1G_2$，即简称为 TTG。

显然，野外露头和手标本定名与图 5-30 的标准矿物定名是明显不同的，这是因为野外定名仍沿袭火成岩的实际矿物定名方案(图 2-23)。太古宙片麻状长英质侵入体岩石因暗色矿物含量小于 10%而在野外多定名为斜长花岗岩并非英云闪长岩，而该岩石的标准矿物定名(图 5-30)又有可能是英云闪长岩。

2. 变质基性岩墙

变质基性岩墙多产于古老的长英质侵入体内，因两者颜色不同而具明显的差异。变质基性岩墙的原岩为辉绿岩、细粒辉长岩等，现多变质形成斜长角闪(片)岩或榴闪(片)岩。

在脆性变形时原岩结构和矿物组成有可能局部保存而仅具碎烈岩的特征。在韧性变形时岩墙形成新生的叶理，该叶理产状常与围岩叶理协调一致。在许多情况下，遭受变形的基性岩墙可以形成不同样式的褶皱，局部发生增厚或减薄以及透镜化，甚至形成石香肠和布丁化(图 5-31)。在不均匀变形改造的情况下，同期同岩性岩墙在不同区域可显现不同的变形程度；在同一露头上也可表现出延岩墙走向岩性发生这样的变化，即具火成组构的基性岩—具弱变形组构的基性岩—暗色片岩(强变形的基性岩)。

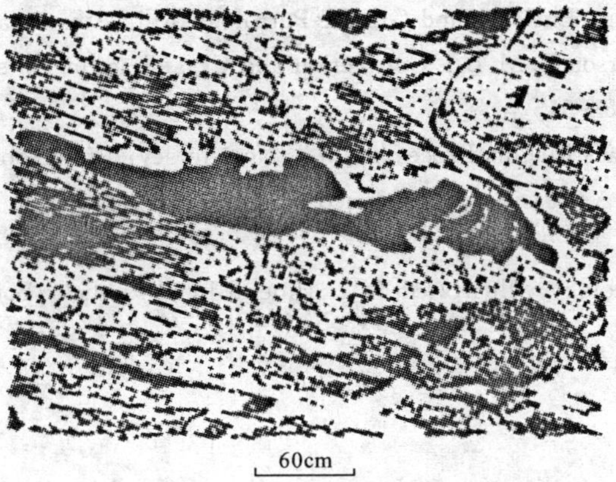

图 5-31　阿米索古片麻岩中基性岩墙的不规则布丁(黑色斑块)
(转引自房立民等，1991)

基性岩墙与围岩之间的界线是截然明显的，两者多呈不协调的侵入关系，部分为协调一致顺层侵入的岩床。在区域变质岩区岩墙和岩床的产状有时较难分辨，因为在强变形的条件下，原来与围岩斜交的岩墙也逐趋与围岩面理一致而误认为是岩床了。需说明的是，古蛇绿岩中存在的基性熔岩和基性岩床(墙)因岩性相似且又遭受同样的变质作用而就更难区分这两者了。

主要参考文献

[1] 成都地质学院岩石教研室.岩石学简明教程[M].北京:地质出版社,1980

[2] 从伯林.岩浆活动与火成岩组合[M].北京:地质出版社,1978

[3] 邓晋福.岩浆的密度、结构及流体动力学——八十年代火成岩研究进展.地质科技情报,1989,18(3):11～17

[4] 房立民等.变质岩区 1:50 000 区域地质填图方法指南[M].武汉:中国地质大学出版社,1991

[5] 何起祥.沉积岩和沉积矿产[M].北京:地质出版社,1978

[6] 李昌年.岩浆混合作用及其研究综述[J].地质科技情报,2002,21(4):49～54

[7] 李昌年等.赣东北前寒武纪港边杂岩体岩浆混合(和)作用及其地质意义[J].岩石矿物学杂志,2006,25(5):357～376

[8] 路凤香等.岩石学[M].北京:地质出版社,2002

[9] 南京大学地质系岩矿教研室.结晶学与矿物学[M].北京:地质出版社,1978

[10] 邱家骧.岩浆岩岩石学[M].北京:地质出版社,1985

[11] 邱家骧、陶奎元等.火山岩[M].北京:地质出版社,1996

[12] 王仁民.常见区域变质岩按定量矿物分类命名的建议,古岩求索录[M].北京:地震出版社,2009

[13] 游振东、王方正.变质岩岩石学教程[M].武汉:中国地质大学出版社,1988

[14] 余素玉、何镜宇.沉积岩岩石学[M].武汉:中国地质大学出版社,1989

[15] 乐昌硕.岩石学[M].北京:地质出版社,1984

[16] Didier, J. and Barbarin. Enclaves and Granite Petrology[M]. Amsterdam Elsevier, 1991

[17] Gibb F. G. F., Henderson C. M. B.. Convection and Crystal setting in sills[J]. Contrib. Miner, Petrol., 1992,109(4):538～545

[18] Editor R. B. H., Physics Magma Processes[M]. New Jersey: Princeton University,1980

[19] LeMaitre R. W. (ed). A Classification of Igneous Rocks and Glossary of Terms[M]. Blackwell scientific Publi,1989

[20] Maley T. S.. Field Geology, Illustrated[M]. Mineral Land Public., Boise, Idaho, 1994